Die Tierwelt des
Nationalparks Berchtesgaden

Umschlagbild:
Alpenmurmeltier (*Marmota marmota*)
Alpine Marmot

Fotos:
Günter Angermeier, Burghausen
Dieter Bertz, Weilburg
Florian Blaimberger, Berchtesgaden
Ulrich Brendel, Piding
Die Bildertruhe, Ainring
Peter Ernszt, Kaufbeuren
Jochen Fünfstück, Garmisch
Regina Göls, Freising
Heinrich Haller, Zernez (CH)
Werner Henkel, Hungen
Jürgen Henkel, Hungen
Marika Hildebrandt, Berchtesgaden
Bodo Kirsch, München
Michael Knollseisen, Heiligenblut (A)
Richard Kraft, Fürstenfeldbruck
Andreas Limbrunner, Dachau
Hermann Limbrunner, Dachau
Randolf Manderbach, Offenbach
Hans Maltan, Berchtesgaden
Nationalparkverwaltung, Berchtesgaden
Peter Pechacek, Vilsheim
Tom Rechsteiner, Gebenstorf (CH)
Mathias Schäf, Heidelberg
Hans-Werner Scheller, Berchtesgaden
Klaus Transier, Beindersheim
Johannes Voith, Augsburg
Anton Wegscheider, Schönau a. Königssee
Helga Wessely, Grünwald
Stefan Willner, Moosburg
Andreas Zahn, Waldkraiburg
Heiner Ziegler, Chur (CH)

Gesamtherstellung: Berchtesgadener Anzeiger

Das Buch ist mit freundlicher Unterstützung der Firma MEINDL und dem Verein der Freunde der Bayerischen Akademie für Naturschutz und Landschaftspflege (ANL) entstanden.

Herausgeber:
Nationalparkverwaltung Berchtesgaden
Doktorberg 6
D-83471 Berchtesgaden
Telefon: +49 (0)86 52 96 86-0
Telefax: +49 (0)86 52 96 86 40
e-Mail: poststelle@nationalpark-berchtesgaden.de
Internet: www.nationalpark-berchtesgaden.de

ISBN 3-925647-42-2

Die Tierwelt des Nationalparks Berchtesgaden

Ulrich Brendel
Diplom-Biologe

Nationalpark
Berchtesgaden

Inhaltsverzeichnis

1.	Vorwort	5
2.	Einleitung	7
3.	Überleben durch Anpassung	11
4.	Tiere in ihren Lebensräumen	16
4.1	Gewässer	16
4.2	Nasswiesen und Sümpfe	40
4.3	Mischwälder	61
4.4	Schluchtwälder	93
4.5	Bergfichtenwälder	116
4.6	Bergkiefernwälder	143
4.7	Lärchen- und Lärchen-Zirben-Wälder	161
4.8	Erlen-Weiden-Gebüsche	184
4.9	Latschengebüsche	200
4.10	Almweiden und Wiesen	216
4.11	Rasengesellschaften	239
4.12	Felsschutt- und Geröllfluren	261
4.13	Felswände	277
4.14	Wärmebegünstigte Sonderstandorte	292
5.	Glossar	311
6.	Literatur	320
7.	Verzeichnisse	322

1. Vorwort

Liebe Leserin, lieber Leser,

Sie befinden sich am Anfang eines Buches über die Tierwelt im Nationalpark Berchtesgaden.

Dieses Buch ist nach den Veröffentlichungen zu Geologie und Pflanzenwelt der dritte Mosaikstein zum näheren Kennenlernen unseres Nationalparks. Geologie und erdgeschichtliche Vorgänge bildeten die Grundlage zum Entstehen unserer vielfältigen Pflanzenwelt. Das Zusammenspiel von Geologie und Pflanzenwelt wiederum ermöglicht die faszinierende Tierwelt im Nationalpark. Wir wissen nicht, wie viele Tierarten im Park heimisch sind und wir werden es wahrscheinlich auch niemals genau ermitteln können. Im Laufe aller Forschungsarbeiten, die sich mit den Tierarten des Nationalparks beschäftigten und aktuell noch beschäftigen, kamen und kommen immer neue Arten hinzu. Die Zahl an sich ist dabei gar nicht so wichtig. Fest steht aber, und das ist wichtig, dass nach Aussage vieler – auch vergleichender – wissenschaftlicher Untersuchungen der Nationalpark Berchtesgaden eines der Zentren der Artenvielfalt im gesamten Alpenbogen darstellt, von Monaco angefangen, bis hin nach Slovenien.
Tiere nehmen eine wichtige Rolle in ökologischen Systemen ein. Sie stehen beispielsweise am Beginn der Nahrungsketten, als sogenannte Konsumenten, welche die von den Pflanzen erzeugte organische Masse wieder in ihre Ausgangsstoffe zerlegen und dabei die gespeicherte Energie Stufe für Stufe erneut freigeben, die gespeicherten anorganischen Bestandteile dagegen wieder in das System zurückführen. Darüber hinaus sind sie aber auch Glieder in einem Nahrungsnetz, in dem sie beispielsweise als Räuber wiederum andere Tiere fressen oder als wichtige Bestandteile in einem ökologischen Kreislauf im System „Boden" arbeiten. Tiere können auch treibende Kräfte für biologische Abläufe sein, die zu Veränderungen in der Landschaft führen. Denken wir nur an all die Tierarten, die Blüten bestäuben oder diejenigen – von uns Menschen als „Schädlinge" oder „Parasiten" bezeichnet – welche andere Tiere oder Pflanzen zum Absterben bringen können und damit ganz neue Lebensbedingungen für eine Vielzahl anderer Organismen schaffen.
In neuerer Zeit werden von uns Menschen viele Tierarten als Zeiger oder Indikatoren genutzt, um Veränderungen in unserer Umwelt anzuzeigen – egal ob natürlichen oder von uns Menschen induzierten Ursprungs. Somit geben uns das Vorhandensein, der Rückgang oder gar das Fehlen von Tierarten in unserer Umwelt wichtige Hinweise auf einen positiven oder negativen Zustand derselben.

All dies wollen wir Ihnen mit diesem Buch näher bringen. Bitte bedenken Sie: Der Nationalpark ist kein Zoo oder gar ein künstlich geschaffenes Tierfreigelände, sondern all die Tierarten, die wir Ihnen kurz vorstellen, haben hier im Park ihren natürlichen Lebensraum. Unser Tierbuch ist auch kein wissenschaftliches Buch, sondern es soll Sie auf Ihren Wanderungen als hilfreicher Informationsgeber begleiten. Der speziellen Situation im einzigen Hochgebirgs-Nationalpark in Deutschland angepasst, wollen wir Ihnen auch Tierarten vorstellen, die sich von ihrer Lebensweise oder von ihrem Aussehen her an diese extremen Bedingungen perfekt angepasst haben und somit bis in Grenzbereiche des Lebens vorstoßen. Außerdem sind ebenso „Schlechtwettertiere" als auch „Schönwettertiere" vertreten. Kurzum, sie können zu jeder Jahreszeit und bei jeder Witterung Tiere im Nationalpark sehen und beobachten. Dabei wollen wir Ihnen helfen.

Unser Wunsch ist es, dass Sie sich auf den ca. 230 km Wanderwegen und Steigen in unserem Park mit offenen Sinnen bewegen. Ein paar Ideen dazu schlagen wir Ihnen in unserem Buch vor. Wir wollen, dass Sie abschalten vom Alltag, neue Eindrücke aufnehmen und Natur mit allen Sinnen erleben können. Die Tiere im Park werden Ihnen bestimmt dabei helfen. Und vielleicht reift dann auch die Erkenntnis, dass Nationalparke etwas Besonderes sind, nämlich Landschaften, in denen auf einer relativ großen Fläche Natur noch Natur sein darf, wo der Mensch mit seinen Aktivitäten bewusst zurücksteht und daher diese Landschaften unseren Schutz verdienen und ihn auch bedürfen. Wo Natur noch als großes Freilandlabor angesehen werden kann, in dem jeder von uns natürliche Vorgänge und Abläufe entdecken und beobachten kann, nicht zuletzt auch deswegen, um Wissen, Erfahrungen und Erkenntnisse für unser Leben außerhalb dieser Schutzgebiete zu gewinnen.

Alle Mitarbeiterinnen und Mitarbeiter der Nationalparkverwaltung und auch ich persönlich wünschen Ihnen mit diesem Buch viel Spaß beim Wandern und Betrachten, dass Sie ein Stück Lebensfreude entdecken und den Wunsch haben, wieder einmal unseren einzigartigen Nationalpark zu besuchen.

Dr. Michael Vogel
Leiter der Nationalparkverwaltung

2. Einleitung

Hochwinter im Nationalpark Berchtesgaden: Glasklare Luft, blauer Himmel und schneidender, eisiger Wind; meterhohe Schneewände und Temperaturen wie im Gefrierschrank. Sieben Meter unter der Erde dagegen: Absolute Dunkelheit, Stille und eingerollte, dicht behaarte Körper in einem Nest aus Heu und Haaren; weniger als fünf Atemzüge und nur noch 15 Herzschläge pro Minute bei einer Körpertemperatur von weniger als 3 °C – Leben im absoluten Grenzbereich! Über sechs Monate verbringt das Alpenmurmeltier *(Marmota marmota)* im Kreis seiner Familienangehörigen bei dieser extrem reduzierten Stoffwechselaktivität im Winterschlaf – mit wenigen kurzen Unterbrechungen und von den angefressenen Fettreserven zehrend! Bei diesem erstaunlichen Verhalten handelt es sich nur um eine von vielen, unglaublich faszinierenden Anpassungen unserer heimischen Tierwelt an das Leben im Hochgebirge.

Die Alpen bieten nahezu ganzjährig extreme Lebensbedingungen und fordern daher eine hohe Anpassungsfähigkeit all ihrer Bewohner. Das Zusammenwirken von Klima, Gesteinen, Böden und Vegetation hat im Nationalpark Berchtesgaden über Jahrtausende

Wintermorgen im Nationalpark

eine außerordentlich artenreiche Tierwelt entstehen lassen. Große Höhenunterschiede und eine stark gekammerte Oberflächenstruktur haben zusätzlich eine Vielzahl kleiner Lebensräume geschaffen, die sehr vielen Klein- und Kleinstlebewesen eine bisweilen karge, aber ausreichende Lebensgrundlage bieten. Zahlreiche Spezialisten leben in unserem Schutzgebiet, welche mit Hilfe erstaunlicher Überlebensstrategien ihren Platz im Hochgebirge behaupten. Monatelange Kühlschranktemperaturen sowie Schnee- und Eisbedeckung im Bereich der Gipfel und Grate gehören zum Alltag dieser Tiere. Doch trotz oder gerade wegen dieser scheinbar lebensfeindlichen Bedingungen hat sich in den Alpen und speziell im Nationalpark Berchtesgaden vom Seegrund des Königssees auf 423 m ü. NN über die gemäßigten Tallagen auf 600 m ü. NN bis hinauf in den Bereich des ewigen Schnees auf über 2.500 m ü. NN ein faszinierender Artenreichtum entwickelt.

Tiere und deren scheinbar grenzenlose Anpassungsfähigkeit schlagen uns Menschen immer wieder aufs Neue in ihren Bann. Der Nationalpark Berchtesgaden bietet eine hervorragende Möglichkeit, diese Überlebenskünstler bei ihren natürlichen Verhaltensweisen zu beobachten, ohne in die Kreisläufe der Natur einzugreifen oder die Tiere in Gehege einsperren zu müssen. Ein kleiner Teil dieser atemberaubenden Vielfalt soll in diesem Buch vorgestellt und damit dem Besucher des Nationalparks vertrauter gemacht werden. Die Auswahl ist sicherlich rein subjektiv und beschränkt sich vor allem auf die „auffälligeren" Bewohner dieses Schutzgebietes. Viele Tierarten sind „typisch" für ganz bestimmte Lebensräume und werden daher im Zusammenhang mit deren Beschreibung vorgestellt – selbst wenn sie durchaus auch in anderen Lebensräumen anzutreffen sind. Erstaunlicherweise handelt es sich bei kaum einem dieser Lebensräume um ursprüngliche Landschaf-

Das Wimbachgries

ten, sondern vielmehr um solche, die stark durch Nutzungen des Menschen beeinflusst wurden und – zu Gunsten der Artenvielfalt – immer noch werden. „Wildnis" im eigentlichen Sinne ist selbst im Nationalpark Berchtesgaden auf wenige Flächen zurückgedrängt. Gerade aber die vom Menschen geprägten Lebensräume zeichnen sich durch einen enormen Artenreichtum aus und so beherbergen beispielsweise die Almflächen im Nationalpark eine Vielzahl ganz charakteristischer und gut zu beobachtender Alpentiere.

Ganz wie das Buch über „Die Pflanzenwelt des Nationalparks Berchtesgaden" beruht auch das vorliegende Buch auf Beobachtungen am Wegesrand. Es handelt sich also weder um ein Bestimmungsbuch noch um ein reines Bilderbuch. Es richtet sich vielmehr an die Wanderer, die über die Mannigfaltigkeit der Tierwelt im Nationalpark mehr erfahren, die vorgestellten Arten in der Natur wiedererkennen und möglichst hautnah erleben wollen. Aus diesem Grund wurde versucht, ein möglichst breites Spektrum an Tiergruppen abzudecken, um einen – zugegebenermaßen – kleinen Eindruck der außerordentlichen Artenvielfalt im Nationalpark Berchtesgaden zu vermitteln. Sehr auffällige und gut zu beobachtende Tierarten werden genauso vorgestellt, wie zahlreiche besonders charakteristische Tiere, die mitunter nicht immer leicht zu beobachten sind.

Trotz des breit gewählten Spektrums an Tiergruppen wird vielleicht der eine oder andere bestimmte Tierarten oder -familien vermissen. Es war jedoch unmöglich, dieses Buch so informativ wie nötig und gleichzeitig so handlich wie möglich zu gestalten, ohne dabei einen wichtigen Anspruch des Buches außer Acht zu lassen: Das Buch über „Die Tierwelt im Nationalpark Berchtesgaden" sollte so gestaltet sein, dass es in jeden Rucksack passt und auf den Wanderungen durch unser wunderschönes Schutzgebiet als hilfreicher und informativer Begleiter dient.

Insgesamt werden in dem vorliegenden Buch 236 Tierarten in 14 Lebensräumen eingehend vorgestellt.

Was Sie beim Lesen dieses Buches unbedingt beachten sollten … !

Da nicht alle Tiere zu jeder Tages- oder Jahreszeit und unter den gleichen Witterungsbedingungen sowie mit den selben Sinnesorganen bzw. technischen Hilfsmitteln wahrgenommen werden können, sind für jede Tierart zusätzlich zwei Tipps aufgeführt:

- Die **Beobachtungschancen** für die jeweilige Tierart, d. h. diejenige Jahreszeit, in der das Tier am besten bzw. wahrscheinlichsten im Nationalpark beobachtet werden kann;
- Die **Beobachtungsbedingungen,** d.h. diejenigen Voraussetzungen, z. B. Witterungsbedingungen, die vorhanden sein sollten, um möglichst optimale Beobachtungs- oder Verhörmöglichkeiten der jeweiligen Tierart zu gewährleisten.

Um dem interessierten Bergwanderer darüber hinaus die Möglichkeit zu geben, die vorgestellten Tierarten in deren natürlicher Umgebung zu beobachten, werden in diesem Buch einige dementsprechend geeignete Wanderwege empfohlen. So kann dieses Buch hoffentlich das Naturerlebnis im Nationalpark Berchtesgaden noch weiter steigern und wertvolle Eindrücke über die faszinierende Tierwelt und deren Lebensgewohnheiten vermitteln.

Mein besonderer Dank gilt allen, die zum Gelingen dieses Buches beigetragen haben, so z.B. Mitarbeitern der Nationalparkverwaltung und den vielen Bildautoren, die ihre wunderschönen Fotos unentgeltlich oder für ein sehr geringes Honorar zur Verfügung gestellt haben. Danken möchte im Namen der Nationalparkverwaltung auch dem Verlag „Berchtesgadener Anzeiger", der nach dem Buch über die Pflanzenwelt des Nationalparks auch für das Buch „Die Tierwelt im Nationalpark Berchtesgaden" die Drucklegung übernommen hat.

Erklärung der Abkürzungen und Symbole

Auge = Mit bloßem Auge gut zu erkennen / can be seen easily with your eyes

Ohr = Typische Geräusche der Tierart sind gut hörbar / typical noises well audible

Lupe = Vergrößerungsgläser empfehlenswert / magnifier recommended

Dämmerung = Tierart, die häufig während der Dämmerung beobachtet werden kann / to be observed during dusk or dawn

Sonne = Tierart ist überwiegend bei trokkenem Wetter zu beobachten / to be observed very well during good wheather conditions

Regen = Tierart ist überwiegend bei feuchter Witterung unterwegs / to be observed very well during rain fall

⚠ **Vorsicht** = Nicht berühren!/don't touch!

Ausrufezeichen = Besonders gut zu beobachten / very easily to observe

TZ = Tragzeit, d.h. die Zeit nach der Befruchtung der Eizelle bis zur Geburt (bei Säugetieren)/ period between fertilization and nativity

BD = Bebrütungsdauer, d.h. die Zeitspanne vom Beginn der Bebrütung bis zum Schlupf der Jungvögel / breeding period

NZ = Nestlingszeit, d.h. die Verweildauer der Jungvögel im Nest / fledgling period

L = Körperlänge / body length

SP = Spannweite der Flügel / wing length

GW = Gewicht / body weight

♀♀ = die Weibchen (Mehrzahl) / females

♀ = *das* Weibchen (Einzahl) / female

♂♂ = die Männchen (Mehrzahl) / males

♂ = *das* Männchen (Einzahl) / male

M = Merkmale der Tierart für leichtere Zuordnung im Gelände / field marks

L = Bevorzugter Lebensraum / prefered habitat

V = Verhaltensweise / behaviour

E = Ernährung / diet

i = Vorkommen im Nationalpark / occurence in the national park

I	= Januar	VII	= Juli
II	= Februar	VIII	= August
III	= März	IX	= September
IV	= April	X	= Oktober
V	= Mai	XI	= November
VI	= Juni	XII	= Dezember

Antreffwahrscheinlichkeit / probability of observation

= hoch / high

= mittel / medium

= gering / low

3. Überleben durch Anpassung

Tiere sind in aller Regel nicht wie Pflanzen nur von den primären Faktoren Untergrund und Klima abhängig, sondern in viel stärkerem Maße von der Vegetation eines Raumes (BERCK 1978). Als teilweise hochspezifische Organismen haben sich gerade die alpinen Tierarten im Laufe der Evolution einem ganz bestimmten Lebensraum angepasst. So sind beispielsweise viele Vogelarten entweder Nahrungs- (z.B. viele Vertreter der Familie *Fringillidae*) oder Nistplatzspezialisten (z.B. Vertreter der Familien *Falconidae*) oder beides zusammen und somit auf bestimmte Lebensraumstrukturen wie Felswände oder bestimmte Pflanzen und Pflanzengesellschaften angewiesen. Die überwiegende Anzahl der Tiere im Nationalpark Berchtesgaden beansprucht einen ganz bestimmten Vegetationstyp als angestammten Lebensraum. Einige wiederum sind ausgeprägte Generalisten und finden sich in einer Vielzahl von Lebensräumen gut zurecht. Nahezu jede Art lässt sich jedoch einem spezifischen Muster an Lebensraumtypen und damit meist auch annähernd einer Vegetationsstufe zuordnen. Andere sind bezüglich ihrer Bestandsdichte entweder nur durch das Nistplatzangebot limitiert (z.B. felsenbrütende Vogelarten) oder haben sich auf ein Leben in bestimmten Habitaten (z.B. der Seesaibling) spezialisiert. Hinzu kommt eine ganze Reihe abiotischer Faktoren, welche unsere alpinen Tiergemeinschaften vor außergewöhnliche Anforderungen stellen. Jeder einzelne dieser Faktoren zwingt sie zu einer Vielzahl von ganz besonderen, hochspezifischen Anpassungen. Aufgrund lokaler Einflüsse sind die Vegetationszonen in ihrer Verteilung außerdem sehr inhomogen. Um die Tierwelt des Nationalparks genauer zu beschreiben, ist es also unumgänglich, diejenigen Faktoren näher zu erläutern, welche für die räumliche Verteilung der Tierarten hauptverantwortlich sind.

Klima

Der Alpenraum zeigt in seinem Klima und im Wettergeschehen Extreme, die im angrenzenden Tiefland weitgehend fehlen. Sonneneinstrahlung, Wärme, Kälte und Niederschlag sind im Gebirge meist stärker ausgeprägt. Dagegen ist der Berchtesgadener Talkessel aufgrund der abschirmenden Wirkung der umliegenden Gebirgsmassive durch Windarmut gekennzeichnet.

Das Klima Berchtesgadens befindet sich in einem Übergangsbereich zwischen ozeanischen und kontinentalen Einflüssen. Insbesondere die höheren Lagen sind aufgrund größerer Temperaturunterschiede zwischen Sommer- und Winterhalbjahr eher kontinental ausgeprägt.

Das Vorkommen einiger besonders wärmeliebender Tierarten wie der Rotflügeligen Schnarrschrecke *(Psophus stridulus)*, dem Feld- *(Cicindela campestris)* und Berg-Sandlaufkäfer *(Cicindela silvicola)*, aber auch der seltenen Schlingnatter *(Coronella austriaca)* wird damit erklärbar. Eine Höhendifferenz von über 2.000 Metern ist für ein Gebirgsklima mit kleinräumig stark wechselnden Bedingungen verantwortlich.

Die Gebirgszüge wirken auf die transportierenden Luftmassen ablenkend oder gar absperrend, so dass Luv- und Lee-Effekte entstehen, die sich nicht nur auf Windströmungen, sondern auch auf andere klimatische Faktoren wie Temperatur, Niederschlag oder Verdunstung auswirken.

Aufgrund seiner Lage am Alpennordrand ist das Gebiet durch ergiebige Niederschläge charakterisiert, die sich in oft anhaltenden Regenfällen im Sommer und lange andauernder Schneebedeckung im Winter äußern. Die jährlichen Niederschlagsmengen steigen mit der Meereshöhe von 1.500 auf über 2.700 mm pro m^2 an. Maximale Schneehöhen werden in den Monaten Februar und März erreicht, was bei vielen Tierarten am Ende eines langen Winters zu dramatischen Nahrungsengpässen führen kann.

Die Jahresmitteltemperaturen gehen von 7°C am Königssee auf unter -2°C in den Gipfelregionen von Watzmann und Hochkalter zurück. Entsprechend verkürzt sich die Vegetationszeit auf 60 bis maximal 160 Tage, so dass beispielsweise die Murmeltiere *(Marmota marmota)* nur fünf Monate Zeit haben, um sich den überlebenswichtigen „Winterspeck" anzufressen.

Naturraum und Geologie

Der Nationalpark Berchtesgaden gehört dem Naturraum Berchtesgadener Alpen an, der Bestandteil der Nördlichen Kalkalpen ist und sich auf österreichischer Seite als Salzburger Kalkhochalpen fortsetzt. Hohe Berge mit steil aufragenden und schroffen Felswänden, aber auch ausgedehnte Hochplateaulagen bestimmen das Bild dieser Hochgebirgslandschaft. Die höchste Erhebung bildet der Watzmann (2.713 m ü. NN), den tiefsten Punkt markiert der Grund des Königssees (423 m ü. NN).

Sämtliche im Nationalpark vorkommenden Gesteine wurden vor 230 bis 140 Millionen Jahren in einem flachen Meer im Bereich des heutigen Nordafrika abgelagert. Fossile („versteinerte") Muscheln, Schnecken und Korallen sowie die Berchtesgadener Salzvorkommen künden noch davon. Durch die Drift des afrikanischen Kontinents gegen Europa wurden die verfestigten Gesteinspakete übereinander gestapelt und rund 1.000 km nach Norden transportiert. Erst vor ca. 20 Millionen Jahren setzte dann die Hebung der Alpen ein. Sie ist bis heute nicht abgeschlossen. Der Höhenzuwachs, dem allerdings die Verwitterung entgegenwirkt, liegt bei wenigen Millimetern pro Jahr.

Am weitesten im Gebiet verbreitet sind die Gesteine der alpinen Trias mit einem Alter von 225 bis 190 Millionen Jahren. In den Gipfelregionen und den Hochplateaus überwiegt Dachsteinkalk, der durch starke Verkarstung und damit einhergehend ausgedehnte Kluft- und Höhlensysteme sowie Karren- und Dolinenbildungen geprägt ist. Die Gebirgssockel bestehen meist aus grusig zerfallendem und von Runsen durchzogenem Ramsaudolomit, dessen Schuttströme das Wimbachtal prägen und auch die Halbinsel St. Bartholomä bilden. Die Anordnung der verschiedenen Gesteinstypen hat nicht nur Einfluss auf die Ausprägung der Vegetation, sondern auch direkt auf die Verteilung von Tierarten. So eignet sich der Ramsaudolomit aufgrund seiner im Gegensatz zum Dachsteinkalk verwitterungsanfälligen Zusammensetzung kaum zum Auftürmen mächtiger Felshorste wie denen des Steinadlers *(Aquila chrysaetos)* oder als Untergrund filigraner Bauwerke weit kleinerer Felsbrüter wie Felsenschwalbe *(Ptyonoprogne rupestris)* oder Mauerläufer *(Tichodroma muraria)*.

Brüche, Verschiebungen und Störungen im Gestein schufen die Grundlage für die Entstehung der drei großen Talräume des Nationalparks: Königssee-, Wimbach- und Klausbachtal. Ihre typische U- oder Trogtalform erhielten sie durch bis zu 1.000 m mächtige Gletscher während der Eiszeiten, die auch sonst das heutige Landschaftsbild prägten. Die Eismassen präparierten einzelne Berge heraus, es entstanden Kare, und Moränenmaterial wurde abgelagert.

Vor etwa 10.000 Jahren zogen sich die Gletscher der letzten großen Vereisung (Würmeiszeit) zurück. In Geländevertiefungen und hinter Moränenwällen stauten sich Seen (Königssee, Obersee). Bäche trugen Hänge ab, schürften Schluchten aus, lösten Muren aus und bildeten Schwemmkegel. An den durch Gletscherschliff übersteilten Talflanken ereigneten sich Bergstürze. Pflanzen und Tiere wanderten in den eisfrei gewordenen Raum ein, Böden entwickelten sich. Ausgehend von einer offenen Tundra (baumlose Kältesteppe mit Gräsern, Kräutern und Zwergsträuchern) entstanden im Lauf von Jahrtausenden Vegetationsgemeinschaften, die heute in den unteren und mittleren Höhenlagen im wesentlichen von Wäldern dominiert werden.

Boden

Böden spielen eine große Rolle für die räumliche Verteilung und Ausbildung der Pflanzendecke und damit indirekt auch für das Vorkommen der jeweils angepassten Tierarten. Gründigkeit sowie chemische, physikalische und biologische Zusammensetzung der Böden variieren vor allem im Gebirge kleinräumig. Insgesamt dominieren flachgründige Böden, da Ramsaudolomit und Dachsteinkalk nur wenig zur Bodenbildung beitragen.

Die häufigsten Bodentypen über Kalk und Dolomit sind Humuskarbonatböden, sog. Rendzinen mit sehr unterschiedlichen Humusformen wie „Mull", „Moder" oder „Rohhumus", die sich vor allem hinsichtlich der Zersetzungsgeschwindigkeit organischen Materials unterscheiden.

Eine Besonderheit tritt in Kalkgebieten auf: Dort wird durch Bodentiere kalkreiches Losungsmaterial in die Streuauflagen transportiert, wodurch in den unteren, feuchteren Bereichen günstige Lebensbedingungen mit sehr hoher mikrobieller Aktivität entstehen. Bodensaure Verhältnisse sind für das üppige Wachstum einiger wichtiger Nahrungspflanzen von Wirbeltieren, so z. B. der Heidelbeere *(Vaccinium myrtillus)* verantwortlich.

Dem gegenüber sind die sog. Braunerden der Werfener und Reichenhaller Schichten sowie die mergeligen Jurakalke wesentlich tiefgründiger, was das Anlegen von unterirdischen Bauen, so z. B. die des Alpenmurmeltiers *(Marmota marmota)* erheblich begünstigt.

Durch Anschwemmung oder Aufwehung von Lehm- und Tonpartikeln können auch sehr reine Karbonatgesteine wie der Dachsteinkalk oder der Ramsaudolomit nährstoffreiche Lehmdecken tragen, die nicht aus der eigenen Verwitterung stammen. Bei ständigem Wasserüberschuss bilden sich dort Niedermoor- und Hochmoorböden aus, die im Nationalpark zwar nur kleinflächig verteilt sind, jedoch einer einzigartigen Fauna aus verschiedensten Tiergruppen Lebensraum bieten.

Vegetation

Der Nationalpark Berchtesgaden zeichnet sich durch große klimatische Unterschiede aus, die sich u. a. aus der Höhendifferenz von über 2.000 Metern zwischen den Tallagen und den Gipfeln in der Hochgebirgsregion ergeben. Diese Vielfalt des Klimas führt zur Ausprägung unterschiedlicher Pflanzengemeinschaften, die sich nach Höhenstufen gliedern lassen. Finden sich in den niedrigen Lagen eher wärmeliebende Pflanzengemeinschaften ein, so müssen die Pflanzenarten bzw. -gemeinschaften der Hochlagen vielfach extremsten Witterungsbedingungen wie starkem Wind, Kälte, langer Schneebedeckung und einem hohen UV-Anteil im Sonnenlicht trotzen. Dementsprechend nimmt auch die Artenzahl und Bestandsdichte der Tierarten im Nationalpark mit zunehmender Höhenlage deutlich ab. Die in untenstehender Grafik angegebenen Höhengrenzen der Vegetationsstufen sind in der Natur häufig durch Kleinklima und Geländevielfalt verschoben und daher nur als Durchschnittswerte anzusehen. Aufgrund dieses Faktors sowie ihrer Mobilität sind Tierarten weniger strikt an Höhenstufen gebunden, weshalb sich deren Lebensraumeignung fast über die gesamte Höhenzonierung verteilen kann. In solchen Fällen gibt es allerdings zum Teil starke Schwankungen der jeweiligen Lebensraumqualität, was sich in deutlichen Präferenzen und damit unterschiedlichen Siedlungsdichten der entsprechenden Tierart ablesen lässt.

Während in den tieferen Lagen des Nationalparks klimabedingt buchenreiche Laubwälder dominieren, so nimmt der Anteil an Nadelbäumen mit steigender Höhe immer mehr zu, bis diese schließlich in der subalpinen Stufe das Bild völlig beherrschen. Immergrüne Nadelgehölze sind angesichts der mit steigender Geländehöhe kürzer werdenden Vegetationszeit im Vorteil, da sie an den ersten warmen Tagen im Frühjahr sofort mit der Photosynthese und dem Wachstum beginnen können. Winterkahle Laubbäume müssen dagegen zuerst neue Blätter bilden und benötigen daher mehr Zeit. Eine Ausnahme stellt die Lärche *(Larix decidua)* dar, die als einziger heimischer Nadelbaum im Spätherbst ihre Nadeln abwirft.

Der Übergangsbereich von der subalpinen zur alpinen Stufe ist durch Zwergstrauchheiden sowie Latschen- und Grünerlengebüsche charakterisiert. Oberhalb davon schließen alpine Rasen sowie Felsspalten- und Felsschuttgesellschaften an. An Stellen, wo der Schnee besonders lange liegen bleibt, sind Schneebodengesellschaften anzutreffen. In nassen Senken unterschiedlicher Höhenlage konnten sich Sümpfe und Moore entwickeln.

Der Pflanzenreichtum des Nationalparks Berchtesgaden hat seine Ursache jedoch nicht nur in der großen Variationsbreite von Klima und Boden, sondern ergibt sich auch aus der geographischen Lage und der Vegetationsgeschichte dieser Region. In den Ostalpen, zu denen die Berchtesgadener Alpen gehören, konnten während der Eiszeiten viele Pflanzenarten überdauern. Die gegenüber den Westalpen niedrigeren Gebirgshöhen ließen Gletscher geringerer Mächtigkeit entstehen, so dass die höchsten Erhebungen eisfrei blieben und die Gipfelregionen Rückzugsräume für einen Teil der ursprünglichen Flora bildeten. Die hier überlebenden Arten konnten vielfach nach Rückgang des Eises wieder in tiefere Lagen vordringen und sich zumindest lokal ausbreiten. Sie werden als Eiszeitrelikte bezeichnet. Auch die nacheiszeitliche Einwanderung von Pflanzen aus dem außeralpinen Raum erfolgte in den Ostalpen wegen des gleichmäßigeren Übergangs vom Flachland zum Hochgebirge schneller als in den Westalpen, die unvermittelt und steil aus dem Vorland aufragen.

So sind in den Berchtesgadener Alpen zahlreiche Pflanzenarten zu finden, die im übrigen bayerischen Alpenraum weitgehend fehlen, so z. B. Österreichischer Bärenklau *(Heracleum austriacum* ssp. *austriacum)*, Alpen-Glockenblume *(Campanula alpina)*, Clusius Primel *(Primula clusiana)*, Einseles Akelei *(Aquilegia einseleana)*, Dolomiten-Mannsschild *(Androsace hausmannii)*, Tauernblümchen *(Lomatogonium carinthiacum)* und Zwerg-Primel *(Primula minima)*.

Dieses Zusammentreffen unterschiedlicher Florenelemente, das Auftreten von Eiszeitrelikten zusammen mit „normalen" Alpenpflanzen, lassen in Verbindung mit der Vielfalt an Vegetationseinheiten und Geländeformen jenes Bild einer an Pflanzenarten außerordentlich reichen Landschaft entstehen, für das der Nationalpark ebenso wie für seine vielfältige Tierwelt weit über seine Grenzen hinaus bekannt ist.

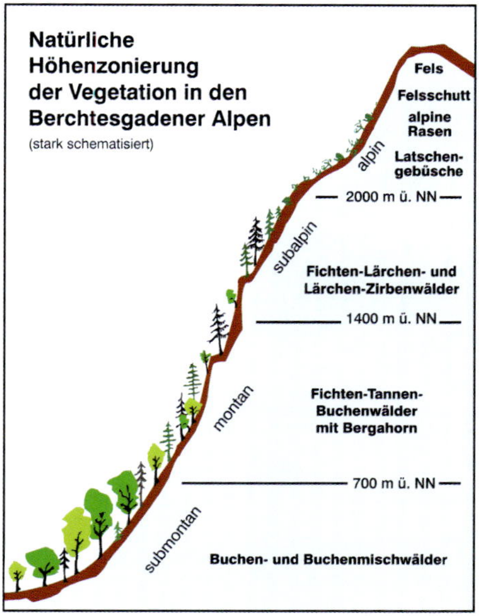

Dominieren in den tieferen Lage klimabedingt buchenreiche Laubwälder, so nimmt der Anteil an Nadelbäumen mit steigender Höhe immer mehr zu, bis schließlich kein Baumwuchs mehr möglich ist.

4. Tiere in ihren Lebensräumen

4.1 Lebensraum „Gewässer"

Im Gegensatz zu vielen Gewässern des Tieflandes unterliegen die Seen, Quellen, Bäche und Tümpel im Nationalpark Berchtesgaden so gut wie keinen menschlichen Eingriffen und können daher als „natürlich" oder zumindest „naturnah" eingestuft werden. Auch der Königssee ist trotz des alljährlichen Massenandrangs dank der umweltfreundlich betriebenen Schifffahrt und der am Seegrund verlaufenden Abwasserentsorgung von Verschmutzungen verschont geblieben. Bis auf wenige Tümpel, die durch Weidevieh verunreinigt werden, kann von „Trinkwasserqualität" gesprochen werden. Entsprechend ursprünglich präsentiert sich die Artenzusammensetzung dieser Gewässer. Bis auf die durch Stickstoffeintrag mäßig belasteten Gewässer ist auch die Ufervegetation in den meisten Fällen annähernd naturnah erhalten und setzt sich vor allem aus großblättrigen, krautigen Pflanzen sowie Grauerlenbeständen *(Alnus viridis)* zusammen.

Tümpel auf der Gotzen Alm

Die Fließgewässer im Nationalpark sind – mit Ausnahme des Mitterbachs zwischen Ober- und Königssee – starken jahreszeitlichen Schwankungen des Wasserstandes unterworfen. Zur Zeit der Schneeschmelze führen sie am meisten Wasser, im Winter am wenigsten. Die Fließgeschwindigkeit dieser kühlen Gewässer ist ebenso hoch, wie die Vielgestaltigkeit des jeweiligen Bachbetts, weshalb ein naturnahes Bachbett einen erstaunlich vielfältigen Lebensraum darstellt. Mit etwas Geduld kann man beim Umdrehen der Steine im niedrigen Wasser die Larven verschiedenartigster Tiere wie Stein- *(z. B. Dinocras cephalotes)*, Köcher- *(z. B. Drusus biguttatus)* oder Eintagsfliegen *(z. B. Ecdyonurus spec.)* sowie Lid- *(z.B. Liponeura spec.)* und Kriebelmücken *(Simulium spec.)* entdecken – genauso wie die fremdartig anmutenden Strudelwürmer (Turbellaria). Für die zahlreichen anderen Klein- und Kleinstlebewesen benötigt man dagegen schon eine Becherlupe, aber die Mühe lohnt sich allemal.

Auch am Ufer kann man mit etwas Glück eine ganze Reihe von Tieren beobachten, so z. B. die dämmerungsaktive, flinke Wasserspitzmaus *(Neomys fodiens)* oder die unablässig mit dem Schwanz wippende, schwarz-weiß gezeichnete Bachstelze *(Motacilla alba)*. Die Beobachtung der im Strömungsbereich der Fließgewässer nach Larven tauchenden Wasseramsel *(Cinclus cinclus)* gehört sicherlich zu den Höhenpunkten eines Nationalparkbesuchs.

Die oft im Verborgenen sprudelnden, zahlreichen Quellen im Nationalpark Berch-

Quelle im Nationalpark Berchtesgaden

tesgaden sind ganz besondere Lebensräume mit überaus spezifischen Eigenschaften, z. B. sehr konstanten Temperaturen über das ganze Jahr hinweg. Entsprechend strikt angepasste Tierarten sind in ihnen zu finden. Bisher konnten über 500 – zum Teil unbekannte – Arten nachgewiesen werden. Das Vorkommen der Österreichischen Quellschnecke *(Bythinella austriaca)* ist Ausdruck einer hohen Wasserqualität. Die Bestände dieser Zeigerart werden von den Wissenschaftlern von Jahr zu Jahr dokumentiert, um Veränderungen des Gewässerzustandes schnell erkennen und entsprechend handeln zu können.

Da es sich bei den Fließgewässern flächenmäßig um einen relativ unbedeutenden Biotoptyp im Nationalpark handelt, werden die Tierarten der Fließgewässer in diesem Buch zusammen mit den Vertretern der Stillgewässer behandelt. Als Stillgewässer bezeichnet man Tümpel, Weiher und Seen, die im Vergleich zu den Bächen allemal die größeren und auffälligeren Lebensformen beherbergen. Der farbenprächtige Seesaibling *(Salvelinus alpinus)*, der zwischen Totholz unbeweglich auf Beute lauernde Hecht *(Esox lucius)*, die versteckt lebende Koppe *(Cottus gobio)* sowie die in Schwärmen lebende Elritze *(Phoxinus phoxinus)* sind typische Vertreter der Fischfauna im Nationalpark. Das bedeutendste Stillgewässer des Nationalparks ist der 5,2 km^2 große und über 190 m tiefe, sehr nährstoffarme Königssee. Dort haben sich in den letzten Jahrzehnten einige Arten angesiedelt, die hier ursprünglich nicht heimisch waren. Auch sie sind inzwischen zum charakteristischen Artinventar zu zählen. Dazu zählen der geduldig am Ufer nach Fischen und Fröschen spähende Graureiher *(Ardea cinerea)*, die emsig nach Kleintieren tauchende Reiherente *(Aythya fuligula)* oder die anmutigen Kanadagänse *(Branta canadensis)*, die inzwischen sogar beide im Bereich des Königssees brüten.

Über den ufernahen Wasserzonen kann man im Sommer bis in den Herbst hinein die wendige Wasserfledermaus *(Myotis daubentoni)* beobachten, die bisweilen schon in den frühen Abendstunden und in größeren Gruppen Jagd auf Nachtschmetterlinge macht. Bergmolch *(Triturus alpestris)* und Grasfrosch *(Rana temporaria)* bevorzugen die sich etwas schneller erwärmenden, flacheren Gewässer mit und ohne Ufervegetation, wobei deren Larven sich als Anpassung an die unvorhersehbaren Lebensbedingungen im Hochgebirge je nach Temperatur und Wasserstand unterschiedlich schnell entwickeln können. Die Libellenfauna ist auch im Nationalpark trotz der Höhenlage artenreich ausgeprägt: Die pfeilschnelle, Blutrote Heidelibelle *(Sympetrum sanguineum)*, die Glänzende Smaragdlibelle *(Somatochlora metallica)* und der etwas träge wirkende Plattbauch *(Libellula depressa)* sind charakteristische und auffällige Vertreter dieser Tiergruppe.

Wo findet man Gewässer im Nationalpark?

Königssee und Obersee als typische Stillgewässer sind bequem per Schiff vom Ort Königssee aus zu erreichen. Als Beispiel für ein Fließgewässer verläuft der Mitterbach sowie zahlreiche kleinere Bäche entlang des Wanderweges Nr. 424 von der Schiffsanlegestelle Salet zum Obersee.

Der Obersee

Wasserspitzmaus ***Water Shrew***

Neomys fodiens

Familie Rotzahnspitzmäuse (Soricidae)

Beobachtungsmöglichkeit:

I	II	III	IV	V	VI	VII	VIII	IX	X	XI	XII

M L 7 – 9 cm, Schwanzlänge 6 – 7 cm, GW 10 – 24 g, Oberseite schwarz, Unterseite meist weißlich, weiße Schwimmborsten an Hinterfüßen und Schwanzunterseite; dichtes, samtartiges Fell, dickere Schnauze als andere Spitzmausarten, Ohrmuscheln im Fell versteckt.

L Liebt reich bewachsene Uferbereiche von klaren, sauberen, schnellfließenden Flüssen und Bächen; mitunter an stehenden Gewässern mit guter Wasserqualität.

V Tag- und nachtaktiv mit kurzen Ruhepausen. Schwimmt und taucht ausgezeichnet, ohne dass ihr Fell nass wird. Tauchzeit max. 24 sek. Bewohnt selbst gegrabene Höhlen im Uferbereich oder von Mäusen und Maulwürfen angelegte Gänge mit einem Ausgang zum Wasser. **Fortpflanzung:** Paarungszeit von IV bis IX, TZ 24 – 27 Tage. Jährlich 1 – 3 Würfe mit 4 – 11 Jungen, nach 5 – 6 Wochen selbständig. **Alter:** bis 2 ½ Jahre.

E Fleischfresser, jagt überwiegend unter Wasser nach Insekten, Larven, Kleinkrebsen, Würmern, Schnecken, jungen Fischen und Fröschen. Feinde sind Eulen, Marder sowie größere Raubfische

i **Im Nationalpark** in vielen Bächen regelmäßig anzutreffen, allerdings schwer zu beobachten – wenn, dann mit etwas Geduld vor allem in den morgendlichen Dämmerungsstunden.

Beobachtungstipp: Mit Glück und Geduld im Uferbereich des Mitterbachs zwischen Obersee und Königssee zu beobachten.

Wasserfledermaus

Daubenton's Bat, Water Bat

Myotis daubentonii

Familie Glattnasen (Versperilionidae)

Beobachtungsmöglichkeit:

I	II	III	IV	V	VI	VII	VIII	IX	X	XI	XII

M L 4 – 6 cm, Schwanz 3 – 4,5 cm, GW 7 – 17 g. Kleine Baumfledermaus, SP ca. 24 – 27 cm. Charakteristisch sind die enorm großen Füße. Auffällig wenig behaartes, rotbraunes Gesicht. Spitzer Ohrdeckel (typisch für Gattung Myotis). ♀♀ in Gestalt und Färbung wie ♂♂.

L Tagsüber meist in Bäumen, gerne in Spechthöhlen. Neben geeigneten Jagdmöglichkeiten ist Wald mit entsprechend alten und höhlenreichen Bäumen enorm wichtig.

V Nachtaktiv. Ausflug aus den Tagschlafquartieren in der späten Dämmerung. Entfernungen von 7 – 8 km zwischen Quartier und Jagdgebiet (in Gewässernähe) möglich. Verstecke werden etwa alle drei bis vier Tage gewechselt. Winterquartiere meist unterirdisch. Ein Jungtier/Jahr.

E Fleischfresser, hauptsächlich Zuckmücken, Schnaken und Köcherfliegen. Beutetiere werden von ihnen im dichten Schwirrflug von der Wasseroberfläche abgegriffen. Pro Nacht ca. 4.000 Mücken, was 1/3 ihres Körpergewichts entspricht. Sie werden entweder direkt mit dem Maul gegriffen oder mit den Flügeln, der Schwanzflughaut oder den Füßen gekeschert.

i **Im Nationalpark** an Stillgewässern bis 1.000 m ü. NN sehr regelmäßig, mitunter in größeren Gruppen jagend.

Beobachtungstipp: Im Spätsommer in den Dämmerungsstunden im Abflussbereich am Königssee gut zu beobachten. Im Licht der Taschenlampe leuchtet das helle Bauchfell als weißer Punkt.

Graureiher *Grey Heron*

Ardea cinerea

Familie Reiher (Ardeidae)

Beobachtungsmöglichkeit:

I	II	III	IV	V	VI	VII	VIII	IX	X	XI	XII

M Mit gestrecktem Hals L 84 –102 cm, groß und kräftig gebaut, relativ leicht (1,1 – 2,2 kg). SP bis 170 cm, fast so groß wie ein Weißstorch *(Ciconia ciconia)*. Oberseite vorwiegend graublau, Unterseite grauweiß. Kräftiger, lanzenförmiger gelb-orangefarbener Schnabel. Arm- und Handschwingen, Scheitelseiten und 2 lange Nackenfedern (zur Paarungszeit) schwarz, Beine graugelb bis grünlichgrau. Im Jugendkleid weniger kontrastreich. ♂♂ in Gestalt und Färbung wie ♀♀.

L Bevorzugt offene, eisfreie Gewässer jeder Art.

V Tagaktiver Stand- und Strichvogel, im Flug mit s-förmig eingezogenem Hals, Schwingen gebogen. **Stimme:** Meist nur ein heiser klingendes, lautes Krächzen, im Flug oder in den Kolonien zu hören. **Fortpflanzung:** Brütet in Kolonien meist auf hohen Bäumen. Erste Brut ab III – IV, Eier grünlichblau, hühnereigroß (Gelegegröße 3 – 5 Eier), BD 25 – 28 Tage. Die Jungen sind Nesthocker und werden von beiden Elternvögeln gefüttert (NZ 7 – 8 Wochen). Meist nur ein Gelege pro Jahr.

E Fleischfresser, jagt an Land und im Wasser bis 35 cm Tiefe nach Fischen, daneben Mäusen und kleinen Säugetieren, aber auch größeren Insekten, die komplett hinunter gewürgt werden.

i **Im Nationalpark** am Königssee und Obersee regelmäßig bis häufig und nahezu ganzjährig gut zu beobachten, besonders im Uferbereich auf Beute lauernd. Voraussetzung für Beobachtung im Winter sind eisfreie Uferbereiche.

Beobachtungstipp: Vom Schiff aus auf der Überfahrt nach St. Bartholomä annähernd ganzjährig regelmäßig zu beobachten.

♀ Weibchen ♂ Männchen

Reiherente *Tufted Duck*

Aythya fuligula

Familie Entenvögel (Anatidae)

Ⓜ Kleine Tauchente, L 43 cm, gedrungen mit schwarzem Rücken und schwarzem Kopf. Körperseiten schwarzweiß, dadurch leicht erkennbar. Auge charakteristisch leuchtend gelb. Im Flugbild weiße Flügelbinden erkennbar. ♂♂ zur Brutzeit mit langem Federschopf, ♀♀ tiefbraun und nur mit angedeutetem Federschopf. Im Ruhekleid beide Geschlechter ähnlich, unverwechselbar.

Ⓛ Bevorzugt tiefe, stehende oder höchstens langsam fließende Gewässer. Vorliebe für relativ große Wasserflächen, außerhalb der Brutzeit auch auf kleineren Gewässern.

Ⓥ Tagaktiver Standvogel. Schwimmt und taucht sehr gut. **Stimme:** Während der Balz zarte Pfeiftöne und leise knarrende Laute. **Fortpflanzung:** Brut zumeist offen auf kleinen Inseln oder +/– gut versteckt in der Bodenvegetation, meist unmittelbar oder nahe am Wasser, 5 – 12 Eier. BD 24 Tage, NZ 45 – 50 Tage.

Beobachtungsmöglichkeit:

I	II	III	IV	V	VI	VII	VIII	IX	X	XI	XII

Alter: bis 13 Jahre, in Zoos auch deutlich älter.

Ⓔ Überwiegend räuberisch, vor allem Wasserschnecken, Zuckmückenlarven, gelegentlich auch kleine Fische und Kaulquappen.

ⓘ **Im Nationalpark** am Königssee häufig, dort stets gut zu beobachten, solange See nicht ganz zufriert; sporadisch bis 1.600 m ü. NN anzutreffen.

Beobachtungstipp: Im Uferbereich von Königssee und Obersee ganzjährig leicht zu beobachten.

Wasseramsel *White Throated Dipper*
Cinclus cinclus
Familie Wasseramseln (Fringillidae)

Beobachtungsmöglichkeit:

I	II	III	IV	V	VI	VII	VIII	IX	X	XI	XII

M L 18 cm, rundliche Gestalt, kurzer, oft hoch gestellter Schwanz und kurze Flügel. Oberkopf, Nacken, Kopf- und Halsseiten sind schokolade- bis graubraun, restliche Oberseite und Schultern schiefergrau. Kinn, Kehle und Brust weiß, Vorderbauch zimt- bis tief orangebraun bzw. schokoladenbraun. ♀♀ in Gestalt und Färbung wie ♂♂.

L Mit Vorliebe an rasch fließenden, gut durchlüfteten, in der Regel mehr als 2 m breiten Gewässern mit hoher Wasserqualität und stellenweise seichten Stellen. Ein ausreichendes Insektenangebot, besonders an Eintags- und Köcherfliegenlarven, geeignete Neststandorte sowie sichere Übernachtungsmöglichkeiten sind bei der Lebensraumwahl entscheidend; ferner eine permanente Wasserführung, ein steiniges Bach- oder Flussbett (Versteckmöglichkeiten für Beutetiere) und starke Turbulenzen. Die Art brütet bei ausreichendem Nahrungsangebot aber auch an stärker verbauten Gewässerabschnitten.

V Tagaktiver und sehr agiler Standvogel, fliegt und taucht sehr gut. Häufig auf Ansitzsteinen. Bei Erregung ständiges Knicksen des Körpers (= wichtiges Erkennungsmerkmal!). Klettert gut an Mauern und Steinen. Flug meist schwirrend dicht über dem Wasser. Ausgezeichnete Schwimmerin, fliegt aus dem Wasser direkt auf. Getaucht wird direkt vom Schwimmen aus oder vom Ansitz. Beim Tauchen werden die Flügel zur Hilfe genommen.

Sekret der Bürzeldrüse macht Gefieder wasserabweisend. Nahrungserwerb meist unter Wasser, mitunter am Uferrand oder direkt aus der Luft. Einzelgänger. Zur Brutzeit streng abgegrenzte Reviere, die gegen Eindringlinge stark verteidigt werden. Auffällige Balz. Außerhalb der Brutzeit trifft man diesen Vogel in

ähnlichen Biotopen, aber auch an langsam fließenden oder gar stehenden Gewässern. **Fortpflanzung:** Nest meistens Mooskugel; Neststandort sind Höhlen, Uferböschungen, Wasserrohre. Gelegegröße 4 – 6, zumeist 5 Eier. BD 14 – 18 Tage, NZ ca. 20 Tage. 2 Jahresbruten. **Alter:** bis 11 Jahre.

E Fleischfresser, vor allem Wasserinsekten und deren Larven, Krebstierchen und gelegentlich auch kleine Fische.

i **Im Nationalpark** im Sommer an allen Fließgewässern regelmäßig und leicht zu beobachten, in höheren Lagen seltener. Im Winter an eisfreien Bächen.

Beobachtungstipp: In der Wimbachklamm, am Klausbach oder am Mitterbach während der Brutzeit relativ regelmäßig anzutreffen.

Bachstelze *White Wagtail*
Motacilla alba
Familie Stelzen (Motacillidae)

Beobachtungsmöglichkeit:

I	II	III	IV	V	VI	VII	VIII	IX	X	XI	XII

Ⓜ L ca. 18 cm, schlank, beide Geschlechter gleich gefärbt. Auffälliges schwarz-weißes Gefieder mit grauem Rücken, schwarzer Kehle und Haube, langer, meist wippender Schwanz mit hellen Kanten. Oberkopf, Nacken, Kopf- und Halsseiten schokolade- bis graubraun, restliche Oberseite und Schultern schiefergrau. Kinn, Kehle und Brust weiß, Vorderbauch zimt- bis tief orangebraun bzw. schokoladenbraun.

Ⓛ Oft in Gewässernähe, jedoch keine Abhängigkeit davon. Bevorzugt offene Lebensräume wie Almen, Wiesen und Weiden.

Ⓥ Tagaktiver Strichvogel, sehr mobil, oft in ausdauerndem, trippelnden Lauf zu beobachten. **Stimme:** Gesang selten zu hören. Typische Rufe klingen wie „zipp", „zissis" oder „zwilipp", werden oft bei Auffliegen abgegeben. Nestanlage in natürlichen oder vom Menschen geschaffenen, offenen Höhlungen, z. B. in Baumhöhlen, Mauerspalten, unter Brükken, Holzstapeln oder Stalldächern. **Fortpflanzung:** Erste Brut im IV (5 – 6 Eier pro Gelege), BD 14 Tage, NZ 14 Tage. Meistens zwei Bruten / Jahr. **Alter:** ca. 10 Jahre.

Ⓔ Fleischfresser, überwiegend Insekten (Mücken, Fliegen, Ameisen).

ⓘ **Im Nationalpark** in Gewässernähe häufig und dort vor allem auf vielen Almen bis 1.800 m ü. NN anzutreffen und leicht zu beobachten. Unverwechselbare Erscheinung, vor allem auch der wellenförmige Flug!

Beobachtungstipp: Bei der Nahrungssuche auf den Feuchtwiesen auf St. Bartholomä während der Brutzeit leicht zu beobachten. **Feuchtgebiet bitte nicht betreten!**

Koppe *Bullhead*
Cottus gobio
Familie Koppen (Cottidae)

Beobachtungsmöglichkeit:

I	II	III	IV	V	VI	VII	VIII	IX	X	XI	XII

(M) L 10 – 15 cm, max. 18 cm. Keulenförmiger, schuppenloser Körper, Kopf breit und abgeplattet. 2 Rückenflossen, die erste mit Stachelstrahlen, die zweite mit Gliederstrahlen. Afterflosse mit 10 – 15 Gliederstrahlen. Große Brustflossen mit verstärkten Strahlen, ragen über Flossenhaut hinaus, Schwanzflosse abgerundet. Die in der Flankenmitte verlaufende Seitenlinie zieht sich bis zum Ansatz der Schwanzflosse und ist mit 30 – 35 kleinen Knochenschuppen besetzt.

(L) Bevorzugt kleinere, klare und rasch fließende sowie naturnahe und strukturreiche Bäche der Forellenregion mit hoher Wasserqualität.

(V) Bodenorientierter (fehlende Schwimmblase!) und nachtaktiver Fisch, tagsüber in Verstecken. **Fortpflanzung:** Laichzeit – je nach Gewässer – von II bis V. Das ♀ legt 100 – 200 Eier (2 – 2,5 mm Durchmesser) unter Steinen oder in einer Art Laichgrube ab. Das Gelege wird anschließend vom ♂ bis zum Schlupf der Jungen bewacht.

(E) Fleischfresser, vorwiegend wirbellose Kleintiere (Insektenlarven, Bachflohkrebse).

(i) **Im Nationalpark** nahezu ausschließlich im Mitterbach zwischen Obersee und Königssee anzutreffen. Da die Koppe sehr empfindlich gegenüber Verunreinigungen ist, kann sie als Zeigerart für den ökologischen Zustand eines Gewässers angesehen werden. Die Koppe wurde früher – zu Unrecht – als gefährlicher Brut- und Laichräuber für Forellen angesehen und auch „bekämpft". Die Koppe ist im Gegenteil eine wichtige Beute für größere Forellen.

Beobachtungstipp: Mit etwas Glück sommers unter den Steinen im Flachwasser des Mitterbachs zu entdecken.

Seesaibling *Artic Char*

Salvelinus alpinus

Familie Lachsfische (Salmonidae)

Beobachtungsmöglichkeit:

I	II	III	IV	V	VI	VII	VIII	IX	X	XI	XII

M L 25 – 40 cm, Wildfänge bis zu 75 cm. GW 1,5 – 3 kg, ältere und größere Tiere bis zu 10 kg. Körper langgestreckt, im Alter etwas hochrückig. Schwanzstiel schlank, Schuppen klein. Rücken braun oder grau- blaugrün, Flanken heller, mit hellen Punkten gesprenkelt; Bauch weißlich bis gelblich und während der Laichzeit, v.a. bei den ♂♂, rot oder orange. Vorderrand der Afterflosse und der paarigen Bauchflossen werden von einem weißen Streifen gesäumt. Jungfische besitzen dunkle Querstreifen.

L Bewohnt mit Vorliebe tiefe, kalte und sauerstoffreiche Seen mit kiesig-steinigem Grund und steilem Ufer. Jungtiere treten häufig im Schwarm auf, während ältere Einzelgänger sind. In den Alpen gilt er als Relikt der Eiszeit (Glazialrelikt).

V Überwiegend tagaktiv. **Fortpflanzung:** Laichzeit XI bis XII. Laichablage (ca. 6.000 Eier pro ♀) über Kies oder Geröll. Keine Laichgrube. Entwicklung je nach Wassertemperatur bis 100 Tage. Geschlechtsreife nach 2 – 3 Jahren.

E Fleischfresser, lebt räuberisch von Insektenlarven, Kleinfischen und Krebstierchen.

i Im Nationalpark ausschließlich im Königssee, Grünsee und Obersee anzutreffen. Besonders schmackhaft sind die nach einem speziellen Verfahren geräucherten „Schwarzreiter".

Beobachtungstipp: Im Uferbereich des Königssees mit Glück und Geduld zu beobachten.

Hecht *Pike*

Esox lucius

Familie Hechte (Esocidae)

Beobachtungsmöglichkeit:

I	II	III	IV	V	VI	VII	VIII	IX	X	XI	XII

M L bis 150 cm, GW bis 33 kg. Raubfisch mit entenschnabelartiger Schnauze und vielen spitzen, nach hinten gebogenen Zahnreihen. Maul bis unter die Augen gespalten. Walzenförmiger, lang gestreckter und seitlich abgeflachter Körper. Alte Hechte gelblich bis braun, Junghechte grünlich. Wächst sehr schnell. ♀♀ in Gestalt und Färbung wie ♂♂.

L Vor allem in klaren stehenden, leicht krautigen oder im Uferbereich mit Totholz bestückten Gewässern. Wasserpflanzen für Fortpflanzung wichtig.

V Tagaktiv, territorial und standorttreu. Laichzeit II – IV, bei höchstens 8 °C Wassertemperatur. **Fortpflanzung:** Eiablage (bis zu 1.000.000 Eier, jeweils 3 mm groß) an Wasserpflanzen. Schlupf nach 10 – 30 Tagen, Junghechte ernähren sich zunächst von eigenem Dottervorrat, danach von im Plankton lebenden Kleinkrebsen, im Alter von 4 – 5 Wochen größeren Beutetieren, z. B. Fischbrut. Geschlechtsreife mit 1 – 2 Jahren. **Alter:** bis 25 Jahre.

E Gefräßige Fleischfresser und Lauerjäger, Kannibalismus verbreitet (bis zu 90 % der eigenen Brut). Fische mit 70 % der eigenen Körperlänge können problemlos verspeist werden, aber auch Wasservögel, Frösche und kleine Säugetiere.

i **Im Nationalpark** vom Uferbereich aus beim „Anlauern" auf Beutetiere relativ leicht zu beobachten, ausschließlich im Königssee und Obersee anzutreffen. Hervorragender Speisefisch.

Beobachtungstipp: Im Obersee vom Wanderweg zur Fischunkel Alm aus sehr häufig im Flachwasser zu beobachten, wo er bewegungslos auf Beute lauert.

Elritzenschwarm

Elritze *Minnow*

Phoxinus phoxinus

Familie Lachsfische (Salmonidae)

Beobachtungsmöglichkeit:

I	II	III	IV	V	VI	VII	VIII	IX	X	XI	XII

Ⓜ L der ♂♂ 5 – 10 cm, ♀♀ 5 – 14 cm. Körper langgestreckt, fast drehrund und nur am Schwanzstiel seitlich zusammengedrückt, Mund endständig und klein, kleine Schuppen. Seitenlinie meist hinter der Körpermitte unterbrochen. Je nach Vorkommen Färbung stark variabel. Rücken meist graugrün, am Bauch weißlich. Die Flanken sind heller mit silbrigem Schimmer. ♂♂ während der Laichzeit dunkler gefärbt mit rötlich gefärbter Bauchseite und hellem Fleck auf dem Kiemendeckel.

Ⓛ Vor allem in sauerstoffreichen Seen sowie in Gewässern der Forellen- und Äschenregion anzutreffen.

Ⓥ Tagaktiver Schwarmfisch. Zur Laichzeit (V – VI) schließen sich die Fische zu größeren Schwärmen zusammen und wandern bachaufwärts. Zur Abwehr von Feinden werden chemische Geruchsstoffe erzeugt, die für den Zusammenhalt des Schwarms sorgen und vor Gefahren warnen. Wird ein Schwarmmitglied verletzt, gibt es sogenannte Schreckstoffe ins Wasser ab. Diese veranlassen die Artgenossen zu sofortiger Flucht. **Fortpflanzung:** Als Laichgründe dienen flache, kiesige, gut durchströmte Gewässerabschnitte. Hier legen die ♀♀ ca. 200 – 1.000 leicht klebrige, ca. 1 – 1,3 mm große Eier ab.

Ⓔ Nahrung sind überwiegend kleine Bodentiere wie Bachflohkrebse und Insektenlarven.

ⓘ **Im Nationalpark** vor allem im Königssee, Grünsee und Obersee anzutreffen. „Zupfen" im Flachwasserbereich gerne an Beinbehaarung von Menschen und sind dann gut zu beobachten. Da die Bäche im Winter nahezu bis zum Grund durchfrieren, nicht oberhalb 600 m ü. NN anzutreffen.

Beobachtungstipp: Vom Ufer des Königssees auf St. Bartholomä sind die Schwärme unter eisfreien Bedingungen leicht zu entdecken.

Grasfrosch *Common Frog*

Rana temporaria

Familie Echte Frösche (Ranidae)

Beobachtungsmöglichkeit:

I	II	III	IV	V	VI	VII	VIII	IX	X	XI	XII

M ♂♂ wie ♀♀ 70 – 90 mm, selten größer. Körperfarbe überwiegend braun, Schnauze kurz und stumpf. Auf dem Rücken dunkel- oder rötlichbraun mit großer, dunkler Fleckenzeichnung. Unterseits heller und undeutlich gefleckt.

L Bevorzugt kühle, schattige und feuchte Lebensräume, z. B. in Wäldern, Mooren, an Gewässern und benötigt Bodenvegetation.

V Im Sommer außerhalb der Balzzeit nachaktiv, im Wasser tagaktiv. Anspruchsloser Einzelgänger, Laichplatzwanderung in der Dämmerung bis Mitternacht ab II – III, im Nationalpark je nach Höhenlage später (bis VI). Laicht als erste heimische Amphibienart bereits ab Mitte II. **Stimme:** Paarungsruf ein dumpfes „Knurren". **Fortpflanzung:** Laich wird in gallertartigen Ballen von 700 – 4.500 Eiern im flachen, pflanzenreichen Randbereich des Gewässers abgelegt. Schlupf nach 3 – 4 Wochen. Jungfrösche verlassen im Juni das Gewässer. Überwinterung häufig im Bodenschlamm von Gewässern, ansonsten Erdlöcher. **Feinde:** Zahlreich, z. B. Igel, Iltis, Fuchs, Dachs, Graureiher.

E Fleischfresser, überwiegend Wirbellose wie Regenwürmer, Spinnen, Asseln, Insekten.

i **Im Nationalpark** häufig, mitunter bis auf 1.800 m ü. NN anzutreffen. Unverwechselbarer Frosch, da Wasser- und Laubfrosch im Schutzgebiet nicht vorkommen. Während der Laichperiode tagsüber, auf den Wanderungen auch nachts gut zu beobachten.

Beobachtungstipp: Zur Laichzeit am Tümpel auf der Regenalm, später an feuchten Stellen im Wald entlang des Wanderweges zur Regenalm leicht zu entdecken.

Bergmolch *Alpine Newt*

Triturus alpestris
Familie Molche und Salamander (Salamandridae)

Beobachtungsmöglichkeit:

I	II	III	IV	V	VI	VII	VIII	IX	X	XI	XII

M L ♂♂ zumeist bis 9 cm, gefleckter Schwanzflossensaum, schiefergraue Oberseite und runde, dunkle Flecken an den Flanken. ♀♀ massiger und bis 12 cm, oberseits grau- bis olivbraun, Bauch einfarbig orangerot. Kopf rund, relativ flach und durch Kehlfalte vom übrigen Körper abgesetzt. Rumpf wirkt gedrungen, Schwanz seitlich abgeplattet. Haut glatt oder feinkörnig.

L Vor allem an feuchten Orten in der Nähe von Grünland, Feuchtwiesen, Moor- und Sumpfgebieten, Mischwäldern, Klammen und Schluchten. Laichgewässer sehr variabel, von klein-seichten bis tief-großen Gewässern, wie Fahr- und Traktorspuren, Wildsuhlen, Tümpel sowie überwiegend vegetationsarme Wald- und Gebirgsseen.

V An Land nachtaktiv, während der Fortpflanzungszeit tagaktiv. Wanderung zu den Laichgewässern II – III. Zur Balzzeit sowie die Jungtiere fast ausschließlich im Wasser. **Fortpflanzung:** Als Anpassung an hohe Gebirgslagen nur alle 2 Jahre. ♀ klebt bis zu 250 Eier einzeln an zusammengefaltete Blätter von Wasserpflanzen. Embryonalentwicklung temperaturabhängig zwischen 14 und 30 Tagen. Larven beim Schlupf ca. 7 mm, dunkel gefärbt mit Außenkiemen. Überwinterung von X bis III (Winterruhe) in der Nähe des „Wohngewässers" an Land unter Steinen, Wurzeln und Bäumen, teilweise im Larvenstadium, nach 2 – 3 Jahren geschlechtsreif. **Alter:** bis zu 20 Jahre.

E Vielseitiger Fleischfresser, vor allem Regenwürmer, Insekten und deren Larven, Kaulquappen, Kleinkrebse, bisweilen auch kannibalisch.

i **Im Nationalpark** in Tümpeln und Pfützen zur Laichzeit sehr gut zu beobachten, steigt bis 2.000 m ü. NN. Unverwechselbar und ungiftig, beisst nicht!

Beobachtungstipp: In Tümpeln auf der Gotzenalm während der Laichzeit sehr leicht zu beobachten.

Steinfliegenlarve

Großköpfige Steinfliege ***Stonefly***

Dinocras cephalotes

Familie Perlidae, Plecoptera (Steinfliegen)

Beobachtungsmöglichkeit:

I	II	III	IV	V	VI	VII	VIII	IX	X	XI	XII

M L 13 – 29 mm, SP bis 40 mm. Große Steinfliege, braune bis dunkelbraune Grundfärbung; Kopf, Brust und Flügel gleich dunkel gefärbt. Flügel schmal und gleich lang, dunkel gefärbt, in Ruhestellung über dem Körper zusammengeschlagen. Hinterleibssegmente braun, helle Fleckenzeichnung. Larve (s. Foto) im letzten Stadium bis ca. 30 mm, Kopf auffällig breit (= namensgebend), Färbung hell bräunlich marmoriert, weißliche Büschelkiemen zwischen den Beinansätzen und am Hinterleib, zwei Schwanzanhänge.

L Im Gebirge mit Vorliebe in sauberen Bächen und Flüssen.

V Überwiegend tagaktiv. Larven ausschließlich im Wasser. Durch den abgeflachten Körper der Larven verringert sich der Strömungswiderstand, wenn sie sich in schnell fließenden Bächen eng an Steine anklammern. Auf diese Weise werden sie von der Strömung nicht so leicht verdriftet. **Fortpflanzung:** Pro Eiablage bis zu 1.000 Eier gelegt. Haftanker der Eier wird erst dann wirksam, wenn sie in das Lückensystem des Bachbodens eingeschwemmt werden. Eier können jahrelang überdauern. Die kleinen Larven leben in Wassermoosen, die großen Larven gehören zur Steinfauna im Gewässer. Die Larven leben 3 Jahre im Gewässer. Die erwachsenen Insekten leben einige Wochen an Land und kümmern sich ausschließlich um die Fortpflanzung.

E Die kleinen Larven leben vom Aufwuchs, die größeren Larven von Köcherfliegen-, Eintagsfliegen- und Steinfliegenlarven sowie anderen Gewässerinsekten.

i **Im Nationalpark** in allen rasch fließenden Gewässern bis 1.500 m ü. NN, regelmäßig und gut zu beobachten. Flugzeit VI – IX. **Beobachtungstipp:** Die Larven sind relativ leicht unter Steinen im Mitterbach zwischen Königssee und Obersee zu entdecken und mit einer Becherlupe gut zu beobachten!

Glänzende Smaragdlibelle
Brillant Emerald Dragonfly
Somatochlora metallica
Familie Falkenlibellen (Corduliidae)

Beobachtungsmöglichkeit:

I	II	III	IV	V	VI	VII	VIII	IX	X	XI	XII

M Großlibelle, Hinterleib 37 – 44 mm. Körper der ausgefärbten ♂♂ mit intensivem grünem Metallglanz. Augen oberseits hellbraun, unterseits grünlich. Augen der ♀♀ grün, Hinterleibsfärbung wie ♂♂, Flügel oft schwach getönt. Hinterleib zylindrisch mit deutlichem, senkrecht abstehenden Legeapparat.

L Ohne besondere Lebensraumansprüche. Bewohnt schlammige, nährstoffreiche Teiche sowie Flachmoore, Wiesenbäche und andere, langsam fließende Bäche.

V Tagaktiv, sehr agil, sitzt selten. Auffälliger „Rüttelflug", ca. 40 – 50 cm über dem jeweiligen Gewässer sowie „Patrouillenflug" der ♂♂ entlang des Ufers, wobei Artgenossen aggressiv vertrieben werden. **Fortpflanzung:** Eiablage (bis zu 900 Eier pro ♀) in schwimmende Algenmatten oder offene Schlammflächen. Schlupf nach 4 – 6 Wochen. Entwicklung zur Libelle dauert 2 – 3 Jahre.

E Fleischfresser und Flugjäger, fängt im Flug kleine Insekten.

i **Im Nationalpark** lokal an Tümpeln (z. B. Regenalm) und kleinen Bachläufen bis 1.600 m ü. NN.

Beobachtungstipp: Im Bereich der Feuchtwiesen auf St. Bartholomä im Hochsommer regelmäßig zu beobachten. **Achtung: Bitte Feuchtgebiet nicht betreten.**

Blutrote Heidelibelle ***Ruddy Darter***
Sympetrum sanguineum
Familie Segellibellen (Libellulidae)

Beobachtungsmöglichkeit:

I	II	III	IV	V	VI	VII	VIII	IX	X	XI	XII

Ⓜ Großlibelle, Hinterleib 22 – 29 mm, bei ausgefärbten ♂♂ wie das Gesicht blutrot leuchtend. Beine des ♂ sind schwarz, die Flügel farblos und durchsichtig mit kleinen, orange- bis blutroten Flecken an der Basis, die Brust einheitlich schokoladenbraun. ♀♀ nahezu komplett ockerbraun, bisweilen zart orange gefärbt, ansonsten wie ♂♂.

Ⓛ Mit Vorliebe an kleinen, nährstoffreichen, stehenden und üppig bewachsenen Gewässern mit gut ausgebildeten Verlandungszonen, Riedgürteln oder Schachtelhalmsümpfen. Gelegentlich auch in Hochmooren.

Ⓥ Tagaktiv, lebhaft und scheu. Sitzt bei großer Hitze oft mit aufgerichtetem Hinterleib und nach vorne geklappten Flügeln, was der Thermoregulation dient (typisch für alle Heidelibellen!). Bildet Paarungsrad, Paarung im Flug oder an geschützten Stellen. **Fortpflanzung:** Ablage der auffällig großen Eier zumeist in schlammigem Boden oder fast trockener Verlandungsvegetation, selten ins offene Wasser. Eier überwintern im feuchten Schlamm, Schlupf im nächsten Frühjahr. Larven sommers nie im Schlamm, sondern zwischen Wasserpflanzen, wo sie vor allem Wasserflöhe jagen. Kannibalismus häufig. Ende VI frühmorgens schlüpft fertige Libelle, nachdem sie 10 – 30 cm an Pflanzenstängeln emporklettert.

Ⓔ Ansitzjäger, fängt im Flug kleine Insekten.

ⓘ **Im Nationalpark** sporadisch an vegetationsreichen Stillgewässern bis 1.700 m ü. NN. Unverwechselbar! Heidelibellen verdanken ihrem Namen Hermann Löns, der sie so benannte, weil sie zur Zeit der Heideblüte in Moorlandschaften fliegen.

Beobachtungstipp: Im Hochsommer am Tümpel auf der Regen Alm regelmäßig zu beobachten.

Plattbauch ***Broad-bodied Chaser***
Libellula depressa
Familie Segellibellen (Libellulidae)

Beobachtungsmöglichkeit:

I	II	III	IV	V	VI	VII	VIII	IX	X	XI	XII

M Großlibelle, Hinterleibslänge 21 – 27 mm, SP 5 – 7 cm. Hinterleib breit und abgeplattet, bei ausgefärbten ♂♂ wachsblau mit seitlichen, gelben Flecken. Flügel an der Basis mit dunkelbraunen Flecken. Jungtiere wie ♀♀ olivbraun.

L Bevorzugt vegetationsarme Teiche mit lehmigen oder sandigen, freien Uferflächen. Daher oftmals Erstbesiedler (= Pionierart) von entstehenden Tümpeln oder neu angelegten Gewässern.

V Tagaktiv, fliegt hervorragend, zumeist dicht über Wasseroberfläche oder im reglosen Schwirrflug in der Luft. ♂♂ verteidigen Sitzwarten am Teich, sehr ortstreu. ♀♀ niemals ortstreu. **Fortpflanzung:** Eiablage in gut durchfeuchtetes, besonntes Substrat. ♀♀ mit gut zu beobachtenden „Legetanz" an der Wasseroberfläche, wobei Gelege (bis zu 500 Eier) präzise in Wasserpflanzen eingestochen werden. ♂♂ überwachen Eiablage und vertreiben Rivalen. Schlupf nach 4 Wochen, Verwandlung (= Metamorphose) nach 2 Jahren, zumeist frühmorgens im V.

E Fleischfresser und schneller Flugjäger; fängt kleine Insekten, vor allem Mücken und Fliegen.

i **Im Nationalpark** regelmäßig an vegetationsarmen Tümpeln bis 1.000 m. ü. NN, leicht zu beobachten.

Beobachtungstipp: Im Umfeld der Feuchtwiesen auf St. Bartholomä im Hochsommer regelmäßig anzutreffen.

Lidmückenlarve

Lidmücke *Net-wingend Midge*
Liponeura spec.
Familie Lid- oder Netzmücken (Blephariceridae)

Beobachtungsmöglichkeit:

I	II	III	IV	V	VI	VII	VIII	IX	X	XI	XII

M Langbeinige Mücke. 5 kaum unterscheidbare Arten in Mitteleuropa. ♀♀ in Gestalt und Färbung ähnlich wie ♂♂. Larve mit 7 Körperabschnitten, unterseits 6 kreisförmige Saugnäpfe in der Mittellinie des Bauches, letztes Larvenstadium ca. 0,5 – 1 cm lang, beweglich. Puppe: kurz und plump, annähernd eiförmige Gestalt, sieben Segmente schließen unmittelbar aneinander an, Haut des Rückens dick und dunkel, Haut der Unterseite sehr dünn.

L Larven und Puppen in reissenden Gebirgsbächen mittlerer und unterer Höhen, Imagines (= fertige Mücken) in Ufernähe an Land.

V Tagaktiv. **Fortpflanzung:** Die Eier werden am Gewässerrand direkt an dem Wasserspiegel abgelegt. Die Larve saugt sich mit ihren Näpfen an stark überströmten, größeren Steinen und Felsen fest. Die Puppe klebt sich mit 2 – 3 flachen Chitinscheiben an die Steine fest. Beim Schlüpfen der Mücke (= Imago) reisst die Puppenhaut zwischen Brust und Hinterleib. Die langen Hinterbeine bleiben in der Puppenhaut, während der übrige Körper die Oberfläche erreicht. Hier stützt sich das Tier mit den Vorderbeinen auf die Wasseroberfläche, entfaltet sofort die Flügel, lässt die Puppenhaut los und fliegt ans Ufer.

E Die Larve weidet den Aufwuchs von Kieselalgen ab. Die Puppe nimmt keine Nahrung zu sich. Die weiblichen Mücken ernähren sich unter anderem von Mücken, hauptsächlich Zuckmücken.

i **Im Nationalpark** in allen schnell strömenden Bächen und kleinen Flüssen bis 1.000 m ü. NN häufig und gut zu beobachten.

Beobachtungstipp: Die Larven sind relativ leicht unter Steinen im Mitterbach zwischen Königssee und Obersee zu entdecken und mit einer Becherlupe gut zu beobachten!

Eintagsfliege *May Fly*
Ecdyonurus spec.
Familie Eintagsfliegen (Heptageniidae)

M Eintagsfliege mit glasklaren Flügeln mit vielen Adern; Körper, Vorderflügel und Schwanzanhang fast gleich lang, 1 – 1,8 cm. Larve mit abgeplattetem Körper, Augen auf der Oberseite, meist rundlich-ovale, bewegliche Kiemen, welche die Hinterleibssegmente überragen. Seiten des Rückenschilds nach hinten verlängert, 3 Schwanzfäden, letztes Larvenstadium ca. 1 – 1,8 cm groß. ♀♀ in Gestalt und Färbung ähnlich wie ♂♂.

L Eintagsfliegen (= Imagines) bevorzugen Uferbereiche und angrenzende Lebensräume, die Larven mit Vorliebe in schnell fließenden Bächen und kleinen Flüssen.

V Tagaktiv. Larven klammern sich meist auf der Unterseite größerer Steine fest. Ihr Körper ist an die schnelle Strömung angepasst. Sie bewegen sich mit Hilfe ihrer spitzen Krallen krebsartig nach vorne oder seitlich. Sie durchlaufen ca. 30 Larvenstadien. Die erwachsenen Insekten leben nur wenige Wochen, führen Hochzeitsflüge bei schönem, aber nicht zu heissem Wetter über Gewässern oder bachbegleitenden, linearen Strukturen (Wegen) durch.

E Larve ernährt sich durch das Abschaben von Kieselalgen oder Detritus von der Steinoberfläche. Die Imagines nehmen keine Nahrung auf.

i **Im Nationalpark** in allen schnell fließenden Gewässern bis 1.000 m ü. NN häufig und gut zu beobachten. In Zentraleuropa derzeit 16 schwer unterscheidbare Arten.

Beobachtungsmöglichkeit:

I	II	III	IV	V	VI	VII	VIII	IX	X	XI	XII

Beobachtungstipp: Die Larven sind leicht unter Steinen im Mitterbach zwischen Königssee und Obersee zu entdecken und mit einer Becherlupe gut zu beobachten!

Österreichische Quellschnecke
Austrian Fount Snail
Bythinella austriaca
Familie Wasserdeckelschnecken (Hydrobiidae)

Beobachtungsmöglichkeit:

I	II	III	IV	V	VI	VII	VIII	IX	X	XI	XII

M Rechtsgewundene Schnecke; Gehäuse fast zylindrisch; 4 – 4,5 getrennte Umgänge, die letzten beiden Umgänge gegenüber den vorhergehenden stark vergrößert, gut gewölbt, durch eine tiefe Naht getrennt; Mündung schief eiförmig; Gehäusehöhe ca. 2 – 3 mm, Gehäusebreite ca. 1,5 mm, Breite und Höhe der Schalenmündung ca. 1 mm, fast kreisrund. Zahlreiche schwer unterscheidbare Arten der Gattung Bythinella.

L Lebt als sogenanntes „Eiszeitrelikt" in Quellen und Quellbächen, ist an die ganzjährig geringe Temperaturschwankung des Quellwassers angepasst. Die Art ist hoch abhängig von Kalzium und fehlt deshalb weitgehend in den Zentralalpen.

V Tagaktiv. Ganzjährig und für alle Lebensabschnitte am Gewässergrund von gleichmäßig kühlen Quellen und quellnahen Bächen.

E Schnecke lebt von Detritus und Aufwuchs.

i **Im Nationalpark** in vielen Quellbereichen bis fast 1.000 m ü. NN häufig und gut zu beobachten.

Beobachtungstipp: Auf der Königsbachalm in den dortigen Quellbächen gut zu beobachten.

4.2 Lebensraum „Nasswiesen und Sümpfe"

In Senken, Mulden oder auch Dolinen mit ausreichend wasserundurchlässigem Untergrund bildeten sich im Laufe der Jahrhunderte zunächst kleine Seen und Tümpel, die anschließend mehr oder weniger stark verlandeten und heute entweder als Sümpfe oder Nasswiesen bezeichnet werden können. Im Nationalpark ist dieser Lebensraumtyp eher selten, da das steile Gelände sowie das klüftige Gestein der verkarsteten Hochflächen nur sehr bedingt Wasser anstauen lassen. Die Vegetation kann je nach Beschaffenheit des Bodens und Säuregehalt des zirkulierenden Wassers sehr unterschiedlich ausgeprägt sein. Auf der Priesbergalm oder der Gotzenalm herrschen saure Verhältnisse, weshalb dort Wiesensegge *(Carex nigra)*, Stern-Segge *(Carex echinata)* und Schmalblättriges Wollgras *(Eriophorum angustifolium)* bestandsbildend sind. In solchen Fällen spricht man vom Braunseggensumpf, während der sogenannte Davallseggensumpf für kalkreiche, nährstoffarme

Das Priesbergmoos

und stets von kaltem Quellwasser durchströmte Böden typisch ist. Neben der namengebenden Davallsegge *(Carex davaliana)* sind z. B. Mehl-Primel *(Primula farinosa* spp. *farinosa)*, Sumpf-Herzblatt *(Parnassia palustris)*, Schwalbenwurzenzian *(Gentiana asclepiadea)* und Sumpf-Baldrian *(Valeriana dioica)* charakteristische Begleitpflanzen. Solche Lebensräume finden sich in großflächiger Ausprägung am Rand des Schwemmkegels auf St. Bartholomä. Extrem bodensaure Hochmoorgesellschaften mit dicht wachsenden Torfmoosen *(Sphagnum spec.)* sind im Nationalpark dagegen äußerst selten und nur auf Salet und im Priesbergmoos anzutreffen.

Ebenso abwechslungsreich wie der pflanzliche Bewuchs ist auch die Artenvielfalt unter den tierischen Lebewesen: Zwischen den büschelig wachsenden Seggen und anderen niederen Pflanzen baut die gelb-schwarz gefärbte Wespenspinne *(Argyope bruennichi)* ihr charakteristisches Netz, in dem sie mit Vorliebe Heuschrecken wie z. B. die farbenprächtige Sumpfschrecke *(Mecostethus grossus)*, aber auch die metalisch-grün gefärbte Kleine Goldschrecke *(Euthystira brachyptera)* fängt. Die Vierfleck-Kreuzspinne *(Araneus quadratus)* begnügt sich dagegen mit kleineren Beutetieren wie Mücken und Fliegen. An den an Binsen heftenden Schaumgebilden erkennt man die „Larvennester" der Wiesenschaumzikade *(Philaenus spumarius)*, die im Nationalpark ebenso wie die relativ unscheinbare Zwergzikade *(Turrutus socialis)* ausschließlich in diesem Lebensraumtyp vorkommt.

In kleinen, flachen Tümpeln oder oft auch nur in den mit Wasser gefüllten Trittspuren des Weideviehs lebt die selten gewordene Gelbbauchunke *(Bombina variegata)*, die sich bei Gefahr auf den Rücken legt und sich auf die gelbe Warnfarbe ihres Bauches verlässt. Zwei andere Räuber, den eleganten Wasserläufer *(Gerris lacustris)* und die Gerandete Jagdspinne *(Dolomedes fimbriatus)* trifft man eher an den offenen Wasserstellen, wo sie lauernd die Bewegungen von Beutetieren im Wasser ertasten. Davon unbeeindruckt bewegt sich die Gemeine Bernsteinschnecke *(Succinea putris)* überwiegend unter Wasser, wo sie Pflanzenstängel oder faulige Pflanzenteile abweidet. Über den wogenden Binsen- und Seggenteppichen schwebt anmutig die Schwarze Heidelibelle *(Sympetrum danae)*. Gerne werden von ihr Ansitzwarten am Rand der Nasswiesen und Sümpfe aufgesucht, von wo aus sie kleinere Insekten im schnellen Flug erbeutet. Ähnlich verhält sich die Gemeine Heidelibelle *(Sympetrum vulgatum)* – ganz im Gegensatz zum Kleinen Blaupfeil *(Orthetrum coerulescens)*, der ausschließlich vom Boden aus zu seinen Jagdflügen aufsteigt. Auf der Suche nach Nektar sind der Baldrian-Scheckenfalter *(Melitaea diamina)* und der Natterwurz-Perlmuttfalter *(Boloria titania)* leicht zu beobachten, die auf den Nasswiesen im Nationalpark noch recht regelmäßig zu beobachten sind. Die haarigen Raupen des überwiegend nachtaktiven Zimtbärs *(Phragmatobia fuliginosa)* fressen häufig an niedrigen Kräutern am Rand der Sumpfwiesen, wo sie sich auch nach der Überwinterung verpuppen.

Zu den besonders auffälligen Bewohnern dieses Lebensraumes zählt die Bergeidechse *(Lacerta vivipara)*. Dieses überwiegend bräunliche, wechselwarme Tier lässt sich vor allem am Vormittag gut beim „Sonnentanken" beobachten, wenn es auf exponierten oder vegetationsarmen Stellen bewegungslos ausharrt, bis ihr Körper genügend Wärme absorbiert hat, um danach die typischen, schnellen Bewegungen zu ermöglichen. In Acht nehmen muss sie sich dabei vor allem – wie nahezu alle anderen Bewohner der Nasswiesen und Sümpfe auch – vor der bis zu 1 m langen Ringelnatter *(Natrix natrix)*, der häufigsten Schlange im Nationalpark. Für uns Menschen ist dieses schöne Reptil hingegen völlig harmlos und an den beiden gelben, halbmondförmigen Flecken am Hinterrand des Kopfes unverkennbar.

Wo findet man Nasswiesen und Sümpfe im Nationalpark?

Das schönste Hochmoor im Nationalpark findet man entlang des Wanderweges Nr. 497 von der Königsbach Alm (1.200 m ü. NN) zur Priesberg Alm (1.460 m ü. NN) im Bereich des Priesbergmooses. **Achtung:** Hochmoor und angrenzende Feuchtwiesenbereiche bitte nicht betreten!

Nasswiese am Schwarzensee

Bergeidechse ***Common Lizard***
Zootoca vivipara
Familie Echte Eidechsen (Lacertidae)

Beobachtungsmöglichkeit:

I	II	III	IV	V	VI	VII	VIII	IX	X	XI	XII

M Klein und gedrungen, L bis 16 cm (mit Schwanz), Körper etwa 6,5 cm. Kopf klein, nicht vom Körper abgegrenzt. Halsband stark gezähnt. Rückenschuppen gekielt. Rücken braun, graubraun oder grau, mitunter bronzefarben mit dunklem Mittelstreifen, manchmal aus vielen Flecken zusammengesetzt. Flanken mit breitem, dunklem Längsband, oberhalb von einem hellen Längsstrich begrenzt und von einzelnen dunklen Fleckchen mit hellem Zentrum unterbrochen. Bauch der ♂♂ gelb bis orange und schwarz gesprenkelt, bei den ♀♀ weißlich und nur schwach gefleckt.

L Bevorzugt kühle sowie feuchte bis mäßig feuchte Lebensräume, deshalb bis 3.000 m ü. NN anzutreffen; mit Vorliebe in Mooren, auf Almwiesen und in sonnigen, lichten Wäldern, an Waldrändern, in Waldlichtungen und feuchten Wiesen.

V Tagaktiv, relativ langsam, schwimmt gut. Schwanz bricht bei Verfolgung leicht ab. **Fortpflanzung:** Paarungszeit IV – VI. Nach 3 Monaten Tragzeit werden 3 – 10 Jungtiere – als Anpassung an die rauhen klimatischen Bedingungen – lebend geboren (= Viviparie). Hält Winterruhe von X bis Anfang III. Erste Jahreshäutung im III.

E Fleischfresser, vor allem Insekten, Spinnen, Tausendfüßler, Würmer und Asseln.

i **Im Nationalpark** regelmäßig, auch in Höhen bis 2.500 m ü. NN anzutreffen. Nicht fangen, da sonst die Gefahr besteht, dass der Schwanz abgeworfen wird! Verwechslungsgefahr mit Zauneidechse *(Lacerta agilis)* und Mauereidechse *(Podarcis muralis)*, daher vor allem auf unterschiedliche Körperflanken dieser Arten achten!

Beobachtungstipp: Zum Beispiel im Bereich des Priesbergmooses an warmen Sommertagen regelmäßig zu beobachten. **Bitte das Feuchtgebiet nicht betreten!**

Ringelnatter *Grass Snake*

Natrix natrix

Familie Nattern (Colubridae)

Beobachtungsmöglichkeit:

I	II	III	IV	V	VI	VII	VIII	IX	X	XI	XII

(M) L ♂♂ zumeist bis 70 cm, ♀♀ 80 – 90 cm, nicht selten auch > 1 m. Oberseits graubraun, schieferfarben, aschgrau oder schwarz mit einigen dunklen Längsstreifen. Rücken und Flanken mit +/- kleinen, schwarzen Flecken. Am Hinterkopf beiderseits je ein typischer weißer oder gelblicher „Halbmondfleck". Vor und hinter diesen Halbmonden befinden sich noch jeweils 2 dunkle Flecken. Körperunterseite gräulich, mit einigen schwarzen Flecken. Kopf oval, große Augen und runde Pupillen. Schwanz spitz ausgezogen, Rückenschuppen gekielt.

(L) Bevorzugt feuchte Lebensräume, vor allem am Ufer stehender oder fließender Gewässer sowie in Mooren, lichten Laubwäldern, Hecken und Geröllhalden. Für ihr Vorkommen sind bestimmte Umstände unabdingbar: kleine Tümpel, Weiher, Feuchtwiesen oder sehr langsam fließende Gewässer, die reichlich bewachsen sind und damit gute Deckung bieten. Plätze für Eiablage und Überwinterung sind ebenfalls wichtig. Ideal sind alte Bäume, in deren Wurzelwerk sich die Schlange zurückziehen kann. Nur selten findet man sie in reinen Trockenbiotopen.

(V) Tag- und dämmerungsaktiv, stets scheu und fluchtbereit. Schwimmt und taucht sehr gut. Sonnt sich gerne und lange. Mehrere Häutungen im Jahr, dabei wird die alte Haut an Gestrüpp und Gesteinen abgerieben. Zur

Abwehr wird stinkendes Drüsensekret abgesondert. Fühlt sie sich direkt bedroht, kann sie laut zischen und hebt ihren Kopf, um einen Angriff vorzutäuschen. Bleibt ihr keine Fluchtmöglichkeit, so stellt sie sich tot, verdreht den Körper und lässt ihre Zunge heraushängen. Die Ringelnatter hält in Kleingruppen Winterschlaf von X bis IV, bevorzugt in Erdhöhlen und hohlen Baumstümpfen. Im Anschluss erste Häutung, danach Paarung. **Fortpflanzung:** Eiablage (10 – 40 miteinander verklebte Eier) meist im VI an warmen und geschützten Stellen (vor allem alte Baumstümpfe oder Grünschnitt mit Abwärme aus dem Abbauprozess). Mitunter findet man zahlreiche Gelege mehrerer ♀♀ an sehr günstigen Stellen. Schlupf der Jungschlangen im Frühherbst, wobei die Schale mit einem „Eizahn" aufgeschnitten wird. Jungtiere ca. 12 cm lang, wiegen kaum mehr als 3 g. Sie verlassen das Gelege zunächst nicht und gehen dort auch in den Winterschlaf, sind aber bereits selbständig. Nach ca. 4 Jahren geschlechtsreif. **Alter:** Lebensdauer bis 20 Jahre. **Feinde:** Vor allem Graureiher, Füchse und Marder. Während der Winterstarre mitunter auch Ratten.

E Fleischfresser, vorwiegend kleine Fische, Frösche, Molche und seltener Mäuse. Die Beute wird selten totgebissen. Meist wird sie von hinten verspeisst. Es ist wichtig die Beute von hinten zu verschlingen, da sich viele Froscharten mit Luft vollpumpen und immense Ausmaße annehmen; werden sie von hinten gefressen, kann die Luft nach vorn durch den Mund herausgepresst werden. Ringelnattern benötigen für eine „Saison" ungefähr das fünffache des eigenen Körpergewichtes an Nahrung. Junge Ringelnattern ernähren sich vorwiegend von Kaulquappen und Insektenlarven.

i **Im Nationalpark** häufigste Schlange, steigt bis 2.000 m ü. NN. Ungiftig und sehr nützlich! Die Halbmondflecken am Hinterkopf wirken wie eine kleine Krone, weshalb die Ringelnatter in einigen Ländern auch als Glücksbringer betrachtet wird.

Beobachtungstipp: Während der Sommermonate an warmen Tagen im Bereich des Priesbergmooses regelmäßig anzutreffen. **Bitte das Feuchtgebiet nicht betreten!**

Gelbbauchunke *Yellow-bellied Toad*
Bombina variegata
Familie Scheibenzüngler (Discoglossidae)

Beobachtungsmöglichkeit:

I	II	III	IV	V	VI	VII	VIII	IX	X	XI	XII

Ⓜ L ♂♂ wie ♀♀, zwischen 35 und 55 mm groß. Oberseite graubraun bis schwärzlich, stark warzig, oft mit helleren Flecken; Unterseite graublau bis schwarzblau und fast glatt, mit auffälligen gelben bis orangefarbenen Flecken, auch an Armen und Beinen. Gedrungener Körper, Schnauze gerundet, Pupille ausgewachsener Tiere herzförmig, Trommelfell nicht sichtbar (vgl. Grasfrosch), Schallblasen – wie bei Fröschen – nicht vorhanden.

Ⓛ Im Gebirge eng an zumeist stehende (höchstens schwach fließende) Gewässer und Kleinstgewässer gebunden, bisweilen in Ersatzlebensräumen wie Pfützen, Traktorspuren und kleinen Wassergräben anzutreffen. Bevorzugt flache, gut besonnte Gewässer in „ungeordneten" Landschaften, z. B. kleine, kahle oder kaum bewachsene Tümpel sowie Kleingewässer im bewaldeten Bereich.

Ⓥ Tagaktiv, sehr agil und wärmeliebend. In ihrer Aktivitätszeit (Ende IV – Ende IX) eng an oben genannte Gewässer gebunden, die gleichzeitig auch die Laichhabitate darstellen. Wanderbereitschaft bei Jung- und Alttieren hoch, nicht durch Bindung an ein Laichgewässer – wie bei Fröschen und Kröten – begrenzt. Neu entstandene Gewässer werden rasch besiedelt (= Pionierart). An Land oft versteckt unter Steinen, totem Pflanzenmaterial sowie in Lücken- und Spaltensystemen von

Felsen. Bei Störung dreht sich die Gelbbauchunke auf den Rücken, verweilt reglos und zeigt die gelbschwarze „Warnfarbe" der Unterseite. **Stimme:** Die Paarungsrufe der Männchen sind dumpfe, jedoch weittragende, regelmäßige „uh-uh-uh" – Rufe, etwa im Sekundenabstand. **Fortpflanzung:** In der Laichzeit (V – VI) werden kleine, kugelförmige, selten längliche Eipakete (2 – 30 Eier) an Wasserpflanzen oder überschwemmte Landpflanzen geheftet. Larven schlüpfen bereits nach 2 – 4 Tagen, sind relativ groß (bis 50 mm) mit einem abgerundeten Schwanzende, Flossensaum reicht höchstens bis zur Rumpfmitte. **Feinde:** Z. B. Molche und Ringelnattern; Libellenlarven stellen den Kaulquappen nach. **Gefährdung:** Verluste vor allem durch Trockenfallen (Aufschüttung) der Gewässer während des Larvenstadiums, obwohl die Entwicklung relativ schnell vor sich geht.

E Fleischfresser, vor allem Insekten, Spinnen und Weichtiere.

i **Im Nationalpark** lokal in warmen Tümpeln und kleinen Gräben bis 1.900 m ü. NN. Ungiftig, aber Drüsensekrete können zu Hautreizungen führen. Keine Verwechslungsmöglichkeit, da Rotbauchunken *(Bombina bombina)* im Nationalpark nicht vorkommen.

Beobachtungstipp: Besonders im Frühsommer mit Glück in manchen vegetationsarmen Tümpeln, z. B. im Bereich Salet oder auf St. Bartholomä zu entdecken.

Sumpfschrecke
Large Marsh Grashopper
Stethophyma grossum
Familie Feldheuschrecken (Acrididae)

Beobachtungsmöglichkeit:

I	II	III	IV	V	VI	VII	VIII	IX	X	XI	XII

(M) L ♀♀ 28 – 38 mm, schwerer und größer als ♂♂ (16 – 25 mm). Meist olivgrün, mitunter auch purpurrot gescheckt. Auffälliger heller Seitenstreifen.

(L) Besonders gerne in feuchten bis nassen Grünlandgebieten, die auch als Wiese oder Weide genutzt werden können; verschwindet, wenn diese Feuchtgebiete austrocknen, weshalb sie ein guter Indikator für noch intakte Feuchtgebiete ist.

(V) Tagaktiv und gut flugfähig, weshalb neue Standorte im Bereich von einigen hundert Metern neu besiedelt werden können. **Stimme:** Vereinzelte, kurze Zirplaute, die wie „Fingernägelknipsen" klingen, hörbar bis zu 10 m Entfernung. Lauterzeugung durch ruckartiges „Vorbeischleudern" der bedornten Unterschenkel der Hinterbeine an den Schrillkanten der Flügel. Die ♂♂ geben diese Laute als Teil des Paarungsrituals von sich, die ♀♀ erzeugen sie z.B. bei Störung auch als Abwehrlaut. **Fortpflanzung:** Eiablage im Sommer in den Boden oder oberirdisch zwischen Gräser, wobei ausreichende Durchfeuchtung des Bodens bis zum nächsten Sommer von großer Wichtigkeit ist.

(E) Pflanzenfresser, vor allem Süßgräser, Seggen und Binsen.

(i) **Im Nationalpark** lokal in Sumpfwiesen und feuchten Weiden, vor allem mit reichem Torfmoos-Bestand, bis 1.300 m ü. NN.

Beobachtungstipp: Beispielsweise im Bereich des Priesbergmooses im Hochsommer häufig anzutreffen. **Bitte das Feuchtgebiet nicht betreten!**

Gemeine Heidelibelle *Vagrant Darter*
Sympetrum vulgatum
Familie Segellibellen (Libellulidae)

Beobachtungsmöglichkeit:

I	II	III	IV	V	VI	VII	VIII	IX	X	XI	XII

M Großlibelle, Hinterleibslänge 22 – 27 mm. Hinterleib ausgefärbter ♂♂ dunkelrot, Brust einheitlich rotbraun, Ansatzstellen der Flügel kräftig rot. Hinterleib der ♀♀ goldfarben braun mit rötlichem Anflug. Ansatzstellen der Flügel rot.

L Vor allem an sonnigen, freien und seichten Kleingewässern (< 300 m²), z. B. an Wiesengräben, Teichen und Tümpeln. Toleriert leichte Gewässerverunreinigungen, daher gegenüber anderen Libellen im Vorteil.

V Tagaktiv. Häufigste und auffälligste Sommerlibelle. ♂♂ zumeist am Wasser, ♀♀ nie weit vom Gewässer entfernt. **Fortpflanzung:** Bildet Paarungsrad. Eiablage in freie Wasserstellen direkt an der Uferlinie und im Randbereich des Schilfgürtels. Eier überwintern im Schlamm, Larven schlüpfen im IV und lauern zumeist im Schlick auf Mückenlarven und Kleinkrebse, wirken deshalb „sehr schmutzig". Schlupf (Dauer: 2 h), zumeist morgens im VII an Schilfhalmen.

E Fleischfresser und Ansitzjäger; fängt kleine Insekten, vor allem Mücken und Bremsen.

i **Im Nationalpark** lokal häufig an vegetationsreichen Kleingewässern bis 1.000 m. ü. NN, leicht mit der Blutroten Heidelibelle *(Sympetrum sanguineum)* zu verwechseln, die jedoch bis in größere Höhen vorkommt.

Beobachtungstipp: Zum Beispiel am Tümpel auf der Regen Alm im Spätsommer leicht zu beobachten.

Schwarze Heidelibelle *Black Darter*

Sympetrum danae

Familie Segellibellen (Libellulidae)

Beobachtungsmöglichkeit:

I	II	III	IV	V	VI	VII	VIII	IX	X	XI	XII

(M) Dunkel bis schwarz gefärbte Großlibelle, Hinterleib 22 – 24 mm; ausgefärbte ♂♂ fast schwarz, Flanken erst gelb, später braun. ♀♀ ockerbraun, mitunter orangebraun, später auch schmutzig-braun.

(L) Wenig scheu; fliegt langsam, wirkt schwebend und sitzt häufig an niedrigen Pflanzen, auf Steinen und Holz. Gerne an sauren, seichten und damit sich schnell erwärmenden Kleinstgewässern wie Mooren und Sümpfen. Bildet Paarungsrad!

(V) Tagaktiv, fliegt sehr schnell und wendig. **Fortpflanzung:** Ablage der „Einester" stets ins offene Wasser, bevorzugt an flutende Torfmoose *(Sphagnum)*, mitunter in wassergefüllte Fahrspuren und Wildsuhlen (einzige Libellenart!). Eier überwintern im feuchten Schlamm, Schlupf im nächsten Frühjahr. Larven zumeist in der Nähe flacher, schlammiger Teichränder. Mitte VII schlüpft die fertige Libelle (Dauer: 3 – 4 h).

(E) Fleischfresser und Ansitzjäger, fängt im Flug kleine Insekten.

(i) **Im Nationalpark** lokal häufig an vegetationsreichen Kleinstgewässern bis 2.000 m ü. NN anzutreffen, gut zu beobachten.

Beobachtungstipp: An Tümpeln auf der Salet Alm im Spätsommer regelmäßig zu beobachten.

Kleiner Blaupfeil *Keeled Skimmer*

Orthetrum coerulescens

Familie Segellibellen (Libellulidae)

Beobachtungsmöglichkeit:

I	II	III	IV	V	VI	VII	VIII	IX	X	XI	XII

M Großlibelle, Hinterleibslänge 25 – 31 mm. Hinterleib und Stirn ausgefärbter ♂♂ hellblau, Augen wässrig-blau. Flügelmal orangegelb. Hinterleib der ♀♀ olivbraun. Junge ♂♂ wie ♀♀.

L Bevorzugt flache, langsam fließende Wiesenbäche, Sümpfe und Gräben mit offener Wasserfläche sowie ausgeprägtem Randbewuchs.

V Tagaktiv, wenig scheu und sehr flink. Gern am Boden, sonnt sich mit nach vorne geklappten Flügeln. Auffliegende ♂♂ kehren oft zum Ausgangspunkt zurück (gute Beobachtungsmöglichkeit!). ♀♀ häufiger vom Wasser entfernt. **Fortpflanzung:** Paarungsrad. Eiablage ins freie Wasser. Schlupf der Larven nach 5 – 6 Wochen. Nach ca. 2 Jahren Schlupf der fertigen Libelle.

E Fleischfresser und Ansitzjäger; fängt kleine Insekten, vor allem Mücken und Bremsen.

i **Im Nationalpark** sporadisch an vegetationsreichen Wiesenbächen bis 1.000 m. ü. NN.

Beobachtungstipp: Beispielsweise am Tümpel auf der Regen Alm während des Sommers regelmäßig zu beobachten.

Zimtbär *Ruby Tiger Moth*

Phragmatobia fuliginosa

Familie Bärenspinner (Arctiidae)

Beobachtungsmöglichkeit:

I	II	III	IV	V	VI	VII	VIII	IX	X	XI	XII

M Kleiner Nachtfalter, SP 28 – 34 mm, ♂♂ wie ♀♀ gefärbt. Kopf, Brust und Vorderflügel braun, Vorderflügel mit zwei schwarzen Punkten. Hinterleib und Hinterflügel sind karminrot mit dunklen Flecken.

L Bevorzugt feuchte Wiesen und Gebüsch, auch tagsüber anzutreffen.

V Überwiegend nachtaktiv. **Fortpflanzung:** Raupen sind grau oder rostfarben und dicht behaart. Sie überwintern und verpuppen sich nach der Überwinterung ohne Nahrungsaufnahme. Zwei Generationen pro Jahr.

E Pflanzenfresser. Futterpflanzen der Raupen sind verschiedene Kräuter, z. B. Wegerich, Löwenzahn usw.

i **Im Nationalpark** regelmäßig auf feuchten Wiesen bis 1.000 m. ü. NN.

Beobachtungstipp: Im Umfeld des Priesbergmooses im Hochsommer regelmäßig anzutreffen. **Bitte das Feuchtgebiet nicht betreten!**

Wasserläufer *Common Pond Skater*
Gerris lacustris
Familie Wasserläufer (Gerridae)

M ♂♂ wie ♀♀, L 8 – 20 mm. Körperfärbung dunkelbraun bis schwach schwarz, Körper langgestreckt und langbeinig. Unterseits mit silbrig glänzender Körperbehaarung (auch an den Beinen).

L Bevorzugt kleine Stillgewässer, wie Teiche, Tümpel und Pfützen. Flügel oft ganz zurückgebildet, flugunfähig.

V Tagaktiv. Die langen Beine befähigen zum Laufen auf dem Wasser unter Ausnutzen der Oberflächenspannung des Wassers; Hinterbeine bilden großes X auf dem Wasser, wodurch das Gewicht am besten auf dem Wasser verteilt wird. Gutes Sehvermögen durch Komplexaugen. **Fortpflanzung:** Eiablage an Pflanzen knapp unter Wasseroberfläche. Überwintert in Gewässernähe, z. B. unter Laub.

Beobachtungsmöglichkeit:

I	II	III	IV	V	VI	VII	VIII	IX	X	XI	XII

E Räuberischer Fleischfresser. Bewegungen (Schwingungen) auf dem Wasser werden mit den Beinen (Vibrationssinnesorgane) wahrgenommen und Beutetiere mit den kurzen Vorderbeinen ergriffen. Kannibalismus häufig, z. B. Larven und kranke Artgenossen.

i **Im Nationalpark** überall auf Stillgewässern oder langsam fließenden Bächen bis 1.000 m. ü. NN gut zu beobachten. Nicht fangen, da Stich sehr schmerzhaft!

Beobachtungstipp: An Tümpeln auf der Salet Alm von Frühjahr bis Herbst sehr häufig anzutreffen.

Kleine Goldschrecke
Small Gold Grashopper
Euthystira brachyptera
Familie Feldheuschrecken (Acrididae)

Beobachtungsmöglichkeit:

I	II	III	IV	V	VI	VII	VIII	IX	X	XI	XII

M L ♂♂ 12 – 15 mm, ♀♀ 18 – 23 mm. Hellgrüne Grundfärbung mit metallischem Glanz. Kopf und Halsschild mit dunkelgrünem Seitenstreifen. Beim ♂ reichen die Flügel etwa bis zur Hinterleibsmitte und sind grün. Flügelstummel der ♀♀ meist rosa gefärbt, Hinterknie der ♂♂ schwarz.

L Langgrasbewohner, bevorzugt sowohl trokkene (Magerrasen, Waldlichtungen) als auch nasse Standorte (Feuchtwiesen und Moore).

V Tagaktiv und flugunfähig. **Fortpflanzung:** Eiablage in Form von Paketen mit 5 – 6 Eiern an Blätter hochwüchsiger Gräser. **Stimme:** Gesang aus 4 – 6 Einzeltönen, bei höheren Temperaturen einsilbiges „srrr" (Hinterbeine).

E Pflanzenfresser, vor allem Süßgräser.

i **Im Nationalpark** regelmäßig auf Feuchtwiesen zu beobachten, aber auch auf trockenen Standorten bis ca. 1.100 m ü. NN.

Beobachtungstipp: Im Sommer z. B. im Bereich des Priesbergmooses häufig anzutreffen. **Bitte das Feuchtgebiet nicht betreten!**

Zwergzikade *Leafhopper*
Turrutus socialis
Familie Zwergzikaden (Cicadellidae)

Beobachtungsmöglichkeit:

I	II	III	IV	V	VI	VII	VIII	IX	X	XI	XII

M Zwergzikade, L ♀♀ 2,5 – 3 mm; ♂♂ 3 – 4 mm. Grundfärbung schmutzig gelb. Vorderflügel gelblich, z.T. mit dunkel umrandeten Zellen. Oberkopf länger als Halsschild, mit charakteristischen Flecken am Vorderrand. ♂♂ wie ♀♀.

L Mit Vorliebe auf besonnten, moorigen bis mäßig trockenen Standorten, auf vielen Substraten, basisch bis sauer, vorzugsweise auf extensiv genutzten (submontanen) Wiesen und Weiden, Ruderalflächen, Kalkrasen.

V Tagaktiv. Zikaden (= Imagines) fliegen von Mitte VI – Ende X, Überwinterung im Ei. **Fortpflanzung:** 2 Generationen pro Jahr.

E Pflanzenfresser, vor allem Gräser wie z. B. Rotschwingel *(Festuca rubra)* und Aufrechte Trespe *(Bromus erectus)*.

i **Im Nationalpark** auf Nasswiesen bis 900 m ü. NN relativ häufig und gut zu beobachten.

Beobachtungstipp: Im Hochsommer auf den feuchteren Bereichen der Salet Alm regelmäßig anzutreffen.

Wiesenschaumzikade
Common Froghopper
Philaenus spumarius
Familie Schaumzikaden (Cercopidae)

Beobachtungsmöglichkeit:

I	II	III	IV	V	VI	VII	VIII	IX	X	XI	XII

M L 5 – 7 mm, etwas kleiner als Blutzikade *(Cercopis vulnerata)*. Flügel in Schrägdachstellung über dem Hinterleib (= allgemeines Zikadenmerkmal). Lederfarbener Körper, Flügeldekken sehr variabel, vor allem Fleckenmuster der Flügel, oft auch einfarbig. ♂♂ in Gestalt und Färbung wie ♀♀.

L Mit Vorliebe auf feuchten Wiesen und in der Nähe von Sümpfen.

V Tagaktiv. Kann bis zu 70 cm hoch springen, was dem Sprung eines durchschnittlich großen Mannes auf einen 210 m hohen Wolkenkratzer entspricht und ist damit Weltrekordhalter unter den Tieren. **Fortpflanzung:** Larven bilden Schaum (vgl. Blutzikade) zum Schutz vor Feinden, um während der Nahrungsaufnahme nicht überrascht zu werden. Larve lebt einzeln in Schaumgebilden an krautigen oder holzigen Pflanzen.

E Pflanzensaftsauger, besonders an Kräutern und Gräsern.

i **Im Nationalpark** auf feuchten Wiesen und in Sümpfen bis ca. 1.600 m ü. NN regelmäßig, leicht zu beobachten. Die Larve ist aufgrund der auffälligen Schaumbildung an Pflanzenstängeln ebenfalls leicht zu beobachten. Unverwechselbar!

Beobachtungstipp: Im Spätsommer im Bereich des Priesbergmooses regelmäßig anzutreffen. **Bitte das Feuchtgebiet nicht betreten!**

Baldrian-Scheckenfalter
False Heath Fritillary
Melitaea diamina
Familie Edelfalter (Nymphalidae)

Beobachtungsmöglichkeit:

I	II	III	IV	V	VI	VII	VIII	IX	X	XI	XII

M Mittelgroßer Falter, SP 38 – 42 mm. Flügel auf der Oberseite dunkel, besonders Hinterflügel. Rotbraune Grundfärbung dort fast verschwunden. Unterseits blass mit orangebraunen Binden. ♀♀ größer, Flecken der Oberseite oft bleich gelb oder weißlich.

L Vor allem auf sumpfigen Wiesen und Mooren, auch in trockneren Lebensräumen wie Mager- und Halbtrockenrasen sowie in lichten Wäldern bis zur Baumgrenze.

V Tagaktiv. **Fortpflanzung:** Eiablage in Paketen auf verschiedene Baldrianarten (Valeriana spec.). Raupe überwintert im Boden in zusammengerollten Blättern. Die metallisch glänzende Stürzpuppe hängt frei an der Futterpflanze oder anderen Unterlagen.

E Raupe frisst vor allem an Baldrianarten.

i **Im Nationalpark** regelmäßig im Bereich von Sumpf- oder Nasswiesen bis fast 2.000 m ü. NN, leicht zu beobachten. Verwechslungsgefahr mit anderen Perlmuttfaltern vor allem im sitzenden Zustand groß!

Beobachtungstipp: Zum Beispiel im Bereich der Salet Alm im Frühsommer regelmäßig zu entdecken.

Natterwurz-Perlmuttfalter
Titania's Fritillary
Boloria titania
Familie Edelfalter (Nymphalidae)

Beobachtungsmöglichkeit:

I	II	III	IV	V	VI	VII	VIII	IX	X	XI	XII

M Mittelgroßer Falter, SP 42 – 46 mm. Oberseite orangebraun mit kräftigen schwarzen Zeichnungen. Unterseite der Hinterflügel kontrastreich purpurbraun und gelb marmoriert. 6 ovale bis runde schwarze Flecken im äußeren Bereich von Vorder- und Hinterflügeloberseite. ♀♀ größer, ober- und unterseits heller, gelblicher, mitunter grünlich angehaucht.

L Im Gebirge gerne auf feuchten Waldwiesen, an Waldrändern innerhalb der montanen Zone.

V Tagaktiv. **Fortpflanzung:** Eiablage auf Raupenfraßpflanze oder unmittelbar benachbart stehenden Pflanzen. Überwinterung als Raupe. „Stürzpuppe" in Krautschicht. Eine Generation pro Jahr.

E Raupe frisst vor allem auf Wiesen- oder Schlangen-Knöterich *(Polygonum bistorta).*

i **Im Nationalpark** regelmäßig im Bereich von Sumpf- oder Nasswiesen bis fast 1.200 m ü. NN, mitunter leicht zu beobachten. Verwechslungsgefahr mit anderen Perlmuttfaltern groß!

Beobachtungstipp: Während der Sommermonate im Bereich des Priesbergmooses vom Wanderweg aus gut zu beobachten. **Bitte das Feuchtgebiet nicht betreten!**

Wespenspinne ***Banded Garden Spider***
Argyope bruennichi
Familie Echte Radnetzspinnen (Araneidae)

Beobachtungsmöglichkeit:

I	II	III	IV	V	VI	VII	VIII	IX	X	XI	XII

(M) Auffällige schwarz-weiß-gelbe Hinterleibszeichnung („Wespenzeichnung"!) nur bei ♀♀, die mit 15 mm 3 bis 4 mal größer sind als die unscheinbar hell- oder dunkelbraun gefärbten ♂♂ (4 mm). Beine bräunlich geringelt.

(L) Bewohnt vorzugsweise sonnige feuchte und trockene Standorte mit halbhoher Vegetation und dichter Heuschrecken-Population.

(V) Tagaktiv und wenig scheu. Einzige Vertreterin dieser Gattung in Mitteleuropa. Typisches Radnetz ca. 30 cm über Boden. **Fortpflanzung:** ♀ baut ballonförmige Eikokons (bis zu 400 Eier), die außerhalb des Netzes an Grashalmen befestigt werden. Jungspinnen überwintern im Kokon. Unvorsichtige ♂♂ dienen noch während oder kurz nach der Paarung als Nahrung der ♀♀.

(E) Fleischfresser, überwiegend Feldheuschrecken, z. B. Sumpfschrecken *(Stetophyma grossum)*. Sitzt kopfüber im Netz, bevorzugt sonniges Gelände, legt keinen Schlupfwinkel an.

(i) **Im Nationalpark** häufig auf Feuchtwiesen mit ausreichend hoher Krautschicht, aber auch in Trockenrasengebieten bis 1.500 m ü. NN anzutreffen, z. B. auf der Königsbachalm. Für den Menschen ungefährlich, beißunlustig, Gift schwach. Erst seit Mitte des 20. Jahrhunderts nördlich der Alpen zu beobachten. Nutzt geschickt verbliebene „Lebensraumnischen" in der Krautschicht.

Beobachtungstipp: Im Bereich des Priesbergmooses im Frühjahr und Sommer regelmäßig anzutreffen. **Bitte das Feuchtgebiet nicht betreten!**

Gerandete Jagdspinne *Raft Spider*

Dolomedes fimbriatus

Familie Raubspinnen (Pisauridae)

Beobachtungsmöglichkeit:

I	II	III	IV	V	VI	VII	VIII	IX	X	XI	XII

(M) Eine der größten Spinnen in D. L ♀♀ bis 22 mm, die deutlich gezeichneteren ♂♂ bis 13 mm. Rückenschild und Hinterleib dunkelbraun mit breiten weißlichen oder gelben Rändern. Beine lang, braun. Jungspinnen eher gelblich, vor allem an Pflanzen, weniger am Wasser anzutreffen.

(L) Bevorzugt wassernahe Lebensräume wie Moore, Feuchtwiesen oder Bruchwälder.

(V) Tagaktiv. Baut kein Fangnetz, sondern operiert als Anschleich- oder Lauerjäger. Ist aufgrund feiner Behaarung der Beine in der Lage auf der Wasserfläche zu laufen. Oft auf schwimmenden Blättern, hält die Vorderbeine ins Wasser, um die Bewegung von Beutetieren zu ertasten. Bei Gefahr taucht die Spinne unter, weshalb auch Wassertiere zu ihrer Beute gehören, mitunter sogar Kaulquappen oder kleine Fische. **Fortpflanzung:** ♀♀ legen bis zu 1.000 Eier, die fürsorglich bewacht werden. 1 – 2 Gelege pro Jahr.

(E) Fleischfresser, überwiegend Fliegen und andere Kleininsekten. Durch ihre Größe und die kräftigen Kieferklauen sind sie anderen Spinnen oft überlegen und auch diese werden hin und wieder erbeutet. Die Beute wird mit den Kieferklauen „durchgewalkt" und dabei mit einem Verdauungssekret durchmischt. Den vorverdauten Nahrungsbrei schlürft sie dann mit Hilfe eines Saugmagens ein.

(i) **Im Nationalpark** häufig am Ufer von Tümpeln und in Feuchtgebieten bis 1.500 m ü. NN. Beißen kräftig und schmerzhaft.

Beobachtungstipp: In der ufernahen Vegetation von Bächen und Tümpeln im Klausbachtal oder auf Salet leicht zu beobachten.

Vierfleck-Kreuzspinne
Four Spot Orb Weaver
Araneus quadratus
Familie Echte Radnetzspinnen (Araneidae)

Beobachtungsmöglichkeit:

I	II	III	IV	V	VI	VII	VIII	IX	X	XI	XII

(M) Körper massig wirkend, L ♂♂ mit nur 8 mm meist deutlich kleiner und leichter (0,1 g) als ♀♀ (9 – 25 mm, bis zu 1,5 g), Färbung stark variierend. Vier trapezartig auf dem Hinterleib angeordnete Flecken, immer gut sichtbar. Grundfärbung grünlichgrau bis orangerot. In der Mitte des Hinterleibs verläuft eine Linie von kleinen weißen Flecken.

(L) Bevorzugt offene und feuchte Lebensräume, z. B. feuchte Wiesen mit reichlich Distelbewuchs.

(V) Überwiegend tagaktiv. Netz selten höher als 1 m über dem Boden. Lauert tagsüber in einem gewobenen Schlupfwinkel hinter trockenen Blüten oder Blättern auf Erschütterungen von Beutetieren, ist über Signalfaden mit Netz verbunden. **Fortpflanzung:** Eiablage in gelblichem Kokon ab IX – X, Schlupf der Jungtiere im V des nächsten Jahres, Entwicklung zur fertigen Spinne bis Herbst abgeschlossen.

(E) Fleischfresser, erbeutet vor allem Insekten bis zur Größe von Heuschrecken.

(i) **Im Nationalpark** häufig in Feuchtgebieten bis 2.000 m ü. NN, vor allem morgens und abends beim Ausbessern und Spinnen des Netzes gut zu beobachten.

Beobachtungstipp: Im Umfeld des Priesbergmooses im Sommer regelmäßig anzutreffen. **Bitte das Feuchtgebiet nicht betreten!**

Gemeine Bernsteinschnecke
Amber Snail
Succinea putris
Familie Bernsteinschnecken (Succineidae)

Beobachtungsmöglichkeit:

I	II	III	IV	V	VI	VII	VIII	IX	X	XI	XII

M Gehäuse 16 – 22 mm x 8 – 12 mm, selten bis 24 mm Höhe. Mundsaum des dünnwandigen, zerbrechlichen Gehäuses ist gerade. Gehäuse selbst ist scharfkantig sowie durchsichtig scheinend, mattgrünlichgelb oder glänzend bernsteinfarben (= namensgebend!). Zumeist gelblichgrauer Körper, mitunter auch dunkelgrau bis fast schwarz. ♂♂ in Gestalt und Färbung wie ♀♀.

L Gerne an Hochstauden-Pflanzen entlang von Fließgewässern oder im Umgriff von Verlandungszonen stehender Gewässer, vor allem im Umfeld von Mooren, Sümpfen und Feuchtwiesen anzutreffen.

V Tagaktiv. **Fortpflanzung:** Zwitter, d. h. Paarung mit jedem Partner möglich. Eiablage (50 – 60 Eier) zwischen Mai und August auf den Boden oder auf faulendes Pflanzenmaterial über dem Boden. Schlupf je nach Witterung innerhalb von 11 – 21 Tagen. Winterruhe zwischen feuchten, vermodernden Pflanzen; Gehäuse dabei mit dünnem Häutchen verschlossen. **Alter:** bis 2 Jahre.

E Pflanzenfresser, nahezu ausschließlich verrottete, ausnahmsweise auch frische Pflanzenteile.

i **Im Nationalpark** häufig am Ufer von Tümpeln sowie in Mooren und anderen Feuchtgebieten bis 1.600 m ü. NN.

Beobachtungstipp: Im Umfeld der Salet-Alm auf den Hochstaudenfluren und im höheren Gras regelmäßig anzutreffen.

4.3 Lebensraum „Mischwälder tieferer Lagen"

Im Nationalpark bestimmen Buchen- und Buchen - Tannen - Fichten - Mischwälder das Landschaftsbild der unteren Tallagen. Die Botaniker unterscheiden mehr als 40 unterschiedliche Ausbildungsformen dieses „Mischwaldtyps", was den außerordentlich hohen Strukturreichtum dieses Lebensraums wiederspiegelt. Je nach Untergrund, Höhenlage, Exposition und Nutzungsgeschichte variieren diese Waldtypen sehr stark hinsichtlich ihrer floristischen Zusammensetzung und bedingen dadurch gleichzeitig eine große Vielfalt an Tierarten. Nischen, Dickichte, Lichtungen, Gehölze und Kleinstlebensräume bieten einer Unzahl von Lebewesen die Möglichkeit sich zu verstecken, sich fortzupflanzen oder nach Nahrung zu suchen. Säugetiere, Vögel und Insekten sind ebenso zahl- und artenreich vertreten wie beispielsweise Weichtiere, Reptilien und Spinnentiere. Viele besonders charakteristische Tiere des Nationalparks finden hier optimale Lebensbedingungen vor und sind dementsprechend häufig anzutreffen – häufig auch gut zu beobachten. Mit ansteigender Meereshöhe und zunehmendem Anteil der Fichte *(Picea abies)* ändert sich sowohl die Zusammensetzung der Tierarten wie auch deren jeweilige Präsenz.

In den hallenartigen, talnahen Buchenmischwäldern hört man ab Mai den unverwechselbaren Gesang des zierlichen Zwergschnäppers *(Ficedula parva)*. Mit etwas Glück kann man im Frühjahr und Sommer das wunderschöne, schwarz-weiß gefärbte Männchen des Trauerschnäppers *(Ficedula hypoleuca)*, den unscheinbaren Fitis *(Phylloscopus trochilus)* sowie den massig wirkenden Kernbeisser *(Coccothraustes coccothraustes)* beobachten, während Buchfink *(Fringilla coelebs)*, Blaumeise *(Parus caeruleus)*, Kohlmeise *(Parus major)* und Grauspecht *(Picus canus)* das ganze Jahr über gut zu beobachten sind. Mischwälder sind allgemein für viele Singvögel im Nationalpark der bedeutendste Lebensraum, so auch für Sumpfmeise *(Parus palustris)*, Grünfink *(Carduelis chloris)*, Gartenbaumläufer *(Certhia brachydactyla)*, Grauschnäpper *(Muscicapa striata)* und Sommergoldhähnchen *(Regulus ignicapillus)*, die in diesem Buch jedoch nicht näher vorgestellt werden. Der Ruf des Kukkucks *(Cuculus canorus)* schallt ab Ende April aus allen Tälern und wird vom ständigen Balzruf des am Himmel kreisenden Mäusebussards *(Buteo buteo)* begleitet. Im Herbst prägt das laute Krächzen des Eichelhähers *(Garrulus glandarius)* auf dessen Suche nach reifen Früchten und Samen das Geschehen, während die Frühlingsnächte von den eigenartig anmutenden Rufen des Rauhfußkauzes *(Aegolius funereus)* wiederhallen. Dass dieser Kauz genügend Bruthöhlen vorfindet, dafür sorgt der Schwarzspecht *(Dryocopus martius)*, dessen wellenförmiger Flug und durchdringender Ruf ihn zu einem ebenso unverwechselbaren wie leicht zu beobachtenden Bewohner des Mischwalds macht. Seltener zu hören und zu sehen ist der hochspezialisierte Weißrückenspecht *(Dendrocopus leucotus)*, dem die Mischwälder des Nationalparks noch ausreichend „Totholzkäfer" für die Aufzucht seiner Jungen bieten. Der wendige Habicht *(Accipiter gentilis)* jagt auf Lichtungen oder zwischen etwas weiter auseinander stehenden Bäumen nach Kleinvögeln und Nagetieren, wie z. B. der Wald- *(Sylvaemus sylvaticus)* und Gelbhalsmaus *(Sylvaemus flavicollis)*. Die Mischwälder dienen aber auch weitaus größeren Säugetieren als bevorzugter Lebensraum, so z. B. dem scheuen Reh *(Capreolus capreolus)* oder dem im Schutzgebiet oft erstaunlich zutraulichen Rotfuchs *(Vulpes vulpes)*.

Auf sonnigen Lichtungen kann man einigen Reptilienarten begegnen, die hier nach den häufig kühlen Nächten ihre Körper aufwärmen. Dazu gehören die Blindschleiche *(Angius fragilis)*, seltener die Kreuzotter *(Vipera berus)*. Zahlreiche Schmetterlinge bevölkern die Blüten in den lichtdurchlässigen Wäldern, so z. B. der rötlich-braune Kaisermantel *(Argynnis paphia)* oder der dunkelbraune Trauermantel *(Nymphalis antiopa)*. Obwohl er zu den Nachfaltern gezählt wird, sind gerade die Männchen der Eichenspinner *(Lasiocampa quercus)* häufig an den Blättern der

Mischwald am Königssee

Laubbäume zu entdecken. Vor der plump wirkenden, aber sehr geschickt jagenden Erdkröte *(Bufo bufo)* ist dieser Falter ziemlich sicher – diese findet ihre Nahrung auf der Laubschicht in Form von Insekten sowie darunter auch entsprechende Verstecke für die lange Winterruhe. Die Artenzahl an Gliederfüßlern *(Arthropoden)* übertrifft die Anzahl aller anderen Tierstämme bei weitem. Relativ häufig begegnet man am Boden oder unter den Blättern der metallisch schimmernden Goldleiste *(Carabus violaceus)* als einem von vielen Vertretern der überwiegend nachtaktiven Laufkäfer. Eine Vielzahl von Asseln, Tausendfüßlern und Spinnen bevölkert ebenfalls die Laub- und Streuschicht, offenbart sich dem Beobachter allerdings nur eher selten.

Wo findet man Mischwälder im Nationalpark?

Charakteristische Bergmischwälder findet man teilweise entlang des Rundwanderweges Nr. 443 auf St. Bartholomä (605 m ü. NN) oder – ausserhalb des Nationalparks – auf dem Rundwanderweg zum Malerwinkel.

Laubdominierter Mischwald

Rotfuchs *Red Fox*

Vulpes vulpes

Familie Hundeartige (Canidae)

Beobachtungsmöglichkeit:

I	II	III	IV	V	VI	VII	VIII	IX	X	XI	XII

M L 58 – 77 cm, Schwanz 32 – 52 cm, GW 4 – 10 kg. Auffällig langer Schwanz, hundeähnlicher Körper, große und spitze Ohren. Überwiegend rötlichbraunes Fell, an Kehle und Brust weißlich. ♂♂ etwas größer als ♀♀, gleich gefärbt.

L Sehr vielseitige Lebensraumwahl, ursprünglich einsame und dichte Wälder sowie Gebirgsschluchten, heute nahezu in jedem Lebensraum anzutreffen.

V Überwiegend dämmerungs- und nachtaktiv, ungestört auch tagsüber aktiv und wenig scheu. Wedelt hundeartig mit dem Schwanz. Schwimmt gut und mitunter freiwillig. Lebt poly- (mit mehreren Partnern) oder monogam. Jagt manchmal in kleinen Gruppen. Gräbt Erdbaue in Wäldern, Gebüschen und Hecken mit mehreren Eingängen, benutzt auch Dachsbaue. Stimme des ♀ heiseres, manchmal jammerndes Blaffen, ♂ mit kur-

Tierspur Fuchs links vorne und rechts vorne

Typische „Schnürspur" im Schnee

Jungfuchs

zem, hellen, meist 3-maligem Gekläff. Paarungsruf klagendes, sehr wechselndes Geschrei. **Fortpflanzung:** Paarungszeit I – II. TZ ca. 53 Tage; durchschnittlich 3 – 5 Junge. Mit 1 Jahr selbständig. **Alter:** In freier Wildbahn bis 12 Jahre.

E Vielseitig, vor allem Kleinsäuger, Würmer, Insekten, aber auch Beeren und im Winter häufig Aas.

i **Im Nationalpark** aufgrund fehlender Bejagung nicht selten auch tagsüber bis über 2.000 m ü. NN zu beobachten. Geringere Nachwuchsrate als seine bejagten Artgenossen außerhalb des Schutzgebiets, da „Lebenserwartung" der Eltern deutlich höher liegt und daher „freie" Reviere im Gebiet nur begrenzt vorhanden sind. Die Konkurrenz ist daher hoch, die „Lebensraumkapazität" gering, weshalb weniger Nachwuchs „produziert" wird. Spuren leicht zu erkennen!

Beobachtungstipp: Mit etwas Glück und Vorsicht bis zur Waldgrenze überall im Nationalpark anzutreffen.

Rehbock (♂)

Reh *Roe Deer*
Capreolus capreolus
Familie Hirsche (Cervidae)

Beobachtungsmöglichkeit:

I	II	III	IV	V	VI	VII	VIII	IX	X	XI	XII

M L 95 – 135 cm, Schwanz 2 – 3 cm, GW 15 – 27 kg, ♀ (= Ricke) leichter. Sommerkleid rotbraun, winters graubraun. Weiße Fläche um nicht sichtbaren Schwanz (= „Spiegel"). ♂ (= Bock) mit kleinem Stangengeweih mit jeweils 3 – 4 Enden, ♀ ohne Geweih.

L Bevorzugt unterwuchs- und lichtungsreiche Laub- und Mischwälder bis zur oberen Baumgrenze sowie deren Randbereiche, außerdem gebüsch- und abwechslungsreiche Landschaften mit Wiesen und Weiden, z. B. im Almbereich. Auf trockenem, auch auf sehr feuchtem Gelände.

V Nacht- und tagaktiv. Geruch- und Gehörsinn sehr gut, Augen weniger gut. Nahrungssuche (= Äsung) vor allem morgens und abends, mitunter mittags und um Mitternacht. Trabt wenig, springt viel und ausgezeichnet. Schwimmt gut und freiwillig. Ortstreu und sehr neugierig. Nicht territorial, jedoch Markierungen der Platzherrschaft. Polygam (= mehrere Partner), von Herbst bis Frühling gesellig, geführt von einem erfahrenen, alten ♀. Alte ♂♂ im Frühjahr einzelgängerisch. **Stimme:** Schreckruf lautes Blöken. ♂ ruft zur Brunft wie trockenes Husten, ♀ und Jungtiere fiepen. ♂ markiert Einstände mit Vorderlauf oder durch „Fegen" von Büschen und Bäumen. **Fortpflanzung:** Zur Paarungszeit (= Brunft) im VII/VIII „treibt" das ♂ das

Rehgeiß (♀)

♀ in Kreisen um Bäume und Büsche. TZ 9,5 Monate. Rehgeiß setzt im V/VI 1 – 2, selten 3 Kitze, die oft in der Nähe von Wald- und Feldwegen abgelegt und nicht berührt werden dürfen, da sie in den ersten Lebenstagen noch keinen Eigengeruch entwickelt haben. Kitze werden aus sicherer Entfernung von der Ricke beobachtet. **Alter:** Bis 15 Jahre.

E Anspruchsvoller Pflanzenfresser (Wiederkäuer), fressen sehr häufig (im Winter 6 – 7 mal pro Tag, im Sommer bis 12 mal pro Tag), da nur kleine Mengen verdaut werden können, „nascht" vor allem Gras, Kräuter, Knospen, Triebe und Blätter, Pilze, Wildfrüchte (4 – 5 kg/Tag).

i **Im Nationalpark** in den Tallagen häufig und mitunter gut zu beobachten, mit zunehmender Höhenlage bis zur Baumgrenze seltener, dort schwer zu beobachten. Werden im Nationalpark bejagt, daher scheu und sehr wachsam. Spuren im Schnee auffällig.

Beobachtungstipp: Entlang aller Waldwanderwege mit dichterem Unterwuchs vor allem während der Dämmerung und mit etwas Glück zu beobachten.

Tierspur Reh links vorne und rechts vorne

Gelbhalsmaus

Yellownecked Fieldmouse

Sylvaemus flavicollis

Familie Langschwanzmäuse (Muridae)

Beobachtungsmöglichkeit:

I	II	III	IV	V	VI	VII	VIII	IX	X	XI	XII

M L 8 – 13 cm, Schwanz 9 – 13 cm, GW 22 – 48 g. Fell rost- bis kastanienbraun, Bauch grauweiß, von Oberseite klar abgegrenzt. Meist durchgehendes, gelbes Kehlband oder mindestens gelber Kehlfleck. Größer als Waldmaus *(Sylvaemus sylvaticus)*, sonst sehr ähnlich. Füße lang, Ohren kurz. Schwanz mit vielen Ringen. ♂♂ in Gestalt und Färbung ähnlich wie ♀♀.

L Vorwiegend in alten Laubwäldern, aber auch in reinen Nadelwäldern und Gebüschen.

V Dämmerungs- und nachaktives Baumtier, erscheint später als Waldmaus. Gräbt Erdbaue bevorzugt unter Wurzelstöcken. Bezieht im Sommer auch Baumhöhlen oder Nistkästen, die auch als Vorratskammern genutzt werden. Klettert und springt sehr gut. **Fortpflanzung:** Je nach örtlichem Klima im Zeitraum III – IX bis zu 4 Würfe mit je 5 – 8 Jungen.

E Allesfresser, vor allem Nadelholzsamen und andere Sämereien, Früchte oder Knospen, meist von Waldbäumen sowie Insekten, Würmer, Schnecken.

i **Im Nationalpark** bis 2.000 m ü. NN häufig, jedoch wegen der nächtlichen Lebensweise schwer zu beobachten. Im Winter gerne in menschlichen Behausungen, dort dann Vorratsschädling. Verwechslungsgefahr mit der etwas kleineren Waldmaus (siehe S. 69) hoch!

Beobachtungstipp: Nur mit etwas Glück entlang von Waldwanderwegen oder in der Nähe von Almhütten zu beobachten.

Waldmaus ***Longtailed Fieldmouse***

Sylvaemus sylvaticus

Familie Langschwanzmäuse (Muridae)

Beobachtungsmöglichkeit:

I	II	III	IV	V	VI	VII	VIII	IX	X	XI	XII

M L 7,6 – 11 cm, Schwanz 6,9 – 11,5 cm, GW 14 – 35 g. Fell rost- bis kastanienbraun, Bauch grauweiß, von Oberseite nicht klar abgegrenzt. Kleiner als Gelbhalsmaus *(Sylvaemus flavicollis)*, sonst sehr ähnlich, jedoch unterseits nicht so deutlich hell abgesetzt. Gelblicher Brustfleck fehlt mitunter und ist niemals halsbandförmig. Füße lang, Ohren kurz. Schwanz mit vielen Ringen. ♂♂ in Gestalt und Färbung wie ♀♀.

L Liebt überwiegend offene Landschaften mit dickichtbestandenen Waldrändern und Gebüsch.

V Nacht- und dämmerungsaktiv. Gern im Schutz von Gräsern und Kräutern. Legt tiefe Baue und Vorratskammern zwischen Baumwurzeln und in Felsspalten an. **Fortpflanzung:** Zwischen III – IX bis zu 4 Würfe mit jeweils 5 – 8 Jungen. TZ 23 Tage. Jungmäuse öffnen nach 12 – 14 Tagen die Augen, nach 14 – 15 Tagen entwöhnt, mit 21 Tagen selbstständig.

E Allesfresser, überwiegend Sämereien, Beeren, Wirbellose und Insekten sowie im Winter menschliche Vorräte.

i **Im Nationalpark** bis 1.000 m ü. NN häufig, jedoch wegen der nächtlichen Lebensweise schwer zu beobachten. In trocken-heißen Sommern und im Winter gerne in menschlichen Behausungen, dort dann Vorratsschädling. Leicht mit der etwas größeren Gelbhalsmaus (siehe S. 68) zu verwechseln.

Beobachtungstipp: Nur mit etwas Glück entlang von Waldwanderwegen oder in der Nähe von Alm- und Berghütten zu beobachten.

Vom Grauspecht „geöffneter" Ameisenhaufen

Grauspecht *Grey-headed Woodpecker*

Picus canus

Familie Spechte (Picidae)

Beobachtungsmöglichkeit:

I	II	III	IV	V	VI	VII	VIII	IX	X	XI	XII

(M) L 25 cm, etwas kleiner als Grünspecht *(Picus viridis)*, längerer Schwanz. SP 38 – 40 cm. Färbung ähnlich, Grauspecht jedoch weniger intensiv grün. ♂♂ ähnlich ♀♀, mit schmalem, schwarzen Bartstreif und rotem Vorderscheitel, trommelt häufiger als Grünspecht. Jungvögel bräunlicher mit dunkler Bänderung der Körperseiten.

(L) Mit Vorliebe in abwechslungsreichen Landschaften mit hohem Anteil an offenen Flächen. Gerne in kleinen Laubgehölzen oder ausgedehnten, nicht zu stark geschlossenen Laub- und Mischwäldern, so z. B. Buchen- und Buchenmischwäldern, vereinzelt in Nadelwäldern. Oft zusammen mit Grünspecht im selben Lebensraum.

(V) Tagaktiver Standvogel, oft am Boden zu sehen („Erdspecht"). Flug wellenförmig. **Stimme:** Ruf besteht aus abfallenden „kü" – Lauten. Partner untereinander oft mit „djück"-Rufreihen. **Fortpflanzung:** Eiablage (7 – 9 Eier) im IV / V, BD 14 – 17 Tage, NZ 24 –25 Tage. Nach dem Ausflug werden die Jungvögel noch ca. 14 Tage von den Eltern „geführt". Eine Brut pro Jahr.

(E) Überwiegend Insektenfresser, wobei er gezielt Ameisenhaufen aufsucht. Ameisen werden mit der langen, klebrigen Zunge auch aus den entlegendsten Gängen der Nester geholt.

(i) **Im Nationalpark** bis in den Bereich der Waldgrenze regelmäßig zu hören, seltener zu beobachten. Weniger häufig als der Grünspecht. Im Gegensatz zu diesem jedoch auch an Winterfütterungen zu beobachten.

Beobachtungstipp: Der Grauspecht ist im Klausbachtal auf den locker mit Bäumen bestandenen Weideflächen regelmäßig bei der Suche nach Ameisen und deren Brut zu beobachten.

Weißrückenspecht
White-backed Woodpecker
Dendrocopus leucotos
Familie Spechte (Picidae)

Beobachtungsmöglichkeit:

I	II	III	IV	V	VI	VII	VIII	IX	X	XI	XII

M L 24 – 26 cm, SP 38 – 40 cm, größer als Buntspecht *(Picoides major)*. Oberseite schwarz, weiß quergestreift. Unterseite sowie Unterschwanzdecken und Bauch rosa, an den Seiten mit schwarzen Längsstrichen. ♂♂ mit leuchtend karmin- bis schmutzigroter, bis in den Nacken reichender Kopfplatte, ♀♀ mit dunklen Kopfplatte. Jungvögel insgesamt blasser, am Scheitel mit nur wenig rot.

L Hohe Lebensraumansprüche, bewohnt dichte Laub- und Mischwälder, bevorzugt mit naturnahem Aufbau und hohem Altholzanteil sowie vor allem absterbenden Bäumen in allen Stadien des Vermoderns.

V Tagaktiver Standvogel, lebt sehr versteckt. **Stimme:** Einzelrufe leise, vor allem weiche „güg" oder „kjük"- Laute, deutlich tiefer und gedämpfter als Buntspecht. Laute, helle „kjirk kjik ..." oder „kjile kjile"- Laute werden als Reihen (= sogenanntes „Schelten") vorgetragen. ♂ und ♀ trommeln mit auffallend langen Wirbeln. **Fortpflanzung:** Eiablage (3 – 5 Eier) ab IV, BD 12 – 15 Tage, NZ 23 – 26 Tage. Eine Brut pro Jahr.

E Insektenfresser, vor allem die Larven baumbewohnender Insekten wie z. B. Bockkäfer (Familie *Cerambycidae*), die aus dem Totholz mit dem starken Schnabel heraus gemeißelt werden. Nahrungssuche besonders an kranken bzw. abgestorbenen Ästen, Stämmen oder Stöcken. Besonders ergiebige Nahrungsquellen werden immer wieder aufgesucht und bisweilen vollständig zerlegt.

i **Im Nationalpark** selten zu beobachten, jedoch in geeigneten Lebensräumen regelmäßig bis 1.400 m ü. NN vorkommend. Verwechslungsgefahr mit dem Buntspecht nur in niedrigeren Bereichen.

Beobachtungstipp: Nur mit etwas Glück auf dem Wanderweg zur Halsalm bei der Nahrungssuche auf toten Bäumen zu beobachten.

Schwarzspecht *Black Woodpecker*
Dryocopus martius
Familie Spechte (Picidae)

Beobachtungsmöglichkeit:

I	II	III	IV	V	VI	VII	VIII	IX	X	XI	XII

M L 46 cm, SP 64 – 68 cm, damit größter Specht im Nationalpark. Gefieder nahezu vollständig schwarz, unverwechselbar. ♂♂ mit rotem Scheitel von Stirn bis Nacken, ♀♀ nur mit rotem Nackenfleck, ansonsten gleich gefärbt. Hinterkopffedern etwas verlängert.

L Bevorzugt naturnahe Altholzrelikte oder gestufte, alte Mischwälder. Brut- und Schlafhöhlen besonders in Altholzbeständen mit mindestens 4 – 10 m astfreien und mehr als 35 cm dicken, glattrindigen Stämmen, z. B. Rotbuchen *(Fagus sylvatica)* und Kiefern (Pinus spec.). Freie Anflugmöglichkeit wichtig. Nistbäume mitunter in kleinen Gehölzen bzw. Altholzinseln. Nahrungsbiotop in ausgedehnten, aufgelockerten Nadel- und Mischwäldern mit vermodernden Baumstümpfen.

V Tagaktiver Standvogel, großer Aktionsradius. Flug weniger deutlich wellenförmig wie bei anderen Spechtarten, eher schwerfällig und gerade, ähnlich Eichelhäher *(Garrulus*

Typische Hacklöcher des Schwarzspechts im Fichtenstamm

glandarius). Scheu und am Stamm meist unauffällig. Klettert am Baum in kraftvollen Sprüngen. **Stimme:** Einprägsamer, weittragender Ruf (meist im Flug), klingt wie „kürr-kürrf-kürr-..." oder „krüü-krüü-..."! **Fortpflanzung:** Eiablage (4 – 6 Eier) Mitte IV – Mitte V, BD 12 Tage, NZ ca. 4 Wochen. Eine Brut pro Jahr.

E Fleischfresser, nahezu ausschließlich Insekten, z. B. Larven und Puppen holzbewohnender Insekten, z. B. von Rossameisen (Camponotus spec.), jedoch auch Raupen, Spinnen und Weichtiere. Charakteristische, große und übereinanderliegende Hacklöcher, vor allem in unterer Stammhälfte (siehe oben).

i **Im Nationalpark** auffälligster Specht, in allen Tälern bis ca. 1.000 m ü. NN gut zu beobachten, besonders während der Flugphasen (oft quer über das Tal hinweg) mit dem typischen, weittragenden Ruf.

Beobachtungstipp: Im Klausbachtal vor allem im Sommer regelmäßig zu sehen und zu hören.

Mäusebussard *Common Buzzard*

Buteo buteo

Familie Habichtsartige (Accipitridae)

Beobachtungsmöglichkeit:

I	II	III	IV	V	VI	VII	VIII	IX	X	XI	XII

M Mittelgroßer Greifvogel mit breiten Flügeln und relativ kurzem Schwanz, SP 120 – 140 cm. Kopf wirkt rund, die im Flugbild relativ breiten Flügelspitzen immer dunkel, Schwanz eng gebändert; viele unterschiedliche Farbtypen von nahezu weiß bis schwarzbraun. ♂♂ mit bis zu 800 g etwas leichter als ♀♀ (bis 1.000 g), jedoch ähnlich gefärbt. Auffällig langsamer Flug mit geringer Flügelschlagfrequenz, segelt gerne und ausgiebig.

L Benötigt Wald als Brutplatz und offenes, vegetationsarmes Gebiet mit ausreichendem Angebot an Kleinnagern, daher im Nationalpark nur in den Tälern Brutvogel.

V Tagaktiver Standvogel, in schneereichen Wintern auch Strichvogel. **Stimme:** Bekanntester Ruf ist das miauende „hiää", am häufigsten zu Beginn der Brutzeit zu hören. Horstanlage in Waldrandnähe, in Lichtungen und Feldgehölzen auf Astgabeln in etwa 10 – 20 m Höhe. Balzflüge beginnen im II–III. **Fortpflanzung:** Eiablage Ende III/Anfang IV (2 – 4 Eier), BD ca. 5 Wochen, NZ 6 – 7 Wochen. Sterblichkeit der jungen Bussarde mit 50 % im ersten Jahr hoch. Geschlechtsreife mit 2 – 3 Jahren. Bruterfolg stark vom Feldmausangebot abhängig.

E Fleischfresser, vor allem kleine Nagetiere wie Feldmäuse, die im kreisenden Flug entdeckt und im Stoßflug erbeutet werden. Gelegentlich auch Aas.

i **Im Nationalpark** in allen Tälern regelmäßig, jedoch seltener als Habicht *(Accipiter gentilis)* zu beobachten.

Beobachtungstipp: Beispielsweise im Umfeld des Halskopfes (Klausbachtal) von Frühjahr bis Spätherbst häufig beim Kreisen in der Thermik zu sehen.

Rotkehlchen *European Robin*
Erithacus rubecula
Familie Drosselvögel (Turdidae)

Beobachtungsmöglichkeit:

I	II	III	IV	V	VI	VII	VIII	IX	X	XI	XII

M L 14 cm, etwas kleiner als Haussperling *(Passer domesticus)*, wirkt rundlich, mit großem Kopf und großen Augen. Schwanz gespreizt, gerade abgeschnitten oder leicht gekerbt, kurze Flügel und relativ lange Beine. Ausgewachsene Vögel von der Stirn über die Augen bis hin zur Hinterbrust orange gefärbt, im abgetragenen Gefieder ockergelb ausgeblichen. Oberseite einheitlich olivbraun, Hinterbrust und Bauch weiß, Flanken graubeige. ♂♂ in Gestalt und Färbung wie ♀♀.

L Typischer Brutvogel der alpinen Wälder und Gebüsche bis an die Waldgrenze, vor allem in unterholzreichen Baumbeständen und Waldrändern von Laub-, Misch- und Nadelwäldern (ausgeprägte Hochwälder, aber auch Jungbestände). Bevorzugt in Gewässernähe oder an feuchten Standorten. Auch in reinen Nadelwald-Jungbeständen.

V Tagaktiver Stand- oder Strichvogel, oft am Boden, „knickst" häufig, mitunter überraschend zutraulich. **Stimme:** Warnruf oder bei Erregung typisches „Schnickern" oder „Tixen". Reviergesang des ♂ wie ♀ aus relativ langen, sehr variablen „perlenden" Strophen. **Fortpflanzung:** Gut verstecktes, becherförmiges Nest aus Halmen, Moos, Stängeln und Wurzeln, vielerlei Standorte möglich. Zwei Jahresbruten. BD 12 – 15 Tage, NZ ebenso lange. **Alter:** Selten über 1– 2 Jahre.

E Allesfresser, vor allem Spinnen, Insekten, Würmer, Beeren und Früchte.

i **Im Nationalpark** bis 1.600 m ü.NN in geeigneten Lebensräumen häufig und gut zu beobachten, darüber sporadisch im Latschengebüsch bis 1.900 m ü. NN vorkommend. Verwechslungsgefahr mit Zwergschnäpper *(Ficedula parva)*!

Beobachtungstipp: Vom Rundwanderweg auf St. Bartholomä aus oder auf dem Weg vom Königssee zum Malerwinkel nahezu ganzjährig leicht zu entdecken.

Rauhfußkauz ***Tengmalm's Owl***

Aegolius funereus

Familie Eulen (Strigidae)

Beobachtungsmöglichkeit:

I	II	III	IV	V	VI	VII	VIII	IX	X	XI	XII

Ⓜ L ca. 25 cm, SP 54 – 62 cm, aufrechte Haltung, Gestalt ähnlich wie Waldkauz *(Strix aluco)*. Auffällig großer und runder Kopf sowie deutlicher, schwarzbraun begrenzter Schleier. ♂♂ in Gestalt und Färbung wie ♀♀, Jungvögel eher schwärzlich. Beine kurz, beim Sitzen wegen der lockeren Bauchbefiederung kaum zu sehen. Rücken graubraun, Stirn und dunkle Schleierbegrenzung mit feinen, die übrige Oberseite mit kräftig weißen, runden Flecken besetzt. Bauch überwiegend weiß. Im Flug relativ groß wirkend, langer Schwanz und + / - horngelben Schnabel. Bestes Feldkennzeichen dieser heimlich lebenden Art ist der charakteristische Reviergesang des ♂.

Ⓛ Bevorzugt Nadelwälder mit montanem oder subalpinem Klima und gutem Höhlenangebot, mit besonderer Vorliebe für Höhlen des Schwarzspechts *(Dryocopus martius)*. Deckungsreicher Tageseinstand sowie unterholzfreie, kleinsäugerreiche Jagdfläche (Waldwiesen, Schneisen, Lichtungen, Kahlschläge) notwendig.

Ⓥ Nachtaktiver Standvogel. Geburtsorts- und brutortstreu. **Stimme:** Der Reviergesang des ♂ klingt ähnlich wie „hu-hu-hu-hu ..“ oder kürzer „hu-u-u-u ..“, ähnlich „Indianer-

geheul". **Fortpflanzung:** Neststand gerne in Baumhöhlen. Eiablage (3 – 6 Eier) Mitte IV bis Anfang V. BD 26 – 28 Tage, NZ etwa 30 – 34 Tage. Während der gesamten Brutzeit und der ersten 3 Wochen nach dem Schlüpfen verbleibt das Weibchen bei den Jungen, während das Männchen sie mit Nahrung versorgt.

E Fleischfresser, jagt von einem Ansitz aus Kleinsäuger, -vögel und Insekten.

i **Im Nationalpark** während der Brutzeit in geeigneten Lebensräumen oberhalb ca. 1.000 m ü. NN bis zur Baumgrenze dank des unverwechselbaren Reviergesangs gut zu hören, nur mit Glück und viel Geduld zu beobachten.

Beobachtungstipp: Im Spätwinter und Frühling während der Dämmerung im Bereich der Buchenmischwälder unterhalb des Teufelskopfes (Klausbachtal) mit Geduld und rücksichtsvollem Verhalten regelmäßig zu hören.

Trauerschnäpper *Pied Flycatcher*
Ficedula hypoleuca
Familie Fliegenschnäpper (Muscicapidae)

Beobachtungsmöglichkeit:

I	II	III	IV	V	VI	VII	VIII	IX	X	XI	XII

M L 13 cm, etwa so groß wie Rotkehlchen *(Erithacus rubecula)*. Oberseite schwarz oder graubraun, weißer Stirnfleck und weißer Flügelspiegel, Unterseite und Schwanzaußenkanten weiß. ♂♂ im Ruhekleid ähnlich wie ♀♀, aber mit weißem Stirnfleck. Flügelspiegel beim ♀ unauffällig, Oberseite graubraun.

L Brutvogel in Laubwäldern und lichten Nadelwäldern.

V Tagaktiver Langstreckenzieher. Oft auf Sitzwarten, zuckt mit den Flügeln und stelzt den Schwanz. Vorbeifliegende Insekten – auch Tagfalter – werden in artistischem Flug gefangen, wobei man das Schnabelklappern hören kann. Sammelt im Rüttelflug schwebend Insekten von Rinden und Wänden ab. Beute wird gegen Unterlage geschlagen, bis Flügel abbrechen, danach ganz verschlungen. **Stimme:** Ruft „bitt" oder „tzeck". Gesang zweisilbig auf- und absteigendes „wutiwutiwuti". Wiederholt seinen Gesang bis 7.000 mal pro Tag. Verstummt mit Brutbeginn. **Fortpflanzung:** Nest in natürlichen Nisthöhlen oder Nistkästen. Eiablage (5 – 7 Eier) ab V, BD 12 – 15 Tage, NZ 12 – 17 Tage. Eine Jahresbrut.

E Allesfresser und Ansitzjäger, überwiegend fliegende Insekten, während des Herbstzuges auch Früchte.

i **Im Nationalpark** vereinzelt in lichten Mischwäldern bis 1.100 m ü. NN (z. B. auf St. Bartholomä), während des Gesangs gut, ansonsten schwer zu beobachten, auch außerhalb der Brutzeit gut zu hören.

Beobachtungstipp: Auch in den Mischwäldern auf St. Bartholomä selten, dort jedoch mit etwas Glück zu entdecken.

Fitis *Willow Warbler*
Phylloscopus trochilus
Familie Grasmücken (Sylviidae)

Beobachtungsmöglichkeit:

I	II	III	IV	V	VI	VII	VIII	IX	X	XI	XII

M L 11 cm, etwa gleich groß wie Zilpzalp *(Phylloscopus collybita)*, etwas schlanker und langflügeliger wirkend. Ausgewachsene Vögel oberseits olivgrün bis -braun, etwas heller, Überaugenstreif blaßgelb und deutlicher als beim Zilpzalp. Unterseite weißlich. ♂♂ etwas größer als ♀♀, gleich gefärbt.

L Brütet bevorzugt in lichten, aufgelockerten Waldbeständen, an Waldrändern und in durchsonntem Gebüsch. Wichtig sind weitgehend einschichtig ausgeprägte Baumschicht, gut entwickelter Unterwuchs und zumindest stellenweise gut ausgebildete Strauchschicht sowie üppige und weitgehend flächendeckend entwickelte Krautschicht. Liebt ausgesprochene Trockenstandorte, besiedelt dennoch breites Spektrum von trockenen Wäldern bis hin zu feuchten und sogar ausgesprochen nassen Standorten.

V Tagaktiver Langstreckenzieher, sehr unscheinbar. Reduzierte Gesangsaktivität während Bebrütungsphase. **Stimme:** Typischer Reviergesang variantenreich abfallend, weiche Flötenstrophe wie „didi die düe düe düe dea düe deida deida da", erinnert an Buchfink *(Fringilla coelebs)*. **Fortpflanzung:** Bodenbrüter, Eiablage (4 – 7 Eier) ab Anfang V, BD 12 – 15 Tage, NZ 13 – 14 Tage.

E Fleischfresser, überwiegend Spinnen und Insekten.

i **Im Nationalpark** in geeigneten Lebensräumen bis 1.300 m ü. NN häufig, darüber bis 1.700 m ü. NN regelmäßig.

Beobachtungstipp: Entlang des Rundwanderweges auf St. Bartholomä gut akustisch zu bestimmen, mit Glück und Geduld auch zu beobachten.

Kuckuck *Common Cuckoo*
Cuculus canorus
Familie Kuckucke (Cuculidae)

Beobachtungsmöglichkeit:

I	II	III	IV	V	VI	VII	VIII	IX	X	XI	XII

Ⓜ L ca. 33 cm, SP 55 – 60 cm, etwa taubengroß, aber wesentlich langschwänziger. Im Flug sperberähnlich, jedoch spitzere Flügel als dieser. Im Sitzen oft kurzbeinig wirkend, gestufter Schwanz gefächert, Flügel oft leicht hängend abgespreizt. Rücken und Brust meist blaugrau, Bauch weißlich mit deutlicher, dunkler Querbänderung. Schwanz dunkel mit weißen Flecken und Spitzen. ♂♂ meist wie ♀♀ gefärbt, diese mit leichtem Rostbraun an den Körperseiten. Wichtigstes Feldkennzeichen neben dem charakteristischen Ruf ist die „gesperberte" Körperfärbung.

Ⓛ Vielseitige Lebensraumwahl, zur Eiablage vorzugsweise deckungslose, offene Flächen mit geeigneten Sitzwarten. Legeplätze verteilen sich in den alpinen Waldlandschaften.

Ⓥ Tagaktiver Langstreckenzieher. Flug meist schnell und niedrig mit schnellen Flügelschlägen. **Fortpflanzung:** „Brutschmarotzer", der seine Eier von fremden Vögeln ausbrüten und groß ziehen lässt. ♀ legt ca. 10 – 25 Eier pro Jahr in fremde Nester. **Stimme:** Ruf des ♂ ist das bekannte „ku-kuu".

Ⓔ Insektenfresser, vor allem Käfer, Heuschrecken, deren Larven bzw. Raupen (auch behaarte, die von anderen Vögeln verschmäht werden).

ⓘ **Im Nationalpark** ab April vom Tal aus bis ca. 1.800 m ü. NN gut zu hören, selten gut zu beobachten. Verwechslungsgefahr mit ähnlich gefärbtem Sperber *(Accipiter nisus)* hoch.

Beobachtungstipp: Im Frühjahr im Klausbachtal regelmäßig zu hören.

Blaumeise *Blue Tit*
Parus caeruleus
Familie Meisen (Paridae)

M L 11,5 cm, deutlich kleiner als Kohlmeise *(Parus major)*. Oberkopf des ♂ ist blau gefärbt, von einem geschlossenen weißen Ring gesäumt. Vom Zügel durch das Auge breiter schwarzer Strich. Kopfseiten weiß, Oberseite nahezu vollständig hellgrün mit olivfarbenem Anflug, Unterseite lebhaft gelb gefärbt. ♀♀ matter gefärbt, vor allem das Blau an Kopfplatte und Flügeldecken weniger leuchtend getönt.

L Brütet mit Vorliebe in lichten, sonnigen Laubwäldern und offenen Baumbeständen. In dunklen, geschlossenen Hochwäldern und reinen Nadelwäldern nur ausnahmsweise, abhängig vom Nistkastenangebot und Konkurrenzdruck anderer Höhlenbrüter. Bevorzugt Randlagen und Lichtungen. Besonders außerhalb der Brutzeit in vielerlei Biotopen.

V Tagaktiver Standvogel. Nahrungssuche auf Ästen und Blättern. Im Herbst Schwarmbildung mit anderen Meisen. **Stimme:** Bei Erregung geräuschhaftes Zetern, klingt wie „zerr-retetetet". Gesang weniger variabel als bei Kohlmeise, Strophe mit 2 – 3 hohen Einleitungselementen, danach tieferer, manchmal fast scheppernder Triller, klingt etwa wie „tii-ti-ti-tirrr" oder „zii-zii-tütütü ...". **Fortpflanzung:** Höhlenbrüter, bei Neststandwahl sehr variabel. Eiablage (8 – 13 Eier) ab Ende IV, BD 13 – 14 Tage, NZ ca. 18 Tage. Eine Jahresbrut.

E Allesfresser, überwiegend Insekten, Spinnen, Larven und Eier, auch Früchte, Sämereien und Blütenknospen.

i **Im Nationalpark** in geeigneten Lebensräumen bis 900 m ü. NN häufig, darüber bis 1.400 m ü. NN sporadisch, allgemein gut zu beobachten. Unverwechselbar!

Beobachtungsmöglichkeit:

I	II	III	IV	V	VI	VII	VIII	IX	X	XI	XII

Beobachtungstipp: Vom Rundwanderweg auf St. Bartholomä aus ganzjährig gut zu beobachten.

Kohlmeise ***Great Tit***

Parus major

Familie Meisen (Paridae)

Beobachtungsmöglichkeit:

I	II	III	IV	V	VI	VII	VIII	IX	X	XI	XII

M L 14 cm, knapp sperlingsgroß, größte mitteleuropäische Meise. Oberkopf und Nacken des ♂ glänzend schwarz. Halsseitenband schwarz, verbindet Nacken mit schwarzer Kehle und Vorderbrust, von dort breites schwarzes Band über schwefelgelbe Unterseite bis zum Bauch. Auffälliger grünlichgelber Nackenfleck. Rücken gelblich olivgrün, Bürzel und Oberschwanzdecken bläulichgrau. ♀♀ meist heller, Schwarz an der Kehle nicht so stark glänzend.

L Brutvogel in Laub- und Nadelwäldern, bevorzugt in lichten oder offenen Beständen, in geringerer Dichte auch in dichten und dunklen Wäldern. Deutliche Präferenz für Mischbestände, Besiedelung oft abhängig vom Höhlenangebot. Fast überall in kleineren Baumbeständen, z. B. Feldgehölzen. Außerhalb der Brutzeit nahezu überall in der Nähe von Büschen und Bäumen.

V Tagaktiver Standvogel. **Stimme:** Vielseitiges Rufrepertoire, anderen Vogelrufen mitunter zum Verwechseln ähnlich, so z.B. das „pink" wie Buchfink *(Fringilla coelebs)*. Zetern klingt meist wie „dsche dsche dsche...", mitunter auch gedämpft „dädädä ...". Baum- und Höhlenbrüter. **Fortpflanzung:** Eiablage (6 – 12 Eier) ab Ende III, BD 13 – 14 Tage, NZ 18 Tage. Zwei Jahresbruten.

E Allesfresser, vor allem Insekten und deren Larven, Spinnen und kleine Weichtiere, im Winter auch fetthaltige Sämereien, mitunter auch Aas.

i **Im Nationalpark** in geeigneten Lebensräumen bis 1.300 m ü. NN sehr häufig. Geringe Verwechslungsgefahr mit Tannenmeise *(Parus ater)*!

Beobachtungstipp: Zum Beispiel entlang des Rundwanderweges auf St. Bartholomä ganzjährig leicht zu beobachten.

Zwergschnäpper
Red-breasted Flycatcher
Ficedula parva
Familie Fliegenschnäpper (Muscicapidae)

Beobachtungsmöglichkeit:

I	II	III	IV	V	VI	VII	VIII	IX	X	XI	XII

Ⓜ L 11 cm, kleinster europäischer Laubsänger. Schnabel schmal, Schwanz fast gerade abgeschnitten. Im Sitzen oft etwas herabhängende Flügel, schmaler, weißlichgrauer Augenring sowie großes dunkles Auge. Ausgewachsene ♂♂ oberseits fahlbraun. Kinn bis Vorderbrust vor allem im Sommer zimtrot bzw. rostig orangefarben oder rötlichgelb gefärbt. Verwechslung mit Rotkehlchen *(Erithacus rubecula)* möglich, doch rötliche Färbung an Halsseiten nicht so weit hinaufreichend und am Kopf nur auf das Kinn begrenzt. Übrige Unterseite überwiegend weißlich. Ausgewachsene ♀♀ oberseits ähnlich wie ♂♂, Oberkopf bräunlicher, Wangen hellbeige bis weißlich. Ⓛ Brütet vorwiegend in schattigen und ziemlich dunklen Laub- und Mischwäldern mit einer hohen, geschlossenen Kronenschicht und vorzugsweise geringem Nadelholzanteil, z. B. in Buchenhallenwäldern, häufig an feuchten und schattigen Stellen. Ⓥ Tagaktiver und unauffälliger Langstreckenzieher. **Stimme:** Charakteristischer Gesang mit Strophen aus reinen, abfallenden Tönen, im ersten Strophenteil kurze Elemente wie „tzri"- oder „tvü"-Lauten, absinkender Teil mit zweisilbigen Elementen wie „dliü-tvi" oder „didle..." und schließlich absinkende Endphrase mit wohlklingenden „dlü-dlü...". **Fortpflanzung:** Nest zumeist an Bäumen und in dichten Sträuchern. Eiablage (5 – 7 Eier) ab V, BD 15 – 17 Tage, NZ 13 – 14 Tage. Eine Jahresbrut.

Ⓔ Fleischfresser, überwiegend Insekten und Spinnen.

ⓘ **Im Nationalpark** in geeigneten Waldtypen bis 800 m ü. NN regelmäßig, darüber bis 1.500 m ü. NN selten. Aufgrund des charakteristischen Gesangs gut akustisch zu bestimmen, jedoch schwer zu beobachten.

Beobachtungstipp: Im hochstämmigen Buchenmischwald auf St. Bartholomä ab Mai regelmäßig zu hören.

Kernbeisser *Hawfinch*

Coccothraustes coccothraustes

Familie Finken (Fringillidae)

Beobachtungsmöglichkeit:

I	II	III	IV	V	VI	VII	VIII	IX	X	XI	XII

Ⓜ L 18 cm, deutlich größer und massiger als Haussperling *(Passer domesticus)*, gedrungen und kurzschwänzig. Großer, orangebrauner Kopf mit riesigem, klobigem, blaugrauem Schnabel. Nacken grau, Kinn und Zügel schwarz, Rücken dunkel rotbraun. Flügel schwarz mit blau schillernden, inneren Handschwingen. Brüzel und Schwanz orangebraun, Schwanzspitze weiß; Bauch hell rötlichbraun, Schnabel im Winter gelb. ♀♀ allgemein blasser.

Ⓛ Bevorzugt unterholzreiche Laub- und Mischwälder der Tallagen. Vorkommen stark abhängig vom Nahrungsangebot.

Ⓥ Tagaktiver Stand- oder Strichvogel, wahrscheinlich monogam, scheu. Meist hoch oben in den Baumkronen. Schneller, geradliniger Flug. Außerhalb der Brutzeit in kleinen Trupps, auch in größeren Schwärmen. Gemeinsame Schlafplätze in Nadelbäumen oder immergrünen Pflanzen. Zur Brutzeit kleine Reviere. **Stimme:** Ruft scharf „zicks" oder gerne gedehnt „zieh". Gesang selten zu hören, klingt wie stammelndes, klirrendes Gezwitscher. **Fortpflanzung:** Neststand meist in Laubbäumen, sehr umfangreich. Eiablage (4 – 6 Eier) ab April, BD 12 – 14 Tage, NZ 11 – 14 Tage, 1 – 2 Jahresbruten. Nach einem Jahr geschlechtsreif. **Alter:** bis 12 Jahre.

Ⓔ Allesfresser, Kirschkerne als Leibgericht, daher mitunter in Siedlungsnähe. Ansonsten Früchte und hartschalige Samen. Im Winter und Frühling Knospen und junge Triebe, im Winter herabgefallene Samen. Zusätzlich Insekten und deren Larven.

ⓘ **Im Nationalpark** vereinzelter Brutvogel in laubholzreichen Tälern bis 1.100 m ü. NN, Unverwechselbar!

Beobachtungstipp: Am besten im Winter am Futterhaus in Talnähe zu beobachten, sonst nur mit viel Glück an beerentragenden Sträuchern, so z. B. im hinteren Klausbachtal.

Buchfink *Chaffinch*
Fringilla coelebs
Familie Finken (Fringillidae)

Beobachtungsmöglichkeit:

I	II	III	IV	V	VI	VII	VIII	IX	X	XI	XII

M L 14 cm, etwa gleichgroß wie Haussperling *(Passer domesticus)*. Schnabel +/- gerade konisch, Schwanz gekerbt. Weiße Schwanzaußenkanten, zwei breite, weiße Flügelbinden, grünlicher Bürzel. ♂ im Prachtkleid mit schwarzer Stirn, Oberkopf, Nacken und Halsseiten blaugrau, Rücken rotbraun, Schwungfedern bräunlichschwarz mit helleren Außenrändern. Kopfseiten, Ohrdecken, Hals und Brust kastanienbraun, übrige Unterseite nach hinten aufhellend bräunlich bis weinrötlich getönt. ♀♀ oberseits olivbraun. Halsseiten braungrau, weiße Flügelbinden schmaler.

L Brütet mit Vorliebe in Wäldern aller Art sowie in kleineren und größeren Baumgruppen, zum Beispiel in Laub-, Misch- und Nadelwäldern. Optimal sind Baumgruppen oder Wälder mit spärlicher Strauch- und Krautschicht. Zur Nahrungssuche überwiegend auf dem Boden, außerhalb der Brutzeit oft mit anderen Finken vergesellschaftet.

V Tagaktiver Standvogel. **Stimme:** Häufigster Ruf bei Erregung ein- oder mehrsilbiges „pink". Gesang, auch „Schlag" genannt, aus schmetternden, ziemlich lauten Strophen mit einer Reihe in der Tonhöhe abfallender Elemente und einem Schlussschnörkel, klingt etwa wie „zi zi zizizizizi würzgebier". **Fortpflanzung:** Festes, napfförmiges Nest aus Moos, Gras, Wurzeln und Flechten in einer Astgabel. Eiablage (3 – 6 Eier) ab IV, BD 13 Tage, NZ 13 – 14 Tage. Zwei Jahresbruten.

E Überwiegend Pflanzenfresser, z. B. Samen, Beeren und Früchte, aber auch Insekten und Spinnen.

i **Im Nationalpark** bis 1.700 m ü. NN fast überall anzutreffen, gut zu beobachten bzw. zu hören. Häufigster Singvogel im Nationalpark. Unverwechselbar!

Beobachtungstipp: In allen Mischwäldern häufig, z. B. auf St. Bartholomä während der Brutzeit leicht zu beobachten.

Eichelhäher *Eurasian Jay*

Garrulus glandarius

Familie Rabenvögel (Corvidae)

Beobachtungsmöglichkeit:

I	II	III	IV	V	VI	VII	VIII	IX	X	XI	XII

M L 33 – 34 cm, etwas größer als Tannenhäher *(Nucifraga caryocatactes)*. Überwiegend rosa gefärbt, Flügel mit deutlichen weißen Abzeichen und himmelblauen Flügeldecken, schwarzer Schwanz und leuchtend weißer Bürzel. Schwarzer Bartstreif, Scheitel oft gesträubt. ♂♂ in Gestalt und Färbung wie ♀♀.

L Breites Lebensraumspektrum. Brütet in Laub-, Misch- und Nadelwäldern, fehlt nur in völlig waldfreien Regionen.

V Tagaktiver Standvogel, scheu und wachsam. Flug langsam, mit unbeholfen wirkenden, unregelmäßigen Flügelschlägen. Normalerweise Einzelgänger, außerhalb der Brutzeit jedoch in großen Trupps. Legt Vorratskammern an und hilft so bei der Verbreitung von vielen samentragenden Bäumen und Sträuchern. Nest in Astgabeln von Bäumen und Büschen. **Stimme:** Bei Gefahr heiser rätschend „rrääh", auch leise „ga-hi". Hervorragender „Stimmenimitator", so z. B. das „hiäh" des Mäusebussards (Buteo buteo). **Fortpflanzung:** Eiablage ab Ende IV, BD 16 – 19 Tage, NZ 19 – 23 Tage. Während der Brutzeit heimlich. Eine Jahresbrut, Ersatzgelege möglich.

E Ernährung außerordentlich vielseitig, überwiegend Pflanzenfresser (z.B. Eicheln, Bucheckern, Haselnüsse und vielerlei Beeren), aber auch tierische Kost wie kleine Mäuse und Spitzmäuse, Reptilien (Eidechsen, Blindschleichen und kleine Schlangen), Eier, Jungvögel sowie Insekten (z.B. Wespen und Hornissen).

i **Im Nationalpark** ganzjährig bis 1.100 m ü. NN häufig, darüber bis 1.500 m ü. NN regelmäßig anzutreffen, im Spätsommer und Herbst truppweise unterwegs und sehr auffällig. Unverwechselbar und gut zu beobachten!

Beobachtungstipp: Vor allem im Spätsommer in größeren Trupps zu beobachten, so z. B. im hinteren Klausbachtal.

Blindschleiche *Slow Worm*
Angius fragilis
Familie Schleichen (Anguidae)

Beobachtungsmöglichkeit:

I	II	III	IV	V	VI	VII	VIII	IX	X	XI	XII

M L bis 45 cm, davon 2/3 Schwanz, der wie bei Eidechsen abgeworfen werden kann, allerdings nur stummelartig nachwächst. Schuppen glänzend und regelmäßig angeordnet. Kopf eidechsenähnlich. Augen mit beweglichen Lidern. Oberseits variabel braun, bronze- oder kupferfarben, hell- oder dunkelgrau, oft mit dunklem Längsstrich. Bauch dunkelgrau bis graublau.

L Besiedelt vielfältige Habitate, vor allem kühle Bachniederungen sowie mäßig feuchte Waldlichtungen, Wiesen, Hecken, Böschungen, Almweiden und lichte Wälder. Voraussetzung für Vorkommen ist dichter Bodenbewuchs.

V Tag- und dämmerungsaktiv, unauffällig und versteckt lebend, sonnt sich offen meist nur in den Morgen- und Abendstunden. Ansonsten Erwärmung meist indirekt unter Steinplatten und Baumstümpfen. **Fortpflanzung:** Lebendgebärend, Tragzeit 3 Monate, 5 – 25 Jungtiere, deren Eihaut nach Schlupf aufbricht (Ovoviviparie). **Alter:** über 20 Jahre möglich, in Gefangenschaft auch deutlich älter. Hält Winterruhe.

E Fleischfresser, überwiegend Nacktschnekken und Regenwürmer, seltener Insekten, Spinnen und andere Gliedertiere. Gut nach Gewitterregen zu beobachten, wenn ihre Beutetiere ebenfalls zum Vorschein kommen.

i **Im Nationalpark** weit verbreitet und in vielen Lebensräumen anzutreffen, bis 2.000 m ü. NN. Die Blindschleiche ist *keine* Schlange, da die Schleichen im Laufe ihrer Entwicklung ihre Beine stark bis ganz reduziert haben und bei der Blindschleiche nur im Skelett erkennbar sind.

Beobachtungstipp: Mit Glück entlang aller Wanderwege in Mischwäldern oder lichten Weidewäldern zu entdecken. **Nicht anfassen,** da die Schleiche andernfalls den Schwanz abwirft, um den „Angreifer" zu verwirren!

Erdkröte *Common Toad*

Bufo bufo

Familie Echte Kröten (Bufonidae)

Beobachtungsmöglichkeit:

I	II	III	IV	V	VI	VII	VIII	IX	X	XI	XII

M L ♂♂ bis 9 cm, ♀♀ wesentlich größer und massiger, bis 11 cm. Haut trocken und warzig, beiderseits am Hinterkopf ein großes Drüsenpolster. Iris goldfarben, Pupille waagrecht und elliptisch. Körperfarbe grau, braun, oliv, gelblich oder rötlich. Bauch grau oder schmutzigweiß, oft dunkel marmoriert.

L In allen reich strukturierten Landschaften (auch Kulturland) und Wäldern.

V Außerhalb der Balzzeit an Land, dämmerungs- und nachtaktiv. Sehr ortstreu. Wanderung aus dem Überwinterungsrevier (= Jagdrevier des Vorjahres) zum Laichgewässer (nicht weiter als 3 km entfernt) ab Mitte III (etwas später als Grasfrosch!). Ab Mitte IV Abwandern ins neue Jagdrevier (Aktionsradius ca. 150 m). ♂♂ „reiten" auf ♀♀ zum Laichgewässer, indem sie diese umklammern (♂♂ umklammern zur Balzzeit alles, was weich und mindestens so groß wie sie selbst ist = Klammerreflex). **Fortpflanzung:** Eiablage in 2 gallertartigen Schnüren mit 3.000 – 8.000 Eiern. Geschlechterverhältnis ♂/♀ 7:1, d. h. ♀♀ laichen nicht jedes Jahr. Geschlechtsreife nach 2 – 4 Jahren. **Feinde:** Igel, Iltis, Fuchs, Dachs, Graureiher. Zur Abwehr macht sie sich groß, indem sie mit gespreizten Beinen den Körper vom Boden hebt und Körper aufbläht. Zusätzlich Absonderung eines leicht giftigen Sekrets.

E Fleischfresser, vor allem Regenwürmer, Spinnen, Asseln, Nacktschnecken, Schmetterlingsraupen und andere Insekten.

i **Im Nationalpark** häufig bis 1.500 m ü. NN, während der Wanderungsphasen ab der Dämmerung bis Mitternacht gut zu beobachten. Ungiftig, aber Anfassen möglichst vermeiden, da Drüsensekret allergische Reaktionen hervorrufen kann!

Beobachtungstipp: Zur Fortpflanzungszeit in der Nähe von fischarmen Stillgewässern, sonst vor allem bei feuchter Witterung nahezu überall bis zur Waldgrenze anzutreffen.

Goldleiste *Gold Border*

Carabus violaceus

Familie Laufkäfer (Carabidae)

Beobachtungsmöglichkeit:

I	II	III	IV	V	VI	VII	VIII	IX	X	XI	XII

M L 22 – 35 mm, mittelgroßer Laufkäfer. Körper gedrungen, violett, Flügeldecken ohne Streifung. Flügeldecken auf der Oberfläche körnig, am Rand glänzend violett. Halsschild und Deckflügel rotviolett, blaugrün oder blau gesäumt. ♂♂ in Gestalt und Färbung wie ♀♀.

L Meist im Wald, selten im offenen Gelände. Niemals in trockenen Lebensräumen.

V Nachtaktiv und räuberisch. Tagsüber unter Steinen und Laubstreu. **Fortpflanzung:** Paarung im Frühjahr, Eiablage Anfang Sommer. Überwinterung als Larve oder junger Käfer.

E Fleischfresser, vorwiegend von Nacktschnecken, Regenwürmern und Insektenlarven.

i **Im Nationalpark** bis zur Waldgrenze häufig. Nach Aufstöbern im Versteck auch tagsüber zu beobachten.

Beobachtungstipp: Entlang aller Waldwanderwege im Nationalpark mit Glück unter Steinen oder Blättern zu entdecken.

Eichenspinner *Oak Eggar*

Lasiocampa quercus

Familie Glucken (Lasiocampidae)

Beobachtungsmöglichkeit:

I	II	III	IV	V	VI	VII	VIII	IX	X	XI	XII

M Mittelgroßer bis großer Nachtfalter, SP 50 – 90 mm. Grundfärbung und Kontrast sehr variabel, ♀♀ heller, blasser und viel größer. Flügel innen mit dunkler und außen mit hell verfließender Trennlinie (= „Kontrastverstärkung").

L Im Hochsommer vorwiegend über offenem Gelände, in lichten Mischwäldern und deren Randbereichen.

V ♂♂ tagaktiv, rastlos umherflatternd. ♀♀ dagegen nachtaktiv, tagsüber versteckt in der Vegetation. Bräunlich samtige Raupen schlüpfen im VIII, überwintern halbwüchsig. Raupenhaare sehr scharf, können bei Berührung Entzündungen hervorrufen. Verpuppung im Frühsommer.

E Raupen fressen mit Vorliebe an fast allen Laubarten, z. B gerne an Brombeere *(Rubus fruticosa)*.

i **Im Nationalpark** bis 1.000 m ü. NN regelmäßig anzutreffen.

Beobachtungstipp: Am Waldrand des Rundwanderwegs von St. Bartholomä nicht selten zu beobachten.

Kaisermantel ***Silver-washed Fritillary***

Argynnis paphia

Familie Edelfalter (Nymphalidae)

Beobachtungsmöglichkeit:

I	II	III	IV	V	VI	VII	VIII	IX	X	XI	XII

M Großer Falter, SP 55 – 65 mm. Flügeloberseite rostbraun mit typischer schwarzer Zeichnung, ♂♂ mit schwarzen Streifen aus Duftschuppen auf Vorderflügeln. Bei ♀♀ sind diese Streifen als dunkle Flecken ausgebildet. Hinterflügel unterseits grünlich mit silbrigen Streifen. ♀♀ mitunter als graubraune Variante.

L Typischer Waldschmetterling, im Hochsommer gerne an Kahlschlägen, Walsäumen, Waldwegen, im Inneren lichter Wälder, an Lichtungen und Bächen.

V Tagaktiv, guter Flieger, oft hoch oben in den Baumwipfeln. **Fortpflanzung:** Eiablage einzeln in Rindenritzen an sonnig stehenden Bäumen am Waldrand. Raupen (Endlänge 45 – 55 mm) mit arttypischem gelbem, schwarz geteilten Mittelstreifen, schlüpfen im IX, überwintern ohne vorherige Nahrungsaufnahme. Raupen tagsüber meist sehr versteckt, verpuppen sich im V/VI, nach 2 – 3 Wochen Schlupf der Falter. Eine Generation pro Jahr.

E Futterpflanze der Raupen sind vor allem Veilchenarten (Viola spec.).

i **Im Nationalpark** bis 1.000 m ü. NN häufig zu beobachten, vereinzelt bis zur Waldgrenze. Verwechslungsgefahr mit anderen Perlmuttfaltern relativ hoch!

Beobachtungstipp: Beispielsweise vom Rundwanderweg auf St. Bartholomä aus im Hochsommer leicht zu beobachten.

Trauermantel ***Mourning Cloak***
Nymphalis antiopa
Familie Edelfalter (Nymphalidae)

Beobachtungsmöglichkeit:

I	II	III	IV	V	VI	VII	VIII	IX	X	XI	XII

(M) Großer Falter, SP ca. 55 – 75 mm. Grundfärbung dunkel braunviolett mit breitem, cremegelbem Rand (nach Überwinterung weißlich werdend), davor eine blaue Fleckenreihe. Unterseite ähnlich, ohne blaue Flecke ♂♂ in Gestalt und Färbung wie ♀♀.

(L) Häufig an Waldsäumen in Gewässernähe, auch in lockeren Laubwäldern und über Geröllfluren.

(V) Tagaktiv. Falter sonnen sich gerne auf Waldwegen. ♂♂ zeigen Revierverhalten und reagieren auf vorbeifliegende Objekte. Eine überwinternde Generation (Flugzeit Ende III – V) sowie eine Sommergeneration (VII – IX).

Fortpflanzung: Eiablage (bis zu 200 Eier) in Ringen an Zweige der Fraßpflanze, vor allem Weide (Salix spec.), weniger häufig Birke (Betula spec.). Raupen (Endlänge bis 54 mm) schwarz mit auffälligen roten Flecken auf dem Rücken, schwarzen Dornen und weißlicher Behaarung. Schlupf ab VI, gesellig, bauen Gespinste. Stürzpuppe, nach 2 Wochen schlüpft der Falter.

(E) Raupen fressen an Weiden und Birken, Falter saugen allerlei Blütennektar, gerne an Fallobst und „blutenden" Bäumen.

(i) **Im Nationalpark** regelmäßig entlang von Waldwanderwegen in Gewässernähe zu beobachten, bis 2.000 m ü. NN.

Beobachtungstipp: Im Frühjahr und Hochsommer regelmäßig entlang von gewässerbegleitenden Wanderwegen zu beobachten, z. B. im Klausbachtal und im Bereich Königssee / Obersee.

Alpenbockkäfer ***Alpine capricorn beetle***
Rosalia alpina
Familie Bockkäfer (Cerambycidae)

Beobachtungsmöglichkeit:

I	II	III	IV	V	VI	VII	VIII	IX	X	XI	XII

M L 15 – 38 mm, einziger Vertreter dieser Gattung mit hellblauer Behaarung am Körper, Grundfärbung graublau, mit schwarzen Flekken, sehr lange Fühler. Einer unserer schönsten Bockkäfer. Fühler beim ♂ doppelt so lang wie Körper, beim ♀ etwas länger als Körper, ansonsten gleich.

L Mit Vorliebe in Buchenwäldern der Kalkgebirge. Gerne an geschlagenem Buchenholz. Larvenentwicklung in Buchen *(Fagus sylvatica)*, seltener in Bergahorn *(Acer pseudoplatanus)* und Bergulme *(Ulmus clabra)*. Auch dünnere Totholzstämme werden als Brutmaterial angenommen.

V Tagaktiv. **Fortpflanzung:** ♀♀ legen Eier in Rindenritzen und Holzspalten absterbender, sonnenexponierter Bäume, bevorzugt an Sonnenseite der Stämme, vor allem, wenn sich im Holz bereits Trockenrisse gebildet haben. Larvenentwicklung 2 – 3 Jahre. Verpuppung unweit der Oberfläche, wobei ein Schlupfloch vorgebohrt und mit Holzspänen nach außen wieder verschlossen wird. Schlupflöcher sind hochoval, seitlich parallel und kommen senkrecht zur Faser aus dem Holz, damit arttypisch und im Vorkommensgebiet unverwechselbar. Schlupf vor allem VII – VIII an warmen, windstillen Tagen. ♂♂ tagsüber an sonnenbeschienenen Holzpartien (oft auch auf Holzstapeln), bei großer Hitze auf der Schattenseite.

E Käfer saugen Säfte verwundeter Bäume oder befressen Buchenblätter.

i **Im Nationalpark** in geeigneten Lebensräumen sehr vereinzelt bis 1.800 m ü. NN. Unverwechselbar!

Beobachtungstipp: Selbst in geeigneten Lebensräumen während der Sommermonate nur mit Glück zu beobachten, so z. B. auf St. Bartholomä.

4.4 Lebensraum „Schluchtwälder"

Hohe Luftfeuchtigkeit und starke Beschattung sowie daraus resultierend eine außerordentlich reichhaltige Moos- und Farnflora sind kennzeichnend für die Schluchtwälder im Nationalpark. Selbst die Bäume sind bis in die Kronen mit Flechten und Moosen bewachsen. Häufig findet man in den Schluchtwäldern kleine bis mittelgroße Bachläufe, deren zumeist flachgründige Ufer häufig mit Pionierpflanzen wie Alpen-Pestwurz *(Petasites paradoxus)*, Huflattich *(Tussilago farfara)* und schmalblättrigen Weiden wie Lavendel-Weide *(Salix eleagnos)* und Purpur-Weide *(Salix purpurea)* bewachsen sind. Sobald die Grau-Erle *(Alnus incana)* Fuß fassen kann, verdrängt sie die lichtliebenden Weidenarten. In den zahlreichen, tief eingeschnittenen Gräben bieten wasserzügige, feuchte und oft lehmige Böden aus rötlichen Liaskalkgesteinen günstige Voraussetzungen für hochstaudenreiche Waldgesellschaften. Charakteristische Baumarten in Schluchtwäldern sind neben Buche *(Fagus silvatica)*, Tanne *(Abies alba)* und Fichte *(Picea abies)* vermehrt Berg-Ahorn *(Acer pseudoplatanus)* und Gemeine Esche *(Fraxinus excelsior)*, seltener dagegen Spitz-Ahorn *(Acer platanoides)*, Berg-Ulme *(Ulmus glabra)* und Sommer-Linde *(Tilia platyphyllos)*.

Der Unterwuchs der Schluchtwälder zeichnet sich durch viele hochwüchsige Kräuter aus, so z. B. dem Gelben Eisenhut *(Aconitum lycoctonum)*, einer wichtigen Nahrungspflanze der Eisenhuthummel *(Bombus gerstaeckeri)*. Trotz der vorherrschenden Lichtarmut finden sich erstaunlich viele weitere Insektenfamilien, unter ihnen auch zahlreiche farbenfrohe Vertreter wie z. B. der blau schimmernde Große Schillerfalter *(Apatura iris)* oder der bräunliche Große Perlmuttfalter *(Mesoacidalia aglaja)*. Daneben finden auch weniger auffällige Arten günstige Lebensbedingungen, wie etwa die Deutsche Wespe *(Vespula germanica)* oder der Bergwald-Laufkäfer *(Carabus silvestris)*. Den in Lawinenzügen innerhalb der Wälder mancherorts ausgeprägten Wechsel von kühl-schattigen und sonnigen Bereichen mit blütenreichen, feuchten Hangwiesen bevorzugt der prächtige Schwarze Apollo *(Parnassius mnemosyne)*, ein leider auch im Nationalpark immer seltener werdender Großschmetterling. An warmen Regentagen gehört mancherorts der schwarz glänzende Alpensalamander *(Salamandra atra)* zum gewohnten Erscheinungsbild. Dessen Höhenverbreitung beginnt mehr oder weniger dort, wo die des schwarz-gelb gefärbten Feuersalamanders *(Salamandra salamandra)* aufhört. Nur der Feuersalamander benötigt Bäche bzw. Quellen zur Entwicklung seines Nachwuchses, lebt jedoch sonst wie der Alpensalamander außerhalb der Gewässer, wo beide besonders an regnerischen Tagen auf die Jagd nach Weichtieren und Insekten gehen. Die lokal häufige Weinbergschnecke *(Helix pomatia)* zählt dabei allerdings ebenso wenig zu ihren Beutetieren wie die massige Gartenkreuzspinne *(Araneus diadematus)*, die mit Hilfe ihrer filigranen Netze fliegende Insekten aus der Luft fängt.

Zwischen umgestürzten Bäumen, an Wurzeltellern oder im dichten Gebüsch baut der quirlige Zaunkönig *(Troglodytes troglodytes)* sein Nest. Dieser winzige Vogel beeindruckt vor allem durch seine außerordentlich laute Stimme sowie seine Ausdauer beim Gesang. Weit weniger ruffreudig ist dagegen die gelbliche Gebirgsstelze *(Motacilla cinerea)*, die mit wippenden Bewegungen im Uferbereich auf Beutefang unterwegs ist und meist nur beim Auffliegen einige helle Laute ertönen lässt. Die auch im Siedlungsbereich durchaus häufigen Vögel wie Amsel *(Turdus merula)*, Wacholderdrossel *(Turdus pilaris)*, Gartengrasmücke *(Sylvia borin)* und Buntspecht *(Dendrocopus major)* gehören genauso zum typischen Arteninventar der Schluchtwälder wie

Schluchtwald im Schrainbachtal

das äußerst heimlich lebende, jedoch bei weitem nicht so seltene Haselhuhn *(Bonasia bonasia)*. Nahezu ausschließlich zu hören bekommt man – noch dazu nur mit etwas Glück – den Uhu *(Bubo bubo)*, unsere größte und schönste einheimische Eule. Dieser Nachgreif nistet gerne in kleinen, mit Bäumen bestandenen Felswänden innerhalb von Schluchtwäldern. Sein unverwechselbarer, gespenstisch klingender Ruf hallt in stillen Frühlingsnächten viele Kilometer weit.

Auch die meisten Säugetiere sind in den schwer zugänglichen Schluchtwäldern nicht leicht zu entdecken, obwohl viele von ihnen in Gewässernähe regelmäßig und gerne auf Nahrungssuche unterwegs sind. So z. B. auch der kräftig gebaute Dachs *(Meles meles)*, dessen Spuren im Schnee oder Matsch man eher als ihn selbst zu Gesicht bekommt. Er liebt die Vielfältigkeit dieses Lebensraumes und gräbt mit seiner rüsselartigen Schnauze im weichen Boden mit Vorliebe nach Regenwürmern und Insekten, wobei er mitunter ziemlich lautstark schnaufend und grunzend auf sich aufmerksam macht.

Wo findet man Schluchtwälder im Nationalpark?

Charakteristische Schluchtwälder findet man im Nationalpark entlang des Wanderweges Nr. 481 von der Infostelle Hintersee (805 m ü. NN) zur Bind Alm (1.060 m ü. NN).

Dachs ***Badger***

Meles meles

Familie Marder (Mustelidae)

Beobachtungsmöglichkeit:

I	II	III	IV	V	VI	VII	VIII	IX	X	XI	XII

M L 61 – 72 cm, Schwanz 15 – 19 cm, GW 10 – 18 kg. Oberseits grau, Bauch schwarz. Kopf schwarzweiß mit langer Schnauze. Beine kurz, Schwanz kurz und stumpf. Wirkt plump. ♂♂ in Gestalt und Färbung wie ♀♀.

L Bevorzugt Laub- und Mischwälder, oft in Wassernähe. Erdbaue bevorzugt in südexponierten Hängen mit schweren Böden.

V Nacht- und dämmerungsaktiv, mitunter sehr lautfreudig (schnauft, faucht, grunzt, winselt, brummt). Nicht territorial, jedoch individuelle Streifgebiete, die mit Duftmarken markiert werden. Hält Winterruhe, d.h. verlässt Bau ab und zu um zu fressen, trinken oder Losung abzusetzen. Lebt gerne in Gesellschaft (Familienverbände bis 12 Tiere möglich), mitunter auch einzelgängerisch. **Fortpflanzung:** Ranzzeit (= Paarungszeit) im VII/VIII. Bau wird stets sauber gehalten, besteht aus mehreren Etagen, Durchmesser von 20 – 30 m möglich. Jungtiere (2 – 3) kommen nach Eiruhe – ähnlich wie beim Reh *(Capreolus capreolus)* – erst im Frühjahr (II – III) zur Welt.

E Allesfresser, z. B. Wurzeln, Pilze, Beeren und Früchte, Insekten, Schnecken, Amphibien, Gelege und Jungvögel bis zu Kleinsäugern und Aas, besonders jedoch Regenwürmer (teilweise bis > 50 % der Nahrung).

i **Im Nationalpark** in geeigneten Lebensräumen regelmäßig bis zur Baumgrenze.

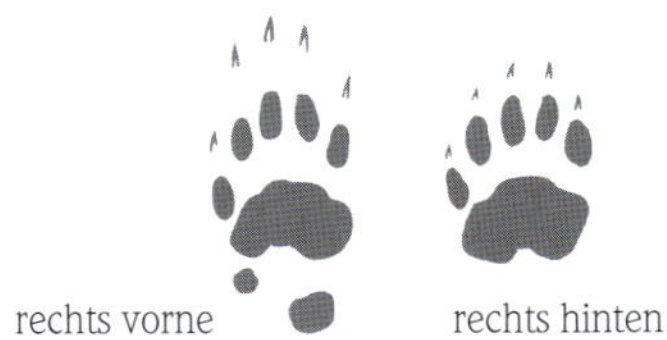

Beobachtungstipp: Beispielsweise im Schluchtwald entlang des Wanderweges zur Schrainbach Alm regelmäßig schwer zu beobachten. Spuren im Schnee und auf feuchtem Boden unverwechselbar!

Uhu *Eagle Owl*

Bubo bubo

Familie Eulen (Strigidae)

Beobachtungsmöglichkeit:

I	II	III	IV	V	VI	VII	VIII	IX	X	XI	XII

M L bis 70 cm, SP bis 180 cm. ♂♂ leichter (2 kg) und kleiner als ♀♀ (3 kg). Oberseits rostbraun mit dunkler Fleckung und Bänderung, unterseits heller. Auffällige Federohren, orangegelbe Augen.

L Brutbiotop sind vor allem Felsnischen und -simse mit ungestörten Anflugmöglichkeiten, gelegentlich auch Baum- und Bodenbruten. Jagt vor allem in Schluchtwäldern und halboffenem Gelände, gerne auch in Gewässernähe.

V Dämmerungs- und nachtaktiver, sehr ortstreuer Standvogel. **Stimme:** Balzgesang des ♂ besteht aus zweisilbigem „buhoo", ♀ mit hellerem „uhju". **Fortpflanzung:** Eiablage im III (2 – 3, ausnahmsweise auch bis 5 Eier). BD 31 – 36 Tage. ♀ brütet und hudert die Jungen. Jungvögel verlassen nach 28 – 35 Tagen den Horst und werden von den Eltern weiter versorgt. Flugfähig mit 8 – 9 Wochen. **Alter:** 25 – 30 Jahre, in Gefangenschaft auch deutlich älter.

E Fleischfresser, wenig wählerisch, jedoch überwiegend Kleinsäuger (Mäuse, Igel, Ratten), Hasen, Vögel bis Bussardgröße, gelegentlich auch Fische und Amphibien.

i **Im Nationalpark** vereinzelt bis 1.000 m ü. NN, eher zu hören als zu sehen.

Beobachtungstipp: Rufende Männchen sind im Frühjahr regelmäßig im Bereich Malerwinkel / Königssee zu hören. **Voraussetzung:** Windstilles Wetter und der Königsbach sollte nur wenig Wasser führen, da sonst das Umgebungsrauschen zu groß ist!

Haselhuhn *Hazel Grouse*

Bonasia bonasia

Familie Rauhfußhühner (Tetraonidae)

Beobachtungsmöglichkeit:

I	II	III	IV	V	VI	VII	VIII	IX	X	XI	XII

M L 35 – 37 cm, etwa so groß wie Rebhuhn *(Perdix perdix)*, oberseits braun bis grau gefärbt; Schwanz relativ lang, schwach gerundet. Beide Geschlechter ähnlich. Bei Erregung wird beim ♂ eine kleine Federhaube gesträubt. Außerdem ist der schwarze, weiß begrenzte Kehlfleck ein deutliches Unterscheidungsmerkmal. ♀♀ lediglich mit weißlicher Kehle. Schultern allgemein rotbraun mit großen, schwarzen Flecken, Rücken +/- einfarbig braun bis grau gefärbt, Flanken grob schwarz und rotbraun gezeichnet. Bauch weißlich mit groben, schwarzen Tropfenflekken. Bräunlicher Schwanz mit schmaler, weißlicher Endbinde und breitem, dunklen Band davor.

L Bevorzugt feuchte bis trockene Waldtypen sowie eben bis mäßig geneigte, unterholzreiche, mehrschichtige Wälder mit einem Wechsel in der Artenzusammensetzung bzw. mit reichhaltiger horizontaler und vertikaler Gliederung. Auch an hochmontanen bis tief-subalpinen Bergkämmen, die überwiegend von einem mehrschichtigen, urwaldähnlichen Bergwald bestockt sind. Wichtige Bestandteile des Lebensraumes sind Fichtenbestände und zumindest gut erreichbare Laubbäume, eine reiche, aber nicht zu dichte Kraut-, Hochstauden- und Zwergstrauchschicht mit Angebot an Beeren und Dickungen. Gemieden werden dicht geschlossene Wälder.

V Tag- bis dämmerungsaktiver Standvogel. Nest am Boden, sehr gut versteckt. Beim überraschten Auffliegen erzeugt das Haselhuhn ein auffälliges Flügelgeräusch und ist leicht an der schwarzen Schwanzendbinde zu erkennen. **Stimme:** Laute hoch und meist sehr leise, bestehen aus einem schwer zu beschreibenden Pfeiflaut. Das Stimminventar ist allgemein recht reichhaltig, oft ganzjährig zu hören. **Fortpflanzung:** Nest am Boden in kleiner, selbstgescharrter Vertiefung, oft unter

Zweigen oder am Fuße eines Baumes. Eiablage (5 – 14 Eier) frühestens ab Anfang IV, meist erst ab Mitte IV/Anfang V. BD ca. 21 Tage. Nestlinge nach 30 – 40 Tagen weitgehend selbständig, bleiben aber bis zu 80 – 90 Tagen als „Kette" im Familienverband zusammen.

E Allesfresser, vor allem Knospen, Triebe, Beeren, aber auch Insekten und deren Larven.

i Im Nationalpark zwischen 800 und 1.300 m ü. NN nicht selten, jedoch eher zufällig zu beobachten – meistens, sobald man es im geeigneten Lebensraum im Vorbeigehen aufschreckt. Oft nur paarweise oder einzeln, da sehr stark territorial, d. h. eindringende Artgenossen werden aggressiv aus dem Revier vertrieben.

Beobachtungstipp: Im Schluchtwald entlang des Wanderweges zur Bind Alm nicht selten, mit Glück und Geduld zu hören, sehr selten zu sehen.

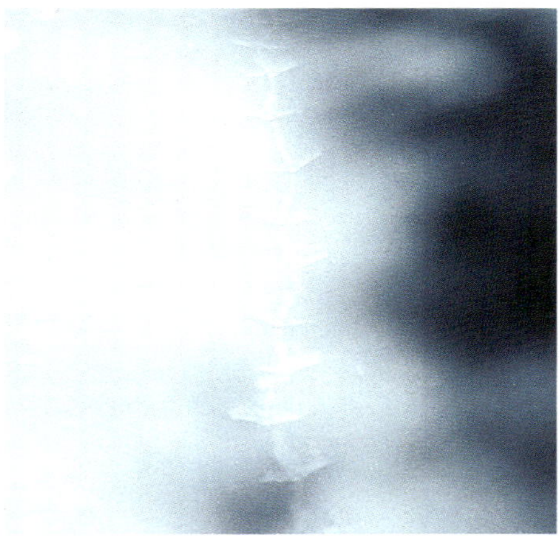

Trittsiegel des Haselhuhns im Schnee

Vom Buntspecht „aufgemeißelter" Fichtenzapfen

Buntspecht *Great Spotted Woodpecker*

Picoides major

Familie Spechte (Picidae)

Beobachtungsmöglichkeit:

I	II	III	IV	V	VI	VII	VIII	IX	X	XI	XII

M L 23 cm, kleiner als Amsel *(Turdus merula)*. Sehr kontrastreich gefärbt. Schwarzer Rükken und große, weiße Schulterflecken. Unterseite grauweiß, Kopfseiten weiß, Flügel weiß mit schwarzen Tupfen. Schwarzer Stützschwanz. Auffälliger, durchgehender, schwarzer Bart- und Ohrstreif bis zum Genick. Erwachsene ♂♂ mit scharlachrotem Nackenfleck, ♀♀ ohne Rot am Kopf. Jungvögel mit rotem Scheitel und rosa Unterschwanzdecken.

L In fast allen Laub- und Nadelwaldlandschaften, im Winter regelmäßig an Futterstellen.

V Tagaktiver Standvogel, fast ausschließlich auf Bäumen zu beobachten, klettert meist in Spiralen ruckartig stammaufwärts. **Stimme:** Ruft laut „tjük tjük", trommelt häufig und langanhaltend. Nicht jedes Jahr wird neue Höhle gezimmert, trotzdem schafft der Buntspecht für andere Höhlenbewohner reichlich Nistgelegenheiten. **Fortpflanzung:** Eiablage (5 – 7 Eier) Mitte V, BD 9 – 12 Tage. Nach 18 – 19 Tagen Jungspechte erstmals am Flugloch zu sehen. Ausflug nach 20 – 23 Tagen, Jungvögel werden noch einige Tage gefüttert. Eine Brut pro Jahr.

E Allesfresser, wesentlich vielseitiger als andere Spechtarten. Im Sommer vor allem holzbewohnende Insekten und deren Larven, aber auch andere Insekten, Eier und Jungvögel. Im Winter vor allem Sämereien, wie z. B. Zapfen von Kiefer (Gattung Pinus) und Fichte *(Picea abies)*, die er in Astgabeln oder zurechtgezimmerten Rindenspalten (= „Schmieden") aufhämmert, unter denen sich dann häufig leere Zapfen ansammeln.

i **Im Nationalpark** in allen Tälern bis ca. 1.300 m ü. NN anzutreffen.

Beobachtungstipp: Auf dem Rundwanderweg auf St. Bartholomä nahezu ganzjährig regelmäßig zu beobachten und häufig zu hören.

Zaunkönig ***Winter Wren***

Troglodytes troglodytes

Familie Zaunkönige (Troglodytidae)

Beobachtungsmöglichkeit:

I	II	III	IV	V	VI	VII	VIII	IX	X	XI	XII

M L 9,5 cm, einer der kleinsten Vögel im Nationalpark. Auffällig kugelige Gestalt mit kurzem, sehr häufig aufrecht getragenem Schwanz sowie relativ langer, dünner Schnabel. Oberseite rotbraun gefärbt, z. T. dunkel quer gebändert. Beiger Überaugenstreif. Unterseits beige bis bräunlich rahmfarben, Flügel und Schwanz braun mit auffälliger hell-dunkler Querbänderung. Auffälliges Kennzeichen ist das „Wippen" auf erhöhten Sitzwarten und beim Gesang als Ausdruck der Erregung. Flug schnurrend und geradlinig. ♂♂ in Gestalt und Färbung wie ♀♀.

L Überall in nicht zu trockenen, mit Gebüsch bestandenen Landschaften, bevorzugt in unterholzreichen Laub- und Mischwäldern mit hoher Bodenfeuchtigkeit und an deckungsreichen Fließgewässern. Im Winter vorwiegend in Gewässernähe im Talbereich.

V Tag- und dämmerungsaktiver Standvogel. Schlüpft durch das Gehölz wie eine Maus. Im Winter oft Schlafgemeinschaften bildend. Nahrungssuche am Boden und in Sträuchern. ♂ strikt territorial. **Stimme:** Auffallend lauter Gesang, meist aus dem Unterholz von einer erhöhten Warte vorgetragen. Strophen beginnen mit kurzen, meist leisen Lauten (Einleitung), danach abwechselnd Schmettertour mit trillernden Teilen und leise Zwischenstükke, oft mit „Roller" endend. **Fortpflanzung:** Kugelnest in Bäumen und Sträuchern, oft in Windwürfen, dort vor allem in herausgerissenen Wurzeltellern aller Baumarten. Eiablage (4 – 8 Eier) ab Mitte IV, BD 14 – 16 Tage, NZ 10 Tage. Zwei Jahresbruten.

E Überwiegend Insektenfresser, aber auch Spinnen und im Winter Sämereien.

i **Im Nationalpark** häufig, in allen Tälern und bis 1.700 m ü. NN gut zu beobachten, noch häufiger zu hören. Unverwechselbar!

Beobachtungstipp: Auf dem Rundwanderweg auf St. Bartholomä im Bereich des Lawinenstrichs leicht zu entdecken, oft zu hören.

Gebirgsstelze *Grey Wagtail*

Motacilla cinerea

Familie Stelzen (Motacillidae)

Beobachtungsmöglichkeit:

I	II	III	IV	V	VI	VII	VIII	IX	X	XI	XII

M L ca. 18 cm und schlank, ähnlich groß wie Bachstelze *(Motacilla alba)*, Schwanz ca. 35 % länger. Oberseite bis zum Rücken aschgrau, Bürzel und Oberschwanzdecken sind olivgrünlich bis -gelblich gefärbt. Auffällig ist der lange, helle Überaugenstreif und der lange, schwarze Schwanz mit den weißen Außenkanten. ♂ im Prachtkleid mit lebhaft gelber Brust und Bauch, Kinn und Kehle dagegen schwarz. Das ♀ ist im Prachtkleid ähnlich wie das ♂ gefärbt, nur mit weniger, mitunter sogar keinem Schwarz an der Kehle. ♂♂ in Gestalt und Größe sehr ähnlich wie ♀♀.

L Stark an Gewässer gebunden. Bevorzugt bewaldete, schattenreiche, schnellfließende Gewässer mit Geröllufern, Geschiebe- und Geröllinseln sowie unterschiedliche Strömungsverhältnisse, d. h. mit seichten und strömungsarmen Abschnitten.

V Tagaktiver Kurzstreckenzieher. Auffälliger, wippender Gang (ähnlich Bachstelze) und wellenförmiger Flug. **Stimme:** Reviergesang wird am Ufer, auf erhöhten Warten oder im Flug vorgetragen. **Fortpflanzung:** Nestanlage überwiegend in Höhlungen (oft zwischen Steinen) im Steilufer, bestehend aus Halmen, Wurzeln, Blättern, Haaren und Moos. Gelegegröße 3 – 6 Eier, BD 12 – 14 Tage, NZ 11 – 13 Tage. Meist zwei Bruten pro Jahr.

E Fleischfresser, vor allem Wasserinsekten und deren Larven, Spinnen, kleine Krebstiere und Schnecken. Nahrungssuche am Ufer oder in Gewässernähe.

i **Im Nationalpark** in der Nähe von Gewässern regelmäßig bis 1.200 m ü. NN anzutreffen und gut zu beobachten. Seltener als Bachstelze.

Beobachtungstipp: Während der Brutzeit im Umfeld des Wanderweges zur Schrainbach Alm oder bei der Futtersuche im Almbereich regelmäßig zu beobachten.

Gartengrasmücke ***Garden Warbler***

Sylvia borin

Familie Grasmücken (Sylviidae)

Beobachtungsmöglichkeit:

I	II	III	IV	V	VI	VII	VIII	IX	X	XI	XII

M L 14 cm, etwas kleiner als Haussperling *(Passer domesticus).* Unscheinbar, ohne Zeichnung und Farbkontraste. Oberseite graubraun, Unterseite rahmfarben. ♂♂ in Gestalt und Färbung wie ♀♀.

L Bewohnt laubholzreiche Mischwälder mit gut ausgeprägter Strauchschicht, mit Vorliebe Ufergehölze, dichte Waldränder und Hecken sowie buschbestandene Wälder.

V Tagaktiver Langstreckenzieher. Versteckt lebender Gebüschsänger, jedoch meist niedriger im Gezweig sitzend als Mönchsgrasmükke *(Sylvia atricapilla).* **Stimme:** Ruf rauh „tscharr", warnt mit sich ständig wiederholendem „tzeck". Gesang aus sprudelnden, laut orgelnden Strophen. **Fortpflanzung:** Nestbau bodennah in Büsche, Gestrüpp und Hecken. Eiablage (4 – 5 Eier) ab V, BD 11 – 17 Tage, NZ 9 – 14 Tage. Eine Jahresbrut.

E Allesfresser, vor allem Insekten und Spinnen, im Herbst auch Beeren.

i **Im Nationalpark** bis 800 m ü. NN regelmäßig anzutreffen.

Beobachtungstipp: Auf dem Rundwanderweg auf St. Bartholomä oder auf dem Weg zum Malerwinkel während der Brutzeit regelmäßig zu hören, seltener zu beobachten.

Amsel ***Common Blackbird***

Turdus merula

Familie Drosselvögel (Turdidae)

Beobachtungsmöglichkeit:

I	II	III	IV	V	VI	VII	VIII	IX	X	XI	XII

M L 25 cm. ♂♂ schwarz bis braunschwarz, auffälliger, gelber Augenring. ♀ oberseits dunkelbraun bis olivbraun, unterseits variabel gefärbt. Brust ist braungrau, gelb- bis rotbraun, meist dunkelbraun gefleckt, Bauch braun oder grau, mitunter + / - deutlich gefleckt. Schnabel ausgewachsener ♂♂ orangegelb, im Winter ist Schnabelspitze auch dunkler getönt.

L Sehr variable Lebensraumwahl. Brut ursprünglich in dichten, feuchten und unterholzreichen Wäldern mit vegetationsfreien oder -armen Flächen für die Nahrungssuche bzw. auf halboffenen Flächen mit ausreichender Deckung. Vom geschlossenen Hochwald (in reinen Nadelwäldern höchstens sehr geringe Dichte) über Mittel- und Niederwald bis in die offene Landschaft mit Feldgehölzen und Hecken. Im Winter Ballungen im Grüngürtel in Siedlungsnähe alpiner Täler.

V Tagaktiver Standvogel. Beim Landen wird der Schwanz gefächert und auf- und abgeschlagen. **Stimme:** Großes Rufrepertoire, mitunter sehr ruffreudig. Erregungslaut wie „tak", einfach oder gereiht, bei Erregung in dichter Folge. Steigerung zum typischen „Zetern" und „Tixen" möglich. Reviergesang aus melodischen Strophen, weithin hörbar. **Fortpflanzung:** Nest napfförmig, Eiablage Anfang IV (3 – 6 Eier), BD 14 Tage, NZ 12 – 16 Tage. Zwei oder drei Jahresbruten.

E Allesfresser, überwiegend Regenwürmer, aber auch Beeren und Früchte.

i **Im Nationalpark** in vielen Lebensräumen bis 900 m ü. NN häufig, darüber bis 1.300 m ü. NN regelmäßig und gut zu beobachten, wenig scheu. Im Winter vor allem in den Tälern.

Beobachtungstipp: Auf dem Rundwanderweg auf St. Bartholomä oder auf dem Weg zum Malerwinkel ganzjährig häufig anzutreffen, leicht zu beobachten.

Wacholderdrossel *Fieldfare*
Turdus pilaris
Familie Drosselvögel (Turdidae)

Beobachtungsmöglichkeit:

I	II	III	IV	V	VI	VII	VIII	IX	X	XI	XII

M L 25 cm, gleichgroß wie Amsel *(Turdus merula)*, etwas kurzbeiniger als diese und langschwänziger als Misteldrossel *(Turdus viscivorus)*. Stirn, Scheitel, Ohrdecken, Nacken Halsseiten und Vorderrücken (nur bei adulten Vögeln), Bürzel und Oberschwanzdecken schiefergrau. Schwanz braunschwarz, Kinn, Kehle und Vorderbrust beige bis rostgelb, Bauch weiß. Auffällig dichte, schwärzliche Fleckung an Vorderbrust, Hals- und Körperseiten. ♂♂ in Gestalt und Färbung wie ♀♀.

L Brutvogel in halboffenen Landschaften, gerne an Rändern geschlossener Baumbestände bzw. hoher Buschgruppen in der Nähe von feuchtem, kurzrasigem Grünland. Feuchtkühle Lokalklimate werden allgemein bevorzugt. Außerhalb der Brutzeit in ähnlichen Habitaten, vor allem an Stellen mit reichlichem Beerenangebot.

V Tagaktiver Kurzstreckenzieher. **Stimme:** Häufigster Ruf das typische Schackern, etwa wie „gag schak schak ak ak ...", besonders beim Abfliegen, auch von Trupps vorgetragen. Fluggesang krächzend zwitscherndes Schwätzen, meist keine flötenden Motive wie bei anderen Drosseln. **Fortpflanzung:** Eiablage (5 – 6 Eier) im IV/V und VI / VII, meist in Kolonien. Nest in Bäumen oder Gebüsch aus Lehm und Gras. BD 14 Tage, NZ 14 Tage. Ein bis zwei Jahresbruten.

E Allesfresser, besonders Schnecken, Würmer, Insekten, auch Beeren und Früchte.

i **Im Nationalpark** bis 1.100 m ü. NN häufig, darüber bis 1.300 m ü. NN regelmäßig, gut zu beobachten, unverwechselbar. Früher auf dem Speisezettel der Menschen und daher stark bejagt. Attackiert (= „Hassen") in Nestnähe auch große Greif- und Rabenvögel.

Beobachtungstipp: Auf dem Rundwanderweg auf St. Bartholomä während der Brutzeit regelmäßig bis häufig anzutreffen.

Feuersalamander *Fire Salamander*
Salamandra salamandra
Familie Salamander (Salamandridae)

Beobachtungsmöglichkeit:

I	II	III	IV	V	VI	VII	VIII	IX	X	XI	XII

M L 14 – 18 cm, plump wirkend, Schwanz rund. Oberseite schwarz mit gelben und orangeroten Flecken und Streifen, glänzend. Bauch grau- bis braunschwarz. Auf der Rükkenmitte 2 Längsreihen von Drüsenporen, am Hinterkopf links und rechts jeweils ein großes Drüsenpolster. ♂♂ in Gestalt und Färbung wie ♀♀.

L Bevorzugt feuchte Laubwälder (vor allem Buchenmischwälder) und Täler mit Bachläufen, zur Nahrungssuche mitunter auf Wiesen und Weiden.

V Vorwiegend nachaktiv, bei Regenwetter auch tagaktiv. Ausgesprochenes Landtier, feuchtigkeitsliebend. Nur ♀♀ im Frühjahr zum Absetzen der kiementragenden Larven in fischlosen Waldbächen und klaren Quelltümpeln anzutreffen, die weniger als 10° C aufweisen. Drüsen enthalten schwach giftiges Sekret, das auf Schleimhäute brennend wirkt und zur Feindabwehr dient. **Fortpflanzung:** Zur Entwicklung der Larven klares, schadstoffarmes Wasser wichtig. Jungtiere sehr heimlich. Bei Paarung ausgiebiges Balzspiel. Befruchtung der Eier im Leib der ♀♀ durch „Samenpaket" (= Spermatophore) des ♂. **Alter:** 15 – 25 Jahre, mitunter auch älter.

E Fleischfresser, überwiegend Schnecken, Regenwürmer, Spinnen und Insekten.

i **Im Nationalpark** bis auf 800 m ü. NN lokal häufig, bei Regenwetter mitunter gut zu beobachten. Anfassen wegen Drüsensekret vermeiden! Verbreitungsobergrenze entspricht weitgehend der Verbreitungsuntergrenze des Alpensalamanders *(Salamandra atra)*, weshalb man beide selten zusammen in einem Lebensraum antrifft.

Beobachtungstipp: Entlang des Rundwanderwegs auf St. Bartholomä im Mischwald häufig. Schwer zu beobachten, am ehesten an nicht zu heißen Tagen, vorzugsweise nach Regenfällen.

Alpensalamander *Alpine Salamander*
Salamandra atra
Familie Salamander (Salamandridae)

Beobachtungsmöglichkeit:

I	II	III	IV	V	VI	VII	VIII	IX	X	XI	XII

M L 10 – 15 cm, ♂♂ annähernd wie ♀♀, ansonsten gleiche Erscheinung. Von der Gestalt ähnlich wie Feuersalamander *(Salamandra salamandra),* jedoch kleiner und schlanker. Insgesamt dennoch plump wirkender Körper, einfarbig lackschwarz oder braunschwarz glänzend, unverwechselbar! Haut mit Drüsenporen und schwach giftigem Sekret. Ohrendrüsen halbmondförmig und hervortretend.

L Bevorzugt in lichten, feuchten oder von klaren Bächen durchzogenen Wäldern (keine Nadelwälder), im Latschengebüsch und in Zwergstrauchheiden, in Geröllfeldern, in der Spritzwasserzone von Gebirgsbächen und in steinigen Almwiesen.

V Nachtaktiv, tagsüber nur bei Regenwetter zu beobachten, ansonsten unter Steinen und Baumstümpfen. Feindabwehr mit giftigem Hautsekret. ♀♀ als Anpassung an alpinen Lebensraum nur alle 3 – 4 Jahre paarungsbereit. **Fortpflanzung** erfolgt unabhängig von Gewässern. Keine Larvenentwicklung, da in dem kühlen Lebensraum die Zeit für eine solche Entwicklung selten ausreichen würde. Lebendgebärend, 2 Junge (4 cm) pro Wurf, mit 2 – 3 Jahren (!) längste Tragzeit im Tierreich; Winterruhe 6 – 8 Monate. Geschlechtsreife nach ca. 3 Jahren. **Alter:** bis 30 Jahre.

E Fleischfresser, vor allem Käfer, Nacktschnecken, Würmer und andere Kleintiere. Wegen ihrer niedrigen Körpertemperatur ist der Stoffwechsel gering und die Tiere können lange ohne Nahrung auskommen.

i **Im Nationalpark** lokal häufig, bis auf 2.500 m ü. NN anzutreffen. Im Volksmund wird der Alpensalamander auch „Bergmandl" genannt.

Beobachtungstipp: Besonders während und unmittelbar nach Gewitterregen in geeigneten Lebensräumen (siehe oben) sehr leicht zu beobachten.

Eisenhuthummel ***Bumblebee***
Bombus gerstaeckeri
Unterfamilie Hummeln (Bombinae)

Beobachtungsmöglichkeit:

I	II	III	IV	V	VI	VII	VIII	IX	X	XI	XII

M L der Königin 20 – 26 mm, Arbeiterinnen (A) 15 – 17 mm, ♂ 16 – 18 mm. SP der Königin 32 – 36 mm, A 26 – 30 mm, ♂ 26 – 32 mm. Kopf und Rüssel sehr lang. Brust und erster Abschnitt des Hinterleibs gelblichgrau bis braunrötlich, mittlerer Abschnitt schwarz, hinterer Abschnitt weiß. Behaarung auffallend struppig.

L Mit Vorliebe an Berghängen und in Wäldern mit großen Beständen des Eisenhuts (Gattung Aconitum).

V Tagaktiv. Meist in unterirdischen Mäusenestern, auch in Felsspalten, wo Königin das Nest selbst baut, daher gleichzeitig Nestbezieher und -bauer. **Fortpflanzung:** 1 Generation pro Jahr, nur ♀♀ überwintern, fliegen ab V, junge ♀♀ und ♂♂ ab VIII. Volk aus 40 – 100 Tieren.

E Futterpflanze ist vorwiegend der Gelbe Eisenhut *(Aconitum lycoctonum)* sowie der Wolfs-Eisenhut *(Aconitum vulparia)*, später der Blaue Eisenhut *(A. napellus)*, der Rispige Eisenhut *(A. paniculatum)* und der Bunte Eisenhut *(A. variegatum)*, nur ausnahmsweise auch die Silberdistel *(Carlina arcaulis)*.

i **Im Nationalpark** bis an die Baumgrenze häufig, gut zu beobachten, vor allem in Schluchtwäldern mit großen Eisenhutvorkommen sowie in entsprechenden Bereichen der Latschenregion.

Beobachtungstipp: Entlang des Wanderwegs zur Schrainbachalm während der Blütezeit der verschiedenen Eisenhutarten häufig bei der Nektarsuche anzutreffen.

Deutsche Wespe ***German Wasp***

Vespula germanica

Familie Soziale Faltenwespen (Vespidae)

Beobachtungsmöglichkeit:

I	II	III	IV	V	VI	VII	VIII	IX	X	XI	XII

Ⓜ L der Königin 17 – 20 mm, ♀ (= Arbeiterin) 12 – 16 mm, ♂ (= Drohne) 13 – 17 mm; schwarz-gelb gefärbter Körper, sehr ähnlich der Gemeinen Wespe *(Vespula vulgaris)*, im Gegensatz zu dieser auf dem gelben Stirnschild drei schwarze Punkte. Augen nierenförmig, Flügel in Ruhe längsgefaltet. Fühler der ♂♂ länger, Zeichnung variabler als bei V. vulgaris.

Ⓛ Bevorzugt in lichten Waldlandschaften anzutreffen.

Ⓥ Tagaktiv. **Fortpflanzung:** Im Frühjahr wird durch ein befruchtetes Weibchen, der Königin, ein Nest gegründet. Nester vorwiegend unterirdisch in alten Mäusenestern oder oberirdisch an dunklen, gut getarnten Orten, z. B. in verborgenen Winkeln auf Dachböden. Zunächst beschäftigt sie sich selbst mit dem Bau der ersten Zellen und füttert die Larven, später übernehmen das die Arbeiterinnen. Das Nest wird meistens im Boden angelegt und besteht aus einer Papiermasse, die aus altem, trockenem Holz und Speichel gefertigt wird. Ein Nest hat 7 – 8 Waben von etwa 20 cm Durchmesser. Schließlich erreicht das Volk eine Stärke von bis zu 8.000 Wespen. Die Arbeiterinnen fliegen bis Mitte X und gehen dann zugrunde. Auch die alte Königin und die Männchen kommen um. Nur die jungen begatteten Weibchen überwintern, um im folgenden Jahr einen neuen Staat zu gründen.

Ⓔ Allesfresser, vor allem zuckerhaltige Stoffe (überreifes Obst), Mücken, Fliegen und Raupen.

ⓘ **Im Nationalpark** häufig in vielen verschiedenen Waldtypen anzutreffen, leicht zu beobachten, wenig aggressiv. Verwechslungsgefahr mit vielen ähnlichen Arten (allein in Europa gibt es 90 Faltenwespenarten)!

Beobachtungstipp: Auf dem Wanderweg zur Schrainbach Alm im Frühsommer und Sommer regelmäßig anzutreffen.

Großer Schillerfalter ***Purple Emperor***
Apatura iris
Familie Edelfalter (Nymphalidae)

Beobachtungsmöglichkeit:

I	II	III	IV	V	VI	VII	VIII	IX	X	XI	XII

Ⓜ Großer Falter, SP 55 – 70 mm. Grundfarbe dunkelbraun. ♂♂ mit kräftigem Blauschiller, nur die Hinterflügel mit Augenfleck. ♀♀ etwas größer und blasser (ohne Blauschiller), selten zu sehen, da meist hoch oben in den Baumkronen.

Ⓛ Liebt lichtes Gebüsch und halbschattige, feuchte Plätze mit Weidengebüsch im Saumbereich von Wäldern, Waldmäntel, auch Schneisen in Laubwäldern und Bachränder. In manchen Jahren verstreut, in anderen selten bis sehr selten.

Ⓥ Tagaktiv, Flug teils segelnd, teils sehr schnell schlagend. Fliegen gerne am frühen Vormittag über Waldwegen und saugen an feuchter Erde, Exkrementen und Aas. Gegen Mittag überwiegend in den Wipfelregionen. **Fortpflanzung:** Eiablage einzeln auf Unterseite von Weidenblättern. Schlupf nach 8 – 10 Tagen. Raupen anfangs braun, dann grün, nackt, ab 2. Stadium mit zwei Hörnern auf Kopfkapsel, erinnert an grüne Schnecke. Wachstum bis zum Laubfall gering, Überwinterung am Zweig. Verwandlung innerhalb von 2 – 3 Wochen im Mai unter einem Blatt von blattgrüner Puppe zu fertigem Falter.

Ⓔ Futterpflanzen der Raupen sind Pappeln (Populus spec.) und Weiden (Salix spec.), vor allem die Sal-Weide *(Salix caprea).*

ⓘ **Im Nationalpark** bis etwa 1.000 m ü. NN vereinzelt bis regelmäßig, in manchen Jahren häufiger!

Beobachtungstipp: Zum Beispiel im Bereich der Schrainbach Alm im Hochsommer regelmäßig anzutreffen.

Schwarzer Apollo ***Clouded Apollo***

Parnassius mnemosyne

Familie Ritterfalter (Papilionidae)

Beobachtungsmöglichkeit:

I	II	III	IV	V	VI	VII	VIII	IX	X	XI	XII

M Großer Falter, SP ca. 45 – 60 mm. Im Gegensatz zum Roten Apollofalter *(Parnassius apollo)* ohne rote Zeichnung. Flügel weiß mit schwarzen Adern. Vorderflügel mit durchsichtigem Rand und einzelnen schwarzen Flecken. ♂♂ in Gestalt und Färbung ähnlich wie ♀♀.

L Auf blütenreichen, meist feuchten Bergwiesen und in felsigen Waldgebieten (Schluchtwäldern). Ausschlaggebend ist die räumliche Nähe der unterschiedlichen Lebensräume von Faltern und Raupen.

V Tagaktiver Falter, sehr standorttreu und überwiegend auf sonnigen Bereichen anzutreffen, fliegt nur kurze Strecken. Die schwarz behaarte Raupe (bis 42 mm) dagegen ausschließlich an den Futterpflanzen an kühlschattigen Stellen. **Fortpflanzung:** Eiablage an Grashalmen oder dürren Pflanzenstängeln in der Nähe der Futterpflanze. Raupe verlässt Eihülle unmittelbar nach Schneeschmelze, sonnt sich gerne. Verpuppung in einem pergamentartigen, weißen Kokon am Boden. Puppe heller oder dunkler braun gefärbt, ohne weißliche Bereifung (wie bei Rotem Apollo). Eine Generation pro Jahr.

E Falter saugt vorwiegend am Mittleren Lerchensporn *(Corydalis intermedia)*, daneben auch anderen Lerchenspornarten.

i **Im Nationalpark** auf blütenreichen, etwas feuchten Wiesen, z. B. in Schluchtwäldern bis ca. 2.000 m ü. NN. Verwechslungsgefahr mit dem Baumweißling *(Aporia crataegi)*, dieser jedoch ohne schwarze Punkte! Falter erkennt die Futterpflanze der Raupen vermutlich am Geruch der Knolle, da sich die oberirdischen Teile der Pflanze zur Eiablage bereits zurückgezogen haben.

Beobachtungstipp: Zum Beispiel auf dem Wanderweg zwischen Seeau Alm und Gotzen Alm auf den blütenreichen Wiesenhängen im Juni regelmäßig zu beobachten.

Großer Perlmuttfalter
Dark Green Fritillary
Argynnis aglaja
Familie Edelfalter (Nymphalidae)

Beobachtungsmöglichkeit:

I	II	III	IV	V	VI	VII	VIII	IX	X	XI	XII

M Großer Falter, SP 50 – 55 mm. Grundfärbung orangegelb, oberseits mit familientypischer, dunkler Zeichnung und Fleckung. Hinterflügel unterseits ledergelb, weitgehend grün übergossen. Alle Flecken glänzen silbrig, beim ♀ ist die Grundfarbe der Oberseite fahler.

L Liebt offene Feuchtbiotope ebenso wie Halbtrockenrasen mit Kontakt zu Waldrändern, gerne auf Waldfreiflächen wie Lichtungen, Kahlschlägen und Schneisen.

V Tagaktiv. **Fortpflanzung:** Eiablage einzeln auf die Unterseite von Veilchenblättern. Raupen (Endlänge bis 38 mm) schwarz mit weißen Pünktchen, nachaktiv, überwintern in der Streuschicht. Verpuppung in einem Gespinst, dicht über dem Boden an Pflanzenstängeln hängend oder in einer kleinen Erdhöhle innerhalb der Streuschicht. Larvenentwicklung wahrscheinlich über 2 Jahre. Stürzpuppe, d.h. die metallisch glänzende Puppe hängt frei an der Futterpflanze oder anderen Unterlagen. Eine Generation pro Jahr.

E Raupe frisst überwiegend an Rauem Veilchen *(Viola hirta)*, Hundsveilchen *(Viola canina)* und weiteren Veilchenarten.

i **Im Nationalpark** regelmäßig bis an die Waldgrenze und im Krummholzgürtel zu beobachten. Verwechslungsgefahr mit ähnlichen Arten!

Beobachtungstipp: Auf blütenreichen, waldnahen Wiesen, z. B. entlang des Rundwanderweges auf St. Bartholomä im Hochsommer regelmäßig anzutreffen.

Bergwald-Laufkäfer ***Ground Beetle***
Carabus silvestris
Familie Laufkäfer (Carabidae)

Beobachtungsmöglichkeit:

I	II	III	IV	V	VI	VII	VIII	IX	X	XI	XII

M L 17 – 25 mm, mittelgroßer Laufkäfer. Körper relativ robust gebaut, Grundfärbung schwarz, Flügeldecken meist grünlich (viele Farbvarianten möglich), mit unregelmäßig verteilten Gruben und feinen Längsstreifen. ♂♂ in Gestalt und Färbung wie ♀♀.

L Wenig wählerisch, in allen Bergwaldtypen heimisch.

V Nachtaktiv, flugunfähig und räuberisch. Tagsüber unter Steinen und Laubstreu. Überwintert gesellig in morschen Nadelholzstümpfen.

E Käfer (= Imagines) ernähren sich vorwiegend von Nacktschnecken, Regenwürmern und Insektenlarven.

i **Im Nationalpark** in geeigneten Lebensräumen häufig. Mitunter auch tagsüber zu beobachten. Verwechslungsgefahr mit vielen ähnlichen Laufkäferarten gegeben!

Beobachtungstipp: Auf dem Rundwanderweg auf St. Bartholomä oder auf dem Weg zum Malerwinkel vom Frühjahr bis Herbst unter Steinen und Laubstreu regelmäßig zu entdecken.

Weinbergschnecke *Edible Snail*
Helix pomatia
Familie Schnirkelschnecken (Helicidae)

Beobachtungsmöglichkeit:

I	II	III	IV	V	VI	VII	VIII	IX	X	XI	XII

M Großes, kugelförmiges, starkwandiges und cremeweiß bis gelblichbraun gefärbtes Gehäuse (5 – 7 cm breit) mit großer Mündung und variablen braunen Bändern. Überwiegend rechtsdrehend. Körperlänge bis 10 cm.

L Bevorzugt feuchte, schattige Standorte in lichten Wäldern, Hecken und Gebüschen, an Böschungen, Wegrändern und in gebüschreichen Magerrasen auf überwiegend kalkhaltigen Böden.

V Meidet direkte Sonne, daher vor allem nachtaktiv. Bei warmen Regenwetter auch tagsüber gut zu beobachten. Zum Aufbau ihres Gehäuses benötigen Weinbergschnecken große Mengen Kalk. Erst im Alter von drei Jahren sind Weinbergschnecken ausgewachsen, bis dahin bauen sie an ihrem Haus. Kalkbedarf hierfür wird weitgehend über Nahrung gedeckt. **Fortpflanzung:** Weinbergschnecken sind Zwitter, d. h. Begattung mit jedem Partner der gleichen Art möglich. Mit dem „Fuß" gräbt die Weinbergschnecke ein Loch, in das die 30 – 60 Eier ablegt werden. Dafür braucht die Schnecke mitunter einen ganzen Tag. Eier sind knapp erbsengroß, weiß oder beige. Eier bleiben 2 Wochen in der gegrabenen Höhle, danach Schlupf der Jungschnecken mit einem bereits fertigen Häuschen; ernähren sich von kalkhaltiger Erde. Winterruhe von XI – IV. **Feinde:** Zahlreich, vor allem Igel, Drosseln und Spitzmäuse. **Alter:** bis 19 Jahre.

E Vielseitiger Pflanzenfresser.

i **Im Nationalpark** lokal häufig in geeigneten Lebensräumen bis 2.000 m ü. NN, dort leicht zu beobachten!

Beobachtungstipp: Auf dem Wanderweg entlang des Obersees von Frühling bis Herbst regelmäßig anzutreffen.

Gartenkreuzspinne ***Garden Spider***

Araneus diadematus

Familie Echte Radnetzspinnen (Araneidae)

Beobachtungsmöglichkeit:

I	II	III	IV	V	VI	VII	VIII	IX	X	XI	XII

M L der ♂♂ 8 mm, ♀♀ ca. 12 mm, deutlich größer. Massig wirkend, Färbung sehr variabel von Braun über Ockerfarben bis Rot. Hinterleib rundlich oval, mit charakteristischer weißer Kreuzzeichnung (namensgebend für ganze Spinnenfamilie).

L Breites Lebensraumspektrum vom Offenland bis zu geschlossenen Wäldern, gerne an schattigen Waldrändern, an Hecken und in Schluchtwäldern.

V Tagaktiv. Netze kreisförmig und recht groß, meist in einer Höhe von 1,5 bis 2,5 m über dem Boden. Spinne sitzt mit gespreizten Beinen kopfüber im Netz oder lauert im Schlupfwinkel, über Signalfaden mit Netz verbunden. Gift aus verschiedenen Eiweißstoffen, für Menschen grundsätzlich harmlos (Ausnahme: eventuelle Allergien etc.). Biss dennoch schmerzhaft, für Kinder oder Menschen mit zarter Haut etwa wie Wespenstich, da das Gift in tiefere Hautschichten vordringen kann. **Fortpflanzung:** Eiablage in Kokons, die vom ♀ bewacht werden. **Alter:** selten > 1 Jahr.

E Fleischfresser und Lauerjäger, erbeutet in ihrem Netz vor allem Insekten bis zur Größe von Heuschrecken.

i **Im Nationalpark** häufig in Feuchtgebieten und Schluchtwäldern, vor allem morgens und abends beim Ausbessern und Spinnen des Netzes gut zu beobachten, bis 2.000 m ü. NN.

Beobachtungstipp: Zum Beispiel entlang des Wanderwegs zur Schrainbach Alm im Sommer leicht zu beobachten.

4.5 Lebensraum „Bergfichtenwälder"

Im Bergwald gewinnen Fichte *(Picea abies)* und Lärche *(Larix decidua)* hinsichtlich ihres Anteils an der Baumartenzusammensetzung mit zunehmender Höhenlage mehr und mehr an Bedeutung. Ebenso verändert sich Struktur und Ausprägung der Krautschicht, die zusehends von Elementen des subalpinen Fichtenwaldes wie Hochstaudenfluren, Zwergstrauchgesellschaften und Rostseggenrasen bestimmt wird. Je nach Bodenbeschaffenheit dominieren kalkanzeigende Pflanzen wie Weiße Zahnwurz *(Cardamine enneaphyllos)*, Wald-Storchschnabel *(Geranium sylvaticum)* oder Wald-Ziest *(Stachys sylvatica)* den Unterwuchs. Weit verbreitet sind auch hochwüchsige Farne.

Auf sauren Böden haben sich besonders Wald-Hainsimse *(Luzula sylvatica)*, Heidelbeere *(Vaccinium myrtillus)*, Wald-Bärlapp *(Lycopodium annotinum)* und eine ganze Reihe

 Bergfichtenwälder unterhalb des Simmetsbergs

von Moosen durchgesetzt. Die traditionelle Bewirtschaftung der Wälder als sogenannte Waldweideflächen hat zur Ausprägung sehr artenreicher Vegetationsmuster geführt, erkennbar durch Arten wie Wiesen-Klee *(Trifolium pratense)*, Rauhem Löwenzahn *(Leontodon hispidus)*, Geflecktem Kammgras *(Hypericum maculatum)* oder Wiesen-Kammgras *(Cynosurus crsitatus)*. Die durch Menschenhand entstandenen, oft standortfremden Fichtenforste weisen dagegen eine verarmte Kraut- und Strauchschicht auf. Nur vereinzelt finden sich Heidelbeere, Sauerklee *(Oxalis acetosella)* und Wald-Habichtskraut *(Hieracium murorum)*, während der ausläuferbildende Wald-Bärlapp bisweilen gehäuft auftritt und den hohen Säuregehalt des Bodens anzeigt. Wenig verwunderlich ist es daher, dass sich in diesem Waldtyp – im Gegensatz zu den naturnahen Bergfichtenwäldern – eine weniger reichhaltig ausgeprägte Fauna etabliert hat.

Der wahre „König der Wälder" ist der Rothirsch *(Cervus elaphus)*, der im Nationalpark tagsüber allerdings eher selten zu beobachten ist. Die Brunft und das gespenstisch anmutende Röhren der mächtigen Männchen im herbstlichen Bergfichtenwald sind eindrucksvolle Schauspiele, die sich dem aufmerksamen und vorsichtigen Beobachter relativ problemlos erschließen. Hierzu bieten auch die Wildfütterungen im Spätherbst hervorragende Gelegenheiten. Die Bergfichtenwälder werden von einer Vielzahl weiterer Säugetierarten bewohnt, wobei nur wenige ausgesprochene Spezialisten für diesen Waldtyp sind. Dazu gehört auch das Eichhörnchen *(Sciurus vulgaris)*, das im Nationalpark nur als dunkelbraune Form anzutreffen ist und im Winter häufig bis in den Siedlungsbereich vordringt. Wesentlich unscheinbarer ist die Nordfledermaus *(Eptesicus nilssonii)*, die in der Dämmerung über Lichtungen nach Insekten jagend beobachtet werden kann. Die Vogelwelt dieses Waldtyps ist mit vielen auffälligen Arten vertreten, von denen einige ebenfalls überwiegend nachts auf Beutefang gehen, nämlich Waldkauz *(Strix aluco)*, Waldohreule *(Asio otus)* und Sperlingskauz *(Glaucidium passerinum)*. Letzteren kann man auch tagsüber beobachten – dann nämlich sitzt er gerne auf den Spitzen von Jungfichten und lässt seinen unverwechselbaren, pfeifenden Ruf erklingen, der bei Singvögeln stets für große Aufregung sorgt. Hoch in den Wipfeln der Fichten sucht der Fichtenkreuzschnabel *(Loxia curvirostra)* nach reifen Samen und besonders in den Dämmerungsstunden lässt die Singdrossel *(Turdus philomela)* von den obersten Baumspitzen ihr wunderschönes Lied vernehmen. Waldbaumläufer *(Certhia familiaris)*, Wintergoldhähnchen *(Regulus regulus)*, Gimpel *(Pyrrhula pyrrhula)* und Waldlaubsänger *(Phylloscopus sibilatrix)* halten sich dagegen überwiegend in den mittleren Baumregionen auf, wo ihnen mit Vorliebe der flinke Sperber *(Accipiter nisus)* nachstellt. Sehr heimlich lebt unser größtes Waldhuhn, das Auerhuhn *(Tetrao urogallus)*, das abwechslungsreiche Waldlandschaften bevorzugt und mit Vorliebe vom Vorhandensein von Heidelbeeren und Ameisen profitiert. Nur selten bekommt man diese großen Rauhfußhühner zu Gesicht, am ehesten wohl zufällig, wenn einer dieser Vögel unmittelbar vor den Füßen aus dem Dickicht auffliegt. Ringeltauben *(Columba palumbus)* verraten sich beim Auffliegen schon aus großer Entfernung durch lautes „Flügelklatschen", während die Waldschnepfe *(Scolopax rusticola)* nur mit etwas Glück und wohl lediglich während ihrer Balzflüge über dämmrige Lichtungen hinweg beobachtet werden kann. Erstaunlich zutraulich verhält sich dagegen der Dreizehenspecht *(Picoides tridactylus)*, ein ausgesprochener Nahrungsspezialist und in den Bergfichtenwäldern des Nationalparks dank großer Totholzanteile immer noch häufig. Seine Lieblingsbeute sind Bockkäfer (Familie *Cerambycidae*) und Borkenkäferlarven, die vor allem bei der Jungenaufzucht eine entscheidende Rolle spielen. Häufigster Borkenkäfer im Nationalpark ist der Buchdrucker *(Ips typographus)*, der unter für ihn günstigen Bedingungen zu einem gefürchteten Forstschädling werden kann. Seine Feinde sind jedoch zahlreich – neben einigen Spechtarten vor allem der Ameisenbuntkäfer *(Thanasimus formicarius)*, der sich oft zusammen mit den Borkenkäfern in den Duftfallen der Nationalparkverwaltung antreffen lässt. Ganz generell ist die Insektenfauna im Bergfichtenwald überaus arten- und formenreich vertreten. So findet man dort u.a. – leider immer seltener – den farbenprächtigen, großen Alpenbockkäfer *(Rosalia alpina)* sowie den bevorzugt auf blütenreichen Waldlichtungen gaukelnden Riesengebirgsspanner *(Psodos quadrifaria)*.

Wo findet man Bergfichtenwälder im Nationalpark?

Ausgedehnte naturnahe Bergfichtenwälder findet man z. B. entlang des Wanderweges Nr. 493 von der Gotzen Alm (1.685 m ü. NN) zur Regen Alm (1.540 m ü. NN).

Eichhörnchen *Red Squirrel*

Sciurus vulgaris

Familie Hörnchen (Sciuridae)

Beobachtungsmöglichkeit:

I	II	III	IV	V	VI	VII	VIII	IX	X	XI	XII

Ⓜ L 19,5 – 28 cm, Schwanz 14 – 24 cm, GW 230 – 480 g. Mittelgroßes Hörnchen mit langem, buschigem Schwanz. Ohren im Winter deutlich mit Haarpinseln, Körperfarbe im Gebirge fast immer schwarz oder braunschwarz. ♂♂ in Gestalt und Färbung wie ♀♀.

Ⓛ Ursprünglich reiner Nadelwaldbewohner, heute auch in vielen anderen Waldtypen, z. B. Laub- und Mischwäldern.

Ⓥ Fast nur tagaktiv, im Wald auch im Dämmerlicht zu beobachten. Bereits vor Morgendämmerung munter, im Winter mitunter nur am frühen Vormittag aktiv. Springt weit und gut, klettert flink, auch mit Kopf voran stammabwärts. Kein Winterschlaf. Kugelnest in Nadelholzkronen oder Astgabeln. Legt Vorräte an. **Stimme:** sehr lautreich, häufigster Laut ein „Tjuk-tjuk-tjuk", auch Kecker- und Quiektöne. **Fortpflanzung:** Paarung im Frühjahr und Frühsommer, daher 2 Würfe (je 5 Junge) pro Jahr. TZ ca. 28 Tage. Säuglingszeit 8 Wochen. Geschlechtsreife nach einen Jahr. Nur 20 % der Jungtiere überleben das erste Jahr. **Alter:** bis zu 12 Jahre.

Ⓔ Allesfresser, wenig wählerisch; hauptsächlich Haselnüsse, Bucheckern, Fichtenzapfen (bis zu 100 Stück pro Tag), Obst und frische Triebe, Kleintiere, Jungvögel, Vogeleier und Pilze.

ⓘ **Im Nationalpark** in Wäldern bis 1.500 m ü. NN sehr regelmäßig, stets als schwarze Farbvariante zu sehen.

Beobachtungstipp: Entlang aller Waldwanderwege, z. B. im Klausbachtal regelmäßig bei der Nahrungssuche zu beobachten.

Rothirsch *Red Deer*
Cervus elaphus
Familie Hirsche (Cervidae)

Beobachtungsmöglichkeit:

I	II	III	IV	V	VI	VII	VIII	IX	X	XI	XII

M L der ♂♂ 180 – 250 cm, Schwanz 12 – 15 cm, GW 160 – 220 kg. ♀♀ (= Kühe) 1/4 bis 1/3 leichter sowie kleiner und schlanker als ♂♂. Sommerkleid satt kastanienbraun, Winterkleid braungrau, nur Jugendkleid gefleckt. ♂♂ mit kräftig ausgebildetem, verzweigtem Stangengeweih, wird im Februar abgeworfen und bis Juli neu gebildet. Anzahl der Geweihenden vom Gesundheitszustand, der Ernährung sowie der Erbanlagen, nicht vom Alter abhängig. Zur Paarungszeit und im Winter mit Halsmähne, Schwanz gut ausgebildet.

L Ursprünglich Bewohner offener Landschaften (Steppenbewohner), bevorzugt im Gebirge Laub- und Mischwälder, auch im Nadelwald anzutreffen, sommers mitunter weit über der Waldgrenze.

V Überwiegend dämmerungs- und nachtaktiv. Seh- und Hörvermögen außerordentlich gut, Geruchssinn gut. Tagsüber meist ruhend im sog. „Einstand". Läuft und trabt sehr schnell, galoppiert manchmal, springt sehr gut und weit, schwimmt gut, suhlt gerne im Schlamm, mitunter im Sand. Lebt in Rudeln, außerhalb der Paarungszeit nach Geschlechtern getrennt. Führung durch erfahrenes, weibliches Alttier (= Leittier). Erwachsene ♂♂ stoßen erst zur Brunftzeit im X zu den Rudeln, vorher und nachher in kleinen Trupps, mitunter mit nicht trächtigen bzw. führenden Kühen. Alte ♂♂ einzelgängerisch, kämpfen um mehrere ♀♀, die sie in einem „Harem" zusammenhalten und „beschlagen" (= begatten). **Fortpflanzung:** TZ ca.

Hirschkälbchen

8 Monate. Wurfgröße 1 – selten 2 Kälber (= Jungtiere). Wenige Stunden nach der Geburt können die Kälber der Mutter bereits folgen. Sie ruhen jedoch häufig am Boden und bleiben mit der äsenden Mutter über ein „Duftband" verbunden. Das Muttertier hält sich stets auf der windabgewandten Seite vom abgesetzten Kitz auf, das Duftstoffe von der geöffneten Voraugendrüse aussendet. Wenn Gefahr droht, warnt die Hirschkuh. Daraufhin schließt das Kitz die Voraugendrüse, um keine Witterung für einen nahenden Feind abzugeben. Das „Duftband" zum Muttertier wird dann unterbrochen. Erst wenn die Gefahr vorüber ist, öffnet das Kitz wieder die Voraugendrüsen und sendet Duftstoffe, um den Kontakt zur Mutter wiederherzustellen. **Stimme:** Brunftschrei der ♂♂ vor allem lautes, dumpfes Röhren, außerhalb der Brunft schweigsam. **Alter:** 17 – 20 Jahre.

E Pflanzenfresser (Wiederkäuer), überwiegend Gräser, Kräuter, Blätter, Rinde (wird „geschält"), Flechten und Moose.

i **Im Nationalpark** sommers bis an und teilweise über der Baumgrenze anzutreffen. Wird ehrfurchtsvoll auch „König der Wälder" genannt!

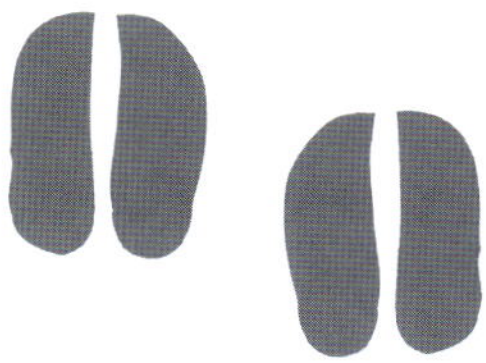

Tierspur Rothirsch links vorne u. rechts vorne

Beobachtungstipp: Im Wintergatter im Klausbachtal von November bis April leicht zu beobachten, ansonsten aufgrund der überwiegend nächtlichen Lebensweise nur schwer und eher zufällig anzutreffen.

Nordfledermaus ***Northern Bat***

Eptesicus nilssonii

Familie Glattnasen (Versperilionidae)

Beobachtungsmöglichkeit:

I	II	III	IV	V	VI	VII	VIII	IX	X	XI	XII

M Mittelgroße Fledermaus. L 54 – 63 cm, Schwanz 3,5 – 5 cm, GW 8 – 17,5 g, SP 24 – 28 cm. Ohren relativ kurz, Fell lang, oberseits goldglänzende Haarspitzen. Nacken dunkler, Kehlbereich gelbbraun, Bauch grau. Schnauze, Ohren und Flughäute schwarzbraun. ♂♂ in Gestalt und Größe wie ♀♀.

L Bevorzugt mittlere Gebirgslagen, vor allem aufgelockerte Busch- und Waldgebiete, vorwiegend Nadelwald, auch Buchenwälder.

V Dämmerungs- und vor allem nachtaktiver Flugjäger, überwiegend ortstreu. Jagt hauptsächlich im freien Luftraum, über Wasser, auch über Baumkronen, während Jagdpausen oft an Ästen hängend. Flug schnell und geschickt, mit raschen Wendungen. Sommerquartiere in Spalten, Wochenstuben häufig an oder in mit Blech gedeckten Häusern, hinter Schornsteinverkleidungen, Fensterläden, in Spalten im Dachstuhl. Einzeltiere auch in Baumhöhlen oder Holzstößen. Winterquartiere in Höhlen bis – 5,5 C°, kurzzeitig auch bis – 7 C°, frei an der Wand oder Decke hängend oder in Spalten eingezwängt. Meist einzeln, selten 2 – 3 Tiere zusammen überwinternd. Winterschlaf von X – III/IV. Pro Wochenstube ca. 20 – 30 ♀♀, dort ab IV anzutreffen, häufiger Quartierwechsel. **Fortpflanzung:** Geburten ab Ende VI, meist 2 Jungtiere. Ausflug der Jungen ab Ende VII, mit 5 – 6 Wochen selbständig. **Alter:** bis 15 Jahre, durchschnittlich deutlich < 10 Jahre.

E Insektenfresser (ausschließlich Fluginsekten), vorwiegend Zuckmücken, Fliegen, Schnaken, Schmetterlinge und kleine Käfer.

i **Im Nationalpark** vereinzelt, vor allem zwischen 1.000 m und 1.400 m ü. NN bis weit über die Baumgrenze, gerne an Waldrändern. Einzelnachweise und Sommerquartiere aus dem Bereich um den Königssee bekannt. **Beobachtungstipp:** Entlang des Wanderweges zum Malerwinkel während der Dämmerung im Sommer regelmäßig zu beobachten.

Sperber ***Eurasian Sparrowhawk***

Accipiter nisus

Familie Habichtartige (Accipitridae)

Beobachtungsmöglichkeit:

I	II	III	IV	V	VI	VII	VIII	IX	X	XI	XII

M ♀ mindestens turmfalkengroß, SP 75 – 80 cm. Rücken graubraun, unterseits weißlich und rotbraun quer gebändert (= Sperberung). ♂♂ kleiner als ♀♀, SP 60 – 65 cm, oberseits blaugrau, am Bauch wie ♀ gefärbt und gezeichnet. Auffälliger Schwanz mit vier Querstreifen. Flügel gerundet, eher kurz.

L Besonders in Lebensräumen mit ausreichendem Kleinvogelangebot. Neststandort in Baumbeständen, die genügend Deckung sowie ausreichenden Raum für An- und Abflug bieten, daher bevorzugt in Fichtendickichten. Jagdgebiet sind busch- und gehölzreiche Landschaften, im Winter auch siedlungsnah.

V Tagaktiver Stand- bis Strichvogel. Fliegt sehr wendig und schnell. Bei keinem anderen einheimischen Greifvogel sind die Abwehrreaktionen der Kleinvögel ähnlich intensiv. **Stimme:** wenig ruffreudig. Nest mit Vorliebe auf Bäumen, meist nahe am Stamm, bevorzugt Fichte. **Fortpflanzung:** Monogam. Gelegegröße 5 – 7 Eier. BD 35 Tage, NZ 25 – 30 Tage. Eine Brut pro Jahr.

E Fleischfresser und Überraschungsjäger, fast ausschließlich Kleinvögel, Mäuseanteil < 10 %.

i **Im Nationalpark** bis an die Baumgrenze anzutreffen, seltener als Habicht *(Accipiter gentilis)* zu beobachten, wird mitunter durch die Alarmrufe der Singvögel „enttarnt" und somit sichtbar.

Beobachtungstipp: Im Klausbachtal ganzjährig in allen lichten Waldbereichen mit etwas Glück über den Wipfeln kreisend zu entdecken.

Habicht *Northern Goshawk*

Accipiter gentilis

Familie Habichtartige (Accipitridae)

Beobachtungsmöglichkeit:

I	II	III	IV	V	VI	VII	VIII	IX	X	XI	XII

M ♀♀ etwa bussardgroß (L 60 cm), SP 115 – 120 cm. ♂♂ SP ca. 105 cm und L 50 cm, nur wenig größer als Sperber *(Accipiter nisus)*, Verwechslungen daher möglich. Im Unterschied zu diesem mit auffällig langem Schwanz und kurzen, breiten und +/- gerundeten Flügeln sowie kräftigeren und langsameren Flügelschlägen mit längeren Gleitphasen. Unterseite weiß, fein schwarz quer gebändert, Kopfplatte dunkel. ♂♂ mit graubrauner Oberseite, beim ♀♀ schiefergrau.

L Jagdgebiete in möglichst abwechslungsreichen Landschaften, Brutplätze dagegen in Hochwäldern mit alten Baumbeständen. Mit Vorliebe an der Waldrandzone mit deckungsreicher und vielgestaltiger Ausstattung.

V Tagaktiver Standvogel. Neststand in den Kronen hoher Waldbäume. Zur Brutzeit monogam, danach Einzelgänger. **Stimme:** Am Nest ruffreudig, sonst wenig zu hören. **Fortpflanzung:** Eiablage Anfang IV (Gelegegröße 2 – 5 Eier), BD 38 Tage. Im Alter von 40 Tagen stehen die Jungen als sogenannte „Ästlinge" im Nest, wenige Tage später sind sie voll flugfähig. Sie werden aber noch 3 – 4 Wochen von den Eltern mit Beute versorgt.

i Fleischfresser: jagt überwiegend Kleinvögel bis Hühnergröße, aber auch Kleinsäuger.

E **Im Nationalpark** ganzjährig im Grenzbereich von Wald und Offenland regelmäßig zu beobachten, anzutreffen bis zur Waldgrenze auf ca. 1.700 m ü. NN.

Beobachtungstipp: Vom Wanderweg durch das Klausbachtal aus mit etwas Glück ganzjährig über den Baumwipfeln kreisend zu beobachten.

Sperlingskauz *Eurasian Pygmy Owl*
Glaucidium passerinum
Familie Eulen (Strigidae)

Beobachtungsmöglichkeit:

I	II	III	IV	V	VI	VII	VIII	IX	X	XI	XII

M L 16 – 19 cm, SP 35 – 38 cm, etwa starengroß (kleinste europäische Eulenart). Auffällig ist der kleine, flache Kopf und das rötlichbraune bis matt schokoladenbraune Gefieder. Erwachsene Vögel mit kurzem, weißen Überaugenstreif und schmalem, weißen Bartstreif sowie dichten, weißen Tupfen auf Gesicht bzw. Oberkopf und gröberen Tupfen auf dem Rücken. Augen klein, Brust und Bauch rahmweiß mit schmalen, dunklen Flecken. Der über die Flügelenden hinausragende Schwanz mit 5 hellen Querbinden, wird gerne horizontal und vertikal ruckartig ausgeschlagen. ♂♂ ähnlich wie ♀♀.

L Liebt reich strukturierte Wälder mit hohem Nadelholzanteil. Neben Freiflächen auch dicht geschlossene, deckungsreiche Waldbereiche als Tageseinstände. Lichtes Altholz (Höhlenbäume), hohe Singwarten sowie Randbereiche dichterer Bestände als Jagdrevier wichtig.

V Dämmerungs- und tagaktiv! **Stimme:** Reviergesang des ♂ monotone Reihe von ca. 35 „üh" – Lauten, höher als beim ♀. **Fortpflanzung:** Nester besonders in Spechthöhlen. Eiablage (4 – 6 Eier) Anfang IV bis Anfang V. BD ca. 28 Tage. Jungeulen im Alter von 21 – 25 Tagen erstmals im Flugloch der Bruthöhle zu sehen. Spätestens nach 5 Wochen fliegen jungen Käuze aus, werden noch ca. 4 Wochen von den Altvögeln betreut.

E Fleischfresser, jagt in der Morgen- und Abenddämmerung – mitunter auch tagsüber – Kleinvögel und Kleinsäuger.

i **Im Nationalpark** ganzjährig oberhalb ca. 900 m ü. NN bis zur Baumgrenze anzutreffen, jedoch nur schwer zu beobachten. Warnrufe der Singvögel verraten oft seine Gegenwart. Unverwechselbar!

Beobachtungstipp: Im Umfeld der Berghütten auf Kühroint während der Dämmerung mit Glück ganzjährig zu sehen und zu hören.

Waldkauz ***Tawny Owl***

Stirx aluco

Familie Eulen (Strigidae)

Beobachtungsmöglichkeit:

I	II	III	IV	V	VI	VII	VIII	IX	X	XI	XII

M L 40 – 42 cm, SP etwa 95 cm, kleiner als Mäusebussard *(Buteo buteo)*, gedrungen. Gefieder meistens bräunlich bis grau. Auffälliger, hellgrauer Gesichtsschleier, weiße Tropfenflecken auf den Schultern und äußeren Armdeckfedern. Unterseite heller, auf Rücken und Bauch mit kräftiger dunkler Längsstreifung. Schnabel gelblich bis elfenbeinfarben. ♂♂ wie ♀♀ gefärbt, allerdings etwas kleiner.

L Bevorzugt reich strukturierte Landschaften mit ganzjährig gutem und leicht erreichbarem Nahrungsangebot (Sitzwarten wichtig!), z. B. lichte und lückige Altholzbestände in Laub- und Mischwäldern. In reinen Fichtenwäldern nur randlich anzutreffen.

V Standvogel, nachtaktiv und reviertreu. **Stimme:** Reichhaltiges Rufinventar. Reviergesang des ♂ klingt wie „huùu-hu-uuuuu", wird fliegend oder sitzend, vor allem von IX – XI und II / III vorgetragen. **Fortpflanzung:** Brut in Baumhöhlen in beliebiger Höhe sowie Nistkästen. Eiablage (3 – 5 Eier) im III, BD 28 Tage. Nach ca. vier Wochen verlassen die Jungen erstmals das Nest („Ästlinge"). Nach sieben Wochen flügge.

E Fleischfresser, vor allem Kleinsäuger, aber auch Insekten und Amphibien.

i **Im Nationalpark** während der Balzzeit in geeigneten Lebensräumen bis ca. 1.500 m ü. NN, vor allem jedoch unter 1.000 m ü. NN häufig und gut zu hören.

Beobachtungstipp: Vom Wanderweg durch das Klausbachtal aus während der Dämmerungsstunden im Frühjahr regelmäßig zu hören, selten zu sehen.

Waldohreule *Long-eared Owl*
Asio otus
Familie Eulen (Strigidae)

Beobachtungsmöglichkeit:

I	II	III	IV	V	VI	VII	VIII	IX	X	XI	XII

M L ca. 36 cm, schlank und bräunlich, SP 90 – 100 cm. Lange Federohren, während der Brutmauser fehlend oder vollständig niedergelegt. Schlanker als Waldkauz *(Strix aluco)*. Unterseite hell mit dunklen Schaftstrichen. ♀♀ am Bauch intensiver gefärbt, oberseits deutlicher dunkel gestrichelt, ansonsten wie ♂♂. Wichtigstes Feldkennzeichen sind die langen Federohren bei wesentlich kleinerer Körpergröße als Uhu.

L Jagt im Nationalpark überwiegend in offenem Gelände, dabei auf deckungsarme Flächen mit niedriger Vegetation angewiesen. Brut in kleinen Feldgehölzen, Baumgruppen, Windschutzstreifen, Einzelbäumen und vor allem an Waldrändern, kaum im Inneren geschlossener Bestände.

V Dämmerungs- und nachtaktiver Stand- oder Strichvogel. **Stimme:** Außerhalb der Balz wenig ruffreudig. Reviergesang des ♂ weich und leise, weithin hörbar, monoton gereiht. Klingt wie „huh", im Sitzen und im Flug vorgetragen. Der Nestruf des ♀ ist leise, bis etwa 60 m hörbar, klingt wie „üüüa" o. ä.. Im Winter finden sich an nahrungsreichen Plätzen Schlafgemeinschaften von bis zu 60 Tieren zusammen. **Fortpflanzung:** Nestbau besonders in alten Nestern anderer Vögel und Eichhörnchen-Kobeln. Je nach Witterung Eiablage Mitte III bis Mitte IV. BD ca. 28 Tage, Jungeulen verlassen nach ca. 3 Wochen noch flugunfähig das Nest. Mit fünf Wochen flugfähig, werden aber noch weitere fünf Wochen von Eltern versorgt. Danach erst selbständig.

E Fleischfresser, überwiegend Kleinvögel bzw. -säuger.

i **Im Nationalpark** vor allem im Frühjahr bis ca. 1.500 m ü. NN nachts regelmäßig zu hören, selten zu sehen.

Beobachtungstipp: Vom Wanderweg durch das Klausbachtal aus während der Dämmerungsstunden im Frühjahr nur mit Glück zu hören und ebenso selten zu sehen.

Auerhahn ♂

Auerhuhn *Capercaillie*

Tetrao urogallus

Familie Rauhfußhühner (Tetraonidae)

Beobachtungsmöglichkeit:

I	II	III	IV	V	VI	VII	VIII	IX	X	XI	XII

M L des ♂ ca. 86 cm, größer als Gans, ♀ mit 62 cm größer als Birkhahn *(Tetrao tetrix)*. Relativ langer, abgerundeter Schwanz, keine hellen Flügelbinden wie Birkhuhn (wichtiges Kennzeichen beim Abflug). Zehen stark befiedert (Rauhfußhuhn). ♂ dunkelgrau bis schwarz, Flügel braun, weißer Schnabel, schwarzer Kehlbart, Brust mit blaugrün schillerndem Schild, unverwechselbare Erscheinung. Rote, nackte Hautstelle über den Augen (= „Rose") schwillt zur Balzzeit beim ♂ leuchtend rot an. ♀♀ unscheinbarer, rot- bis graubraun, Hals und Brust rostgelb. Querbänderung oben schwarz, unten schwarzweiß.

L Hohe Lebensraumansprüche. Bevorzugt naturnahe und ruhige Nadel- und Mischwälder mit vielseitigem Requisitenangebot, zum Beispiel Bodenaufschlüsse zur Aufnahme von Magensteinchen, Möglichkeit für Staubbäder, kleinere Wasserstellen, Ameisenvorkommen, geschlossene Krautschicht als Deckung (~ 30 bis 40 cm hoch). Vorkommen der Heidelbeere *(Vaccinium myrtillus)* als Sommernahrung wichtig. Im Winter besonders in +/- dichten Nadelholzbeständen, mittelalte Laub- und Nadelbäume mit starken Ästen dienen als Schlaf- und Balzbäume. Geeignete Bodenbalzplätze, Nestdeckung usw. sind ebenfalls wichtig.

V Geburtsortstreu mit winterlichen Streifgebieten bis 30 km. Etwa die Hälfte des Jahres

Auerhenne ♀

verbringen die Auerhühner in kleineren Gruppen, während der Balzzeit dagegen strikt territorial. **Stimme:** Balzgesang des ♂ sehr charakteristisch, wird durch einige doppelsilbige Laute („Knappen") eingeleitet, die dichter gereiht einsilbig („Triller") schließlich durch einen plötzlichen Laut („Hauptschlag", wie Knall eines Sektkorkens) abgeschlossen werden. Die letzte Phase bildet ein rhythmisch kratzendes Schleifgeräusch. **Fortpflanzung:** ♂♂ begatten viele ♀♀ (= Promiskuität). Gut verstecktes Bodennest oft am Fuß von Bäumen, unter Reisighaufen oder in Holzstapeln. Gelegegröße 5 – 15 Eier. BD 24 – 26 Tage, danach verlassen die Küken sofort das Nest (= Nestflüchter).

E Überwiegend Pflanzenfresser, im Winter und Frühjahr vor allem Nadeln von Weißtanne *(Abies alba)* und Fichte *(Picea abies)*. Sommer und Herbst hauptsächlich Triebe, Beeren, Blatt- und Blütenknospen sowie tierische Kost. Küken fressen anfangs nahezu ausnahmslos Ameisen.

i **Im Nationalpark** an geeigneten Balzplätzen noch regelmäßig zu hören, vor allem zwischen 1.200 und 1.700 m ü. NN, allerdings nur schwer zu beobachten. Die häufigsten Beobachtungen gehen auf junge Hähne zurück, die während der Balzzeit Skitourengeher „anbalzen" oder attackieren und bis in Siedlungen vordringen.

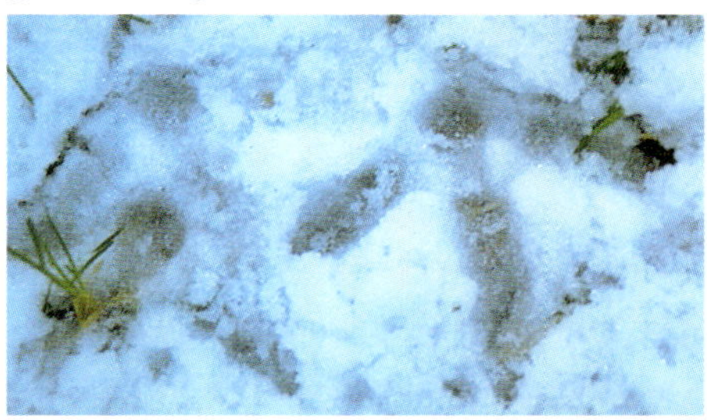

Typisches Trittsiegel im Schnee

Männchen ♂

Weibchen ♀

Dreihzehenspecht

Three-toed Woodpecker

Picoides tridactylus

Familie Spechte (Picidae)

Beobachtungsmöglichkeit:

I	II	III	IV	V	VI	VII	VIII	IX	X	XI	XII

M L 22 cm, SP 32 – 35 cm. Überwiegend schwarzweiß gefärbt, ohne Rot am Körper und mit nur drei Zehen an jedem Fuß (= namensgebend!). Flügel einfarbig dunkel, ohne weiße Schultern. Rückenmitte mit breitem, weißen Längsband, entweder reinweiß oder + /- grob schwarz quer gebändert oder längsgestrichelt. Zwei breite, V-förmige Streifen stoßen am Nacken zusammen. Schwarzweißes Streifenmuster an den Kopfseiten, Körperseiten kräftig schwarz quer gebändert. Wirkt im Flug dunkel. Gut sichtbare, dottergelbe Kopfplatte beim ♂, beim ♀ zumeist schmutzig weiß.

L Eng an das Vorkommen der Fichte *(Picea abies)* gebunden, daher bevorzugt in naturnahen, reich mit Baumleichen (Totholz) und Fallholz bestandenen Fichten- oder Nadelmischwäldern. Mitunter in Wirtschaftswäldern des subalpinen Fichtenwaldes – allerdings nur dann, wenn ausreichend Totholz vorhanden ist. Profitiert von Windwurfereignissen, da er seinen Nachwuchs überwiegend mit Totholzkäfern füttert.

Typische „Ringelspuren" des Weißrückenspechts

V Tagaktiver Standvogel, wenig scheu. **Stimme:** Kaum ruffreudig. Einzelruf weich, etwas tiefer und gedämpfter als beim Buntspecht *(Dendrocopus major)*, klingt wie „güg", „güpp" oder „kjük"; das „Schelten" besteht aus einer langen Reihe solcher Laute. Bruthöhlen häufig in kernfaulen Stämmen, oft in Fichten oder Zirben *(Pinus cembra)*, nicht selten nur ca. 1 m über dem Boden. **Fortpflanzung:** Eiablage (3 – 4 Eier) ab V, BD 12 Tage, NZ ca. 24 Tage. Jungspechte werden noch etwa zwei Monate von Eltern begleitet. Eine Brut pro Jahr.

E Fleischfresser, bevorzugt Insekten und Larven – im Sommer überwiegend Larven von Bockkäfern (Familie *Cerambycidae*), im Winter vor allem Borkenkäfer (Familie *Scolitidae*).

i **Im Nationalpark** in allen geeigneten Lebensräumen bis 1.900 m ü. NN noch regelmäßig vorkommend. Während der Vegetationsperiode schlägt der Dreizehenspecht (wie Buntspecht) Löcher in die Rinde lebender Bäume und trinkt den austretenden Saft. Daher kommt auch der Ausdruck „Schluckspecht". Dieses ringförmige Löcherschlagen um einen Ast oder Stamm nennt man „Ringeln".

Beobachtungstipp: Im Klausbachtal entlang des Wanderweges zur Halsalm mitunter bei der Nahrungssuche gut zu beobachten, da wenig scheu.

Waldschnepfe ***Eurasian Woodcock***
Scolopax rusticola
Familie Schnepfenvögel (Scolopacidae)

Beobachtungsmöglichkeit:

I	II	III	IV	V	VI	VII	VIII	IX	X	XI	XII

M L 34 cm, etwa so groß wie Alpenschneehuhn *(Lagopus mutus)*. Körper gedrungen mit langem, geradem Schnabel. Tarnfarbenes braunes, schwarz-weiß gemustertes Gefieder, am Boden schwer zu erkennen. Stirn hellbraun, Oberkopf und Nacken mit 3 – 4 breiten, schwarzen Querstreifen. Bauch hell graubräunlich mit dunkler Querbänderung. Auffallend ist das große, relativ weit vom Schnabel entfernte Auge. Kurzer Schwanz und breite Flügel, fliegt stumm im Zick-Zack-Flug. ♀♀ in Gestalt und Färbung wie ♂♂.

L Typischer Waldvogel, meidet allerdings dichte Bestände wegen der dort eingeschränkten Flugmöglichkeiten. Liebt gut ausgebildete Kraut- und Strauchschicht, brütet in reich gegliederten, vorzugsweise ausgedehnten Hochwäldern, möglichst in Laub- und Laubmischwäldern, aber auch in reinen Nadelwäldern. Randzonen und Lichtungen für singfliegende ♂♂ wichtig.

V Dämmerungsaktiver Kurzstreckenzieher. **Stimme:** Balzgesang besteht aus dem sogenannten „Quorren" (oft 4 x wiederholt) und dem sich anschließenden, sehr hohen „Puitzen", das im Flug vorgetragen wird. **Fortpflanzung:** Baut gut getarntes Bodennest, meist am Rand geschlossener Baumbestände. Gelege zumeist mit 4 Eiern. BD 22 Tage, danach verlassen die Jungvögel sofort das Nest (= Nestflüchter). Zwei Jahresbruten.

E Überwiegend Fleischfresser, vor allem Insekten und Regenwürmer.

i **Im Nationalpark** während der Dämmerung zur Balzzeit in geeigneten Lebensräumen mit etwas Geduld noch regelmäßig beim Zick-Zack-Flug zu beobachten. Vor allem zwischen 1.200 und 1.400 m ü. NN regelmäßig. **Beobachtungstipp:** Entlang des Wanderweges zur Mittereis Alm noch regelmäßig und mit etwas Glück während der Balzflüge im Frühjahr zu beobachten.

Waldlaubsänger *Wood Warbler*
Phylloscopus sibilatrix
Familie Grasmücken (Sylviidae)

Beobachtungsmöglichkeit:

I	II	III	IV	V	VI	VII	VIII	IX	X	XI	XII

Ⓜ L 12,5 cm, größter Laubsänger im Nationalpark. Ausgewachsene Vögel oberseits lebhaft grün mit gelblichem Schimmer, im Herbst matter. Breiter, lebhaft gelber Überaugenstreif, brauner Zügel-Augenstreif, deutlicher als beim Berglaubsänger *(Phylloscopus bonelli)*. Ohrdecken grünlichgelb, Wangen, Kinn, Kehle und teilweise Vorderbrust schwefelgelb, übrige Unterseite reinweiß. ♂♂ in Gestalt und Färbung wie ♀♀.

Ⓛ Baumbewohner, brütet mit Vorliebe im Inneren von nicht zu dichten, zur Brutzeit schattigen und mit relativ wenig Krautvegetation ausgestatteten Wäldern, in höheren Lagen oft + / - ausschließlich in mit Rotbuchen *(Fagus sylvatica)* bestandenen Wäldern. Bevorzugt auch gemischte Baumgruppen bzw. einzelne in Nadelbestände eingesprengte Laubbäume. Geschlossenes Kronendach, tief sitzende und nicht oder wenig belaubte Zweige bzw. Äste als Singwarten wichtig. Nahrungserwerb im Kronenbereich, Singflüge unterhalb der Kronen.

Ⓥ Tagaktiver Langsteckenzieher. Von verpaarten ♂♂ gibt es ab Mitte V bis Mitte VI keine Singflüge mehr zu sehen, nur noch einzelne „Schwirrer". **Stimme:** Nach Mitte VII nur noch ausnahmsweise der typische schwirrende Gesang zu hören. **Fortpflanzung:** Kugeliges Bodennest. Eiablage (6 – 7 Eier) ab Anfang V, BD 13 Tage, NZ 12 Tage.

Ⓔ Fleischfresser, überwiegend Spinnen sowie Insekten und deren Larven.

ⓘ **Im Nationalpark** bis 1.400 m ü. NN regelmäßig, vor allem in Wäldern mit hohem Rotbuchenanteil, darüber vereinzelt bis 1.600 m ü. NN, besser zu beobachten als Berglaubsänger und ebenso leicht akustisch zu bestimmen.

Beobachtungstipp: Entlang des Wanderweges zur Halsalm regelmäßig zu hören, nur mit etwas Glück zu beobachten.

Waldbaumläufer *Eurasian Treecreeper*
Certhia famililaris
Familie Baumläufer (Certhiidae)

Beobachtungsmöglichkeit:

I	II	III	IV	V	VI	VII	VIII	IX	X	XI	XII

M L 12,5 cm, gleich groß wie Gartenbaumläufer *(Certhia brachydactyla)*, Überaugenstreif jedoch deutlicher. Langer, dünner, nach unten gebogener Schnabel und relativ langer, gestufter Schwanz, versteifte Steuerfedern am Ende zugespitzt. Unterseite reinweiß, Oberseite rindenfarbig mit bräunlichen Mustern. ♂♂ in Gestalt und Größe wie ♀♀.

L Brütet bevorzugt in großen, geschlossenen Waldgebieten mit Altholzbeständen, in Nadel-, Laub- und Mischwäldern, ebenso in monotonen Fichtenforsten und montanen bzw. subalpinen Wäldern unterschiedlicher Baumartenzusammensetzung. Zehen länger als beim Gartenbaumläufer, daher insgesamt breiteres Spektrum von Oberflächenstrukturen der Baumstämme.

V Tagaktiver Standvogel. Klettert wie Gartenbaumläufer sehr geschickt hüpfend und oft spiralig am Baum hoch. **Stimme:** Gesang langanhaltender und leiser als beim Gartenbaumläufer mit einem längeren, abfallenden Triller und Endschnörkel, klingt etwa wie „zizi zisisrri zrrisrirr". **Fortpflanzung:** Nester hinter abstehenden Rindenstücken oder in Baumspalten. Eiablage (5 – 7 Eier) ab Mitte IV, BD 15 Tage, NZ 15 Tage. Zwei Jahresbruten. **Alter:** bis 7 Jahre.

E Fleischfresser, vorwiegend Insekten und Spinnen, die an und unter der Baumrinde aufgesammelt werden.

i **Im Nationalpark** in vielen Waldtypen bis 1.600 m ü. NN regelmäßig und mitunter gut zu beobachten. Verwechslungsgefahr mit Gartenbaumläufer, der allerdings über 1.000 m ü. NN nicht mehr vorkommt.

Beobachtungstipp: Entlang des Wanderwegs auf die Halsalm vor allem im Frühjahr und Sommer regelmäßig zu hören, mit etwas Glück auch gut zu beobachten.

Wintergoldhähnchen *Goldcrest*

Regulus regulus

Familie Goldhähnchen (Regulidae)

M L 9 cm, mit Sommergoldhähnchen *(Regulus ignicapillus)* kleinster europäischer Vogel, gedrungen bis kugelig wirkend. Ausgewachsene Vögel oberseits olivgrün, Scheitelmitte gelb und besonders in der Mitte und am Hinterkopf auch orangefarben, von zwei schwarzen Längsstreifen begrenzt. An den Kopfseiten hell. Flügelmitte mit schwarzem Feld, Unterseite weißlich grün bis rahmfarben. ♂♂ annähernd wie ♀♀, nur Scheitelstreif grün- bis zitronengelb und somit ohne orangefarbenem Anteil.

L Brut besonders gerne in Nadelwäldern, vor allem in Fichtenbeständen und dort besonders in nicht allzu dicht stehenden, buschigen Altfichten mit gut ausgebildeten Kammästen und / oder Flechtenbewuchs. Nahrungssuche auch in Lärchen und Kiefern, selten in Laubbäumen. Außerhalb der Brutzeit in ähnlichen Habitaten.

V Tagaktiver und unauffälliger Kurzstreckenzieher. **Stimme:** Reviergesang mit mehreren sehr hohen „zisi"-Lauten eingeleitet, dann folgen rhythmisch wiederholte, auf- und absteigende Lautgruppen (= Eselsbrücke für die Bestimmung im Feld: Wintergoldhähnchen singt wellenförmig). **Fortpflanzung:** Hängenest, Eiablage (8 – 11 Eier) ab Anfang Mai, BD 14 – 17 Tage, NZ 18 – 21 Tage.

E Insektenfresser, Nahrungsaufnahme turnend im Kronenbereich.

i **Im Nationalpark** in geeigneten Lebensräumen bis 1.700 m ü. NN häufig, akustisch eindeutig zu bestimmen, aufgrund der versteckten Lebensweise jedoch schwer zu beobachten.

Beobachtungsmöglichkeit:

I	II	III	IV	V	VI	VII	VIII	IX	X	XI	XII

Beobachtungstipp: Entlang des Wanderweges zur Halsalm vor allem während der Brutzeit relativ leicht zu beobachten, noch häufiger zu hören.

Fichtenkreuzschnabel *Crossbill*
Loxia curvirostra
Familie Finken (Fringillidae)

Beobachtungsmöglichkeit:

I	II	III	IV	V	VI	VII	VIII	IX	X	XI	XII

M L 17 cm, auffällig massige Gestalt, dicker Kopf und kräftiger Schnabel. Ober- und Unterschnabel überkreuzt. Schwanz wirkt kurz, tief eingekerbt. Ausgefärbte ♂♂ am Oberkopf überwiegend leuchtend karminrot, übrige Oberseite ebenfalls rot, mit Brauntönen durchsetzt. Unterseite heller rot als Rücken, Bauchmitte grauweiß, Flanken oft undeutlich dunkelbraun gestrichelt. Ausgefärbte ♀♀ oberseits bis einschließlich zum Vorderrücke graugrün, Oberkopf oft mehr gelbgrün, mit einer undeutlichen, dunkelbraunen Streifung.

L Typischer Brutvogel in Nadelwäldern bis zur oberen Baumgrenze, ebenso in Aufforstungen und Mischwäldern, bevorzugt jedoch in Fichtenwäldern, auch in Kiefern- und Lärchenbeständen mit eingestreuten Fichten.

V Tagaktiv, bei Nahrungsmangel Strichvogel, ansonsten Standvogel. Sehr gesellig, außerhalb der Brutzeit mitunter Gruppen von bis zu 100 Vögeln. Klettert „papageienartig" an zapfentragenden Nadelzweigen. **Stimme:** Typisch metallische Flugrufe, klingen wie „gip-gip-gip", weithin hörbar. Gesang nasal wirkend, meist von einer hohen Warte, aber auch im verlangsamten, oft „schmetterlingshaften" Singflug mit eingestreuten Gleitphasen oder im normalen Streckenflug vorgetragen. In Trupps mitunter Gruppengesang. **Fortpflanzung:** Nest hoch in Nadelbäumen. Eiablage (3 – 4 Eier) in Abhängigkeit vom Nahrungsangebot zu jeder Jahreszeit möglich, vor allem in den letzten Wintermonaten. BD 12 – 16 Tage, NZ ca. 14 Tage. Ein oder zwei Jahresbruten.

E Pflanzenfresser, überwiegend Samen von Fichten, aber auch anderer Nadelbäume.

i **Im Nationalpark** bis 1.700 m ü. NN regelmäßig, vor allem nach der Brutzeit (Schwarmbildung) gut zu beobachten. Unverwechselbar!
Beobachtungstipp: Vor allem im Spätsommer sind Schwärme dieser Vogelart zwischen Gotzen Alm und Regen Alm häufig zu beobachten.

Ringeltaube *Common Woodpigeon*
Columba palumbus
Familie Tauben (Columbidae)

Beobachtungsmöglichkeit:

I	II	III	IV	V	VI	VII	VIII	IX	X	XI	XII

M L ca. 41 cm, SP 75 – 80 cm; größer als andere heimische Tauben. Bunt gefärbt. Rücken blaugrau, Unterseite z. T. heller, Kropf und Brust weinrötlich. Ausgewachsene Vögel mit weißem Fleck auf den Halsseiten, oberhalb durch einen grün metallisch schillernden, darunter durch einen glänzend purpurroten Halbring begrenzt. Im Flug weithin sichtbare, weiße Flügelfelder und lautstarker Aufflug (klatschende Laute). Jungvögel dunkler, keine weißen Halsflecke. ♂♂ in Gestalt und Größe wie ♀♀.

L Wenig anspruchsvoll. Nist- und Ruheplätze im Gebirge vor allem in Gehölzen. Nahrungserwerb auf Flächen mit niedriger oder lückenhafter Vegetation, meistens Baumgruppen in der Nähe offener Landschaften, z. B. kleinere Wälder, Feldgehölze, mitunter auch Einzelbäume. Im Wald besonders in Randpartien oder Beständen an Blößen und Lichtungen.

V Tagaktiver Teilzieher. Auffälliger Balzflug mit schnellen Flügelschlägen und steiler „Steigphase" sowie längerer Gleitphase. **Stimme:** Revierruf klingt dumpf, rhythmisch und beginnt 4-silbig „rùhgu, gugu", danach 5-silbige Strophen, etwa wie „rugùhgu, gugu". **Fortpflanzung:** Gelege in Bäumen und Sträuchern (2 Eier), BD 16 – 17 Tage, NZ ca. 4 Wochen. Mit 35 Tagen voll flugfähig. Zwei Jahresbruten.

E Allesfresser, überwiegend Sämereien, Beeren, aber auch Weichtiere wie Schnecken und Würmer.

i **Im Nationalpark** in den Tälern und bis ca. 1.500 m ü. NN häufig und gut zu beobachten.

Beobachtungstipp: Vom Wanderweg durch das Klausbachtal aus von Frühjahr bis Sommer leicht bei den Balzflügen über den Baumwipfeln zu beobachten.

Singdrossel ***Song Trush***

Turdus philomelos

Familie Drosseln (Turdidae)

Beobachtungsmöglichkeit:

I	II	III	IV	V	VI	VII	VIII	IX	X	XI	XII

M L 23 cm, kleiner und zierlicher als Amsel *(Turdus merula).* Oberkopf (zimt)braun, übrige Oberseite olivbraun bis gräulichbraun. Kinn und Kehle hell rahmfarben bis weiß, Hals und Brust intensiver rahmfarben, Bauch überwiegend weißlich. Auffällig dunkle Unterseitenfleckung. Gefiederfärbung allgemein sehr variabel. ♂♂ in Gestalt und Färbung wie ♀♀.

L Besiedelt Vielzahl von Waldtypen. Brut im Gebirge vor allem in geschlossenen Fichten- und Tannenwäldern mit vorzugsweise dichtem Unterholz, auch in unterholzarmen Nadelbeständen. Nahrungssuche am Boden innerhalb dichter Bestände.

V Tag- und dämmerungsaktiver Langstreckenzieher, Flug geradlinig. **Stimme:** Gesang bis 50 Minuten andauernd, geradliniger Flug. Durchdringendes Zetern wie „tschi-tschi ...". Melodiöser Reviergesang aus klaren, meist mehrsilbigen und 4 – 5-mal wiederholten Motiven, zum Beispiel „dit", „driü", „didüwit", „zidü" usw., dazwischen Roller und Triller. Mitunter hervorragende Imitationen anderer Vogelarten. **Fortpflanzung:** Nest zumeist in 1 – 3 m Höhe, in deckenden Fichten oder im Laubgebüsch. Eiablage (4 – 5 Eier) ab Ende IV; BD 11 – 14 Tage, NZ 12 – 16 Tage. Zwei Jahresbruten.

E Allesfresser, vorwiegend Gehäuseschnekken, Würmer, Insekten und Beeren.

i **Im Nationalpark** bis 1.700 m ü. NN häufig und gut zu beobachten, darüber bis 1.800 m ü. NN sporadisch, nach der Brutzeit im Sommer z. T. noch höher. Verwechslungsgefahr besteht mit der größeren Misteldrossel *(Turdus viscivorus).* Eine der ersten und besten Sänger der Morgendämmerung, mitunter noch während der Dunkelheit zu hören.

Beobachtungstipp: Vom Wanderweg durch das Klausbachtal aus vor allem während der Dämmerungsstunden zur Balzzeit leicht zu hören, gut zu beobachten.

Gimpel ***Bullfinch***

Pyrrhula pyrrhula

Familie Finken (Fringillidae)

Beobachtungsmöglichkeit:

I	II	III	IV	V	VI	VII	VIII	IX	X	XI	XII

M L 15 cm, deutlich größer und massiger als Haussperling *(Passer domesticus).* Dicker Kopf und dicker, kurzer und rundlich wirkender Schnabel, wobei Oberschnabelspitze den Unterschnabel ein wenig überragt. Auffällig sind weißer Bürzel, schwarz-metallisch glänzende Schwungfedern mit hellem Flügelband, schwarze Kopfplatte bzw. Gesichtsmaske, darunter bis zum weißlichen Hinterbauch rosarot gefärbtes Gefieder. ♀♀ oberseits olivgrün, Unterseite und Bürzel gelblich.

L Brut in Nadel- und Mischwäldern, bevorzugt in dichten Busch- und Jungholzbeständen (vor allem Fichte), meist am Rand größerer, geschlossener Waldkomplexe, auch in aufgeforsteten Lichtungen und aufgelockerten Gehölzen mit ausgeprägter Strauchschicht.

V Tagaktiver Stand- und Strichvogel, bei schlechten Witterungsbedingungen Strichbewegungen. Zur Brutzeit sehr versteckt, im Winterhalbjahr häufig in kleinen Trupps. **Stimme:** Markanter, relativ weit hörbarer Lockruf, klingt wie „diü ... diü ...". Gesang leise, bestehend aus locker gereihten Pfeifelementen. **Fortpflanzung:** Nest in jungen Nadelbäumen oder Hecken. Eiablage (3 – 4 Eier) ab Ende IV, BD 13 Tage, NZ 16 Tage. Zwei Jahresbruten. **Alter:** bis 17 Jahre.

E Überwiegend Pflanzenfresser, im späten Winter und Frühjahr häufig Knospen, zur Brutzeit auch Insekten.

i **Im Nationalpark** bis 1.700 m ü. NN regelmäßig, vor allem im Winter gut zu beobachten bzw. zu hören. Unverwechselbar! Weicht vor Schneefällen im Gebirge oft in Talnähe aus. Wegen seiner schwarzen Kappe und dem roten „Umhang" wird der Gimpel im Volksmund auch „Dompfaff" genannt.

Beobachtungstipp: Vor allem bei Wintereinbrüchen an Berghütten und im Winter selbst im Siedlungsbereich leicht zu beobachten.

Typisches Fraßbild im Fichtenholz

Buchdrucker *Spruce Bark Beetle*
Ips typographus
Familie Borkenkäfer (Scolytidae)

Beobachtungsmöglichkeit:

I	II	III	IV	V	VI	VII	VIII	IX	X	XI	XII

M L 2 – 5 mm. Kleiner Käfer, dicht und fein behaart, walzenförmige Gestalt, deutlich größer als Kupferstecher *(Pityogenes chalcographus)*. Halsschild mächtig und gewölbt, verdeckt von oben fast den Kopf. Schwarz gefärbt, punktiert und gehöckert. Flügeldecken längs gerillt, hell bräunlich, am Hinterende schräg abgeflacht und an der Abflachung jeweils mit 4 Zähnen. Diese Mulde wird als Schaufel benützt, wenn der Käfer im Holz bohrt. Fühler kurz und kolbenförmig, Beine gelbbraun. ♂♂ in Gestalt und Färbung wie ♀♀.

L Gerne an kränkelnden und abgestorbenen Fichten *(Picea abies)*, oft in Wind- und Schneebrüchen, seltener in Bergkieferwäldern.

V Tagaktiv. **Fortpflanzung:** ♂ legt unter der Rinde eine Kammer (=„Rammelkammer") an, in die meist 1 – 3 ♀♀ zufliegen, dort befruchtet werden und dann nach oben und nach unten je einen bis zu 15 cm langen Muttergang bohren, wo sie seitlich die 30 – 60 Eier ablegen. Bohrmehl wird durch jeweils 2 – 4 „Luftlöcher" nach außen befördert. Larven bohren Seitengänge in die sogenannte „Bastschicht" des Baumes und erzeugen so das typische Fraßbild. Endpunkt des Fraßgangs wird zur Puppenwiege. Im Nationalpark aufgrund der feucht-kalten Witterung meist nur zwei Generationen, in trocken-heißen Jahren auch drei Generationen (in diesem Fall kommt es zur explosionsartigen Vermehrung des Buchdruckers und man spricht von einer „Borkenkäferkalamität").

E Pflanzenfresser, mit Vorliebe ungeharzter Fichtenbast.

i **Im Nationalpark** in Bergfichtenwäldern regelmäßig, in Fichten-Reinbeständen bis zur Waldgrenze je nach Witterungslage häufig, dort auch gefürchteter Waldschädling.

Beobachtungstipp: ♂♂ können im Frühjahr bis Herbst in den Auffanggefäßen von Lockstofffallen leicht beobachtet werden! **Bitte nicht aus den Fallen entnehmen!**

Ameisenbuntkäfer ***Ant Beetle***

Thanasimus formicarius

Familie Buntkäfer (Cleridae)

Beobachtungsmöglichkeit:

I	II	III	IV	V	VI	VII	VIII	IX	X	XI	XII

M L 7 – 10 mm, kleiner Buntkäfer. Ameisenähnliche Gestalt. Schwarz bis rotbraun gefärbt, Körper zylindrisch. Flügeldecken mit 2 weißfilzigen Querbinden. ♂♂ in Gestalt und Färbung wie ♀♀.

L Bevorzugt Nadelwälder vom Flachland bis ins Gebirge.

V Tagaktiv und räuberisch. **Fortpflanzung:** Eiablage (20 – 30 Eier) III – V unter die Rindenschuppen von Nadelbäumen. Larven rosa gefärbt, stark beborstet. Verpuppung nach ca. 6 Wochen. Überwinterung bevorzugt als Puppe unter der Rinde, allerdings auch im Larven- oder Käferstadium möglich.

E Larven und Käfer ernähren sich überwiegend von verschiedenen Entwicklungsstadien der Borkenkäfer (Familie *Scolytidae*), z. B. von dem im Nationalpark häufigen Buchdrukker *(Ips typographus)*. Ein Käfer frisst am Tag bis zu drei Borkenkäfer.

i **Im Nationalpark** häufig und mitunter gut zu beobachten. Oft in den Duftfallen für Borkenkäfer zu finden.

Beobachtungstipp: Können im Frühjahr bis Herbst in den Auffanggefäßen der Lockstofffallen im Klausbachtal leicht beobachtet werden! **Bitte nicht aus den Fallen entnehmen!**

Riesengebirgsspanner
Psodos quadrifaria
Familie Spanner (Geometridae)

M Kleiner Nachtfalter, SP 50 – 90 mm. Grundfärbung schwarz mit orangegelber Flügelbinde und schwarzen Flügelrändern. ♂♂ in Gestalt und Färbung wie ♀♀.
L Vor allem im Bereich der Baumgrenze, gerne in lichten Wäldern.
V Tagaktiv. Raupe bräunlich.
E Raupennahrung sehr vielseitig (= polyphag), vor allem an niederen Kräutern.

Beobachtungsmöglichkeit:

I	II	III	IV	V	VI	VII	VIII	IX	X	XI	XII

i **Im Nationalpark** als reine Hochgebirgsart bis zur Baumgrenze anzutreffen, vereinzelt bis regelmäßig zu beobachten. Unverwechselbar!

Beobachtungstipp: Im Sommer auf den blumenreichen Waldwiesen zwischen Gotzen Alm und Regen Alm regelmäßig zu entdekken.

4.6 Lebensraum „Bergkiefernwälder"

Bei Bergkiefern handelt es sich möglicherweise um Zwischenformen der niederliegenden Latsche *(Pinus mugo)* und der aufrecht stehenden Bergspirke *(Pinus uncinata)* – selbst Experten sind sich bezüglich der systematischen Einordnung dieser Baumform noch nicht endgültig einig. In jedem Fall sind es überaus anspruchslose Bäume, die nicht nur Hitze und Trockenheit gut ertragen können, sondern auch mehrmaliges Einschütten mit Lockergestein aushalten und damit auf solchem Untergrund einen deutlichen Standortvorteil gegenüber anderen Baumarten besitzen. Dies ist der Grund für das Vorkommen baumförmig wachsender Bergkiefern im hinteren Teil des Wimbachgrieses oberhalb 1.000 m ü. NN. Als Lebensraum für eine Vielzahl typischer Tierarten des Nationalparks nimmt dieser Waldtyp sicherlich eine Sonderposition ein. Nirgendwo sonst außer im Wimbachtal findet man im Nationalpark vergleichbare Vegetationsformen und damit auch die entsprechend charakteristischen Pflanzen- und Tiergesellschaften. Je nach Bodenbildung und Befestigungsgrad des Untergrunds findet man sehr verschiedene Sukzessionsstadien von offenen Schutt- und Spalierstrauchgesellschaften über mosaikartige Pionierrasen bis hin zu

Bergkiefernwald im Wimbachtal

geschlossenen Strauch- und Waldgesellschaften. Typisch sind großflächige Polster von Buntem Reitgras *(Calamagrostis caerulea)* und Blauem Pfeifengras *(Molinia caerulea)*.

Der Abwechslungsreichtum der Vegetation sowie die zahlreichen kleinräumigen Geländeunterschiede innerhalb der Bergkiefernwälder im Wimbachgries bedingen eine ebenso hohe Artenvielfalt an tierischen Lebewesen. Oft sind es nur die verräterischen Spuren im Schnee, die von seiner Anwesenheit zeugen, aber der Alpenschneehase *(Lepus timidus)* bewohnt diesen Lebensraum flächendekkend und löst hier den Feldhasen *(Lepus europaeus)* in seiner Höhenverbreitung ab. Zwischen den Bergkiefern findet er optimale Lebensbedingungen, da das Waldmosaik sowohl genügend Freiflächen für die Äsung als auch ausreichend Deckung gegen Fressfeinde und während der häufigen Schlechtwettereinbrüche bietet. Tannenmeise *(Parus ater)* und Haubenmeise *(Parus cristatus)* besiedeln diese Wälder ganzjährig, während der Berglaubsänger *(Phylloscopus bonelli)* nur in den Sommermonaten seine charakteristischen Gesangsstrophen aus den Kieferndickichten erklingen lässt. Überhaupt ist der Bergkiefernwald während der warmen Jahreszeit erfüllt von vielerlei Geräuschen, vor allem jedoch vom Summen und Zirpen unzähliger Insekten, welche von der Wasserdurchlässigkeit des Bodens und der Stauwärme zwischen den Gebüschgruppen enorm profitieren. Die Transportstraßen mehrerer Ameisenarten verlaufen zwischen den jeweiligen Bauten und diversen Nahrungsquellen, wobei die Rossameise *(Camponotus ligniperda)* aufgrund ihrer außerordentlichen Größe wohl die auffälligste dieser sozialen Insekten ist. Zwischen den langen Nadeln der Bergkiefern haben zahlreiche größere Spinnen ihre Netze gespannt, während viele kleinere Arten am Boden auf Beutefang gehen. Zu ihnen gehört eine schwarz glänzende Springspinne *(Heliophanus tribulosus)*, die mit erstaunlich schnellen Spring- und Laufbewegungen noch kleineren Lebewesen nachstellt. Ebenso räuberisch, jedoch mit einer völlig anderen Jagdstrategie, verhält sich die Gelbe Mordfliege *(Laphria flava)*, welche Insekten vor allem aus dem Flug fängt und zwischen ihren borstigen Beinen festhält. Die Gemeine Skorpionsfliege *(Panorpa communis)* ernährt sich von dem, was andere übrig lassen oder eines natürlichen Todes gestorben ist. Ihr Hinterleib erinnert stark an den eines Skorpions, der „Stachel" dient jedoch lediglich als Fortpflanzungsorgan und wird daher nicht zum „stechen" verwendet. An den Stämmen der Bergkiefern trifft man die farbenprächtig schillernde Schneckenhaus-Goldwespe *(Chrysis trimaculata)* auf der Suche nach Blütenpollen und geeigneten Stellen für die Eiablage. In manchen Jahren ist die überwiegend nachtaktive Gammaeule *(Autographa gamma)* in den Bergkiefernwäldern häufig, je nachdem wie viele dieser Wanderfalter den Weg zurück über die Alpen finden. Der Alpen-Perlmuttfalter *(Boloria thore)* gehört dagegen jedes Jahr zum vertrauten Erscheinungsbild dieses Lebensraumes. Die mit langen Fühlern ausgestatteten und träge fliegenden Rothalsbock *(Carymbia rubra)* und Gefleckter Langhornbock *(Monochamus galloprovincialis)* sind ebenso auffällige wie häufige Vertreter der Bockkäfer (Familie *Cerambycidae)* und relativ oft am Boden oder morschen Stämmen zu beobachten. Die außergewöhnlich große aber für uns Menschen ebenso harmlose Riesenholzwespe *(Urocerus gigas)* ist eine besonders eindrucksvolle Erscheinung dieses Waldtyps. Den großen Insektenreichtum machen sich verschiedene Reptilienarten zu Nutze, die vor allem an warmen Tagen gut zu beobachten sind. Zu Ihnen gehören Mauereidechse *(Podarcis muralis)*, Zaun- *(Lacerta agilis)* und Bergeidechse *(Zootoca vivipara)* sowie die Kreuzotter *(Vipera berus)*, die als typische Vertreter weiterer Lebensräume an anderer Stelle dieses Buches näher vorgestellt werden.

Wo findet man Bergkiefernwälder im Nationalpark?

Charakteristische Bergkiefernwälder findet man entlang des Wanderweges Nr. 421 zwischen Wimbachschloss (937 m ü. NN) und Wimbachgrieshütte (1.326 m ü. NN).

Lichter Bergkiefernwald im „hinteren" Wimbachtal

Schneehase im Winterfell

Alpenschneehase *Mountain Hare*

Lepus timidus varronis

Familie Hasen (Leporidae)

Beobachtungsmöglichkeit:

I	II	III	IV	V	VI	VII	VIII	IX	X	XI	XII

M L 52 – 65 cm, Schwanz 5 – 6 cm, GW 1,9 – 3,5 kg. ♂♂ etwas größer als ♀♀, ansonsten sehr ähnlich. Ohren relativ kurz, mit ganzjährig (!) breitem, schwarzem Ende. Hinterfuß viel länger als Schwanz. Schwanzoberseite nicht schwarz wie beim Feldhasen *(Lepus europaeus)*. Fell im Winter weiß, im Sommer bräunlich.

L Lebensraumwahl variabel, bevorzugt oberhalb der Baumgrenze, auch auf Grashängen, in der Krummholzzone, auf Almen, im Alpenrosengebüsch. Im Winter unterhalb der Baumgrenze, besonders im Wald (Laub- und Nadelwald).

V Dämmerungs- und nachtaktiv. Fortbewegung springend. Früher am Abend und morgens länger aktiv als Feldhase, weniger scheu, schlägt bei Flucht weniger Haken sondern läuft größere Bögen, etwas langsamer. Überwiegend Einzelgänger, mitunter in anonymen Gruppen (zur Steigerung der Sicherheit vor Fressfeinden). Schwimmt gut und freiwillig. Verringerung der relativen Körperoberfläche (kurze Ohren!) bewirkt, dass weniger Wärme verloren geht. Stark behaarte Pfoten verhindern Einsinken in weichen Schnee. Lager (= Sasse) meist in Felsen oder zwischen großen Steinen, scharrt zuweilen kurze Erdhöhle mit

Typische Trittsiegel im Schnee

Schneehase im Sommerfell

2 Eingängen. **Stimme:** Bei Störung zischende und fauchende Laute. **Fortpflanzung:** Kein „Nestbau". TZ 50 Tage. Voll entwickelte Junghasen nehmen schon nach 9 Tagen pflanzliche Nahrung zu sich (Nestflüchter). Milch der Häsin mit ca. 23 % Fettgehalt sehr nahrhaft. Meist 2 Würfe pro Jahr (durchschnittlich 2 – 5 Junge pro Wurf). **Alter:** bis 10 Jahre.

E Pflanzenfresser, sehr vielseitig, da Nahrungsangebot oft sehr karg, so z. B. Gräser und Kräuter, auch Heidekraut und Beeren, junge Triebe von Hölzern sowie Rinde und Zweige von Laubbäumen. In Abhängigkeit des Nahrungsangebots starke Bestandsschwankungen möglich.

i **Im Nationalpark** noch häufig oberhalb 1.200 m ü. NN bis über die Baumgrenze anzutreffen, jedoch aufgrund der überwiegend nächtlichen Lebensweise schwer zu beobachten. Beim Alpenschneehasen handelt es sich um ein „Relikt" einer in der Eiszeit über ganz Europa verbreiteten Population. Erst nach der letzten Eiszeit wurden Schneehasen vom Feldhasen nach Norden und in die Alpen zurückgedrängt.

Beobachtungstipp: In den Bergkiefernwäldern entlang des Wanderwegs zwischen Wimbachschloss und Wimbachgrieshütte häufig, ganzjährig nur mit etwas Glück während der Dämmerungsstunden zu beobachten. Aufgrund der schwarzen Ohrspitze nicht mit dem Feldhasen zu verwechseln (welcher auch nur in den Tallagen vorkommt)!

Berglaubsänger ***Bonelli's Warbler***
Phylloscopus bonelli
Familie Grasmücken (Sylviidae)

Beobachtungsmöglichkeit:

I	II	III	IV	V	VI	VII	VIII	IX	X	XI	XII

M L 11,5 cm, etwa so groß wie Fitis *(Phylloscopus trochilus)*. Ausgewachsene Vögel oberseits hell braungrau, Hinterrücken, Bürzel und Oberschwanzdecken grünlich olivgelb, nach außen hin fast gelbgrün und unterseits seidenweiß. Auffälliger gelblich-weißer Überaugenstreif, nicht so deutlich wie beim Waldlaubsänger *(Phylloscopus sibilatrix)*. Großes dunkles Auge, das aus dem Gesicht heraussticht. ♂♂ in Gestalt und Färbung sehr ähnlich wie ♀♀.

L Brütet mit Vorliebe in vorwiegend trockenen, lichten bis lückigen Nadel-, Misch- und Laubwäldern mit schwacher bis unvollständig geschlossener Strauch- bzw. deckender Kraut- und besonders Grasschicht. Bevorzugt sonnenexponierte Hänge von der unteren bis mittleren Stufe der Alpen, gerne im Waldrandbereich.

V Tagaktiver Langstreckenzieher, unauffällige Lebensweise. **Stimme:** Schwirrender Gesang mit charakteristischem, aufsteigendem und z. T. kratzendem „Schwirrer", oft deutlich beschleunigt. **Fortpflanzung:** Nest in Bodennähe. Eiablage (4 – 6 Eier) im V, BD 13 – 14 Tage, NZ 10 – 12 Tage. Ein bis zwei Jahresbruten.

E Fleischfresser, überwiegend Insekten und Spinnen.

i **Im Nationalpark** regelmäßig, vor allem in sonnenexponierten Bergkiefernwäldern bis 1.700 m ü. NN, selten gut zu beobachten, jedoch akustisch leicht zu bestimmen.

Beobachtungstipp: In den Bergkiefernwäldern entlang des Wanderwegs zwischen Wimbachschloss und Wimbachgrieshütte im Hochsommer häufig zu hören, nur mit etwas Glück zu beobachten.

Haubenmeise *Crested Tit*
Parus cristatus
Familie Meisen (Paridae)

Beobachtungsmöglichkeit:

I	II	III	IV	V	VI	VII	VIII	IX	X	XI	XII

M L 11,5 cm, etwa so groß wie Haussperling *(Passer domesticus)*, GW 10 – 13 g. Scheitelfedern zu spitzem Schopf aufgestellt. Oberkopf braunschwarz mit breiten weißen Säumen, Oberseite bräunlich, unterseits weißlich. Schwarzbrauner, kurz vor dem Auge beginnender Augenstrich und schwarzer Kehllatz. ♂♂ in Gestalt und Färbung wie ♀♀.

L Vor allem in Nadelholzbeständen. Altholz und Totholz für Nistplätze wichtig. Fichtenwälder werden bevorzugt, auch Lärchen (Gattung Larix) und Kiefern (Gattung Pinus) werden gerne genutzt. Bei ausreichendem Anteil von Nadelhölzern auch in Mischwäldern.

V Tagaktiver Standvogel. Sehr standorttreu, Reviere werden ganzjährig verteidigt. Hat durch die Aufforstung der Nadelwälder stark profitiert. Wenig gesellig, nur im Winter in kleinen Trupps, dann auch mit anderen Meisen vergesellschaftet. Selten an Futterstellen. **Stimme:** Gesang eine Aneinanderreihung zweier Elemente, die wie „zizi gürr" in 4 – 6 maliger Wiederholung klingen. **Fortpflanzung:** Dauerehe. Nest meist in enger Baumhöhle. Eiablage (5 – 9 Eier) ab Ende III, Anfang IV. BD 14 Tage, NZ 20 – 22 Tage. **Alter:** bis 9 Jahre.

E Allesfresser. Sucht im Kronenbereich der Nadelbäume nach kleinen Insekten und Spinnen sowie im Herbst und Winter Sämereien. Größere Insekten oder Samen werden mit den Füßen festgehalten und mit dem Schnabel bearbeitet („Hämmern").

i **Im Nationalpark** in geeigneten Lebensräumen bis 1.900 m ü. NN häufig. Unverwechselbar (Kopfhaube!).

Beobachtungstipp: In den Bergkiefernwäldern entlang des Wanderwegs vom Wimbachschloss zur Wimbachgrieshütte ganzjährig leicht zu beobachten.

Tannenmeise ***Coal Tit***

Parus ater

Familie Meisen (Paridae)

Beobachtungsmöglichkeit:

I	II	III	IV	V	VI	VII	VIII	IX	X	XI	XII

M L 11 cm, kleinste mitteleuropäische Meise, noch etwas kleiner als Blaumeise *(Parus caeruleus)*. Relativ kurzer Schwanz. Stirn, Oberkopf, Seiten des Nackens und großer Kehllatz glänzend schwarz, Kehle matter, während Zügel, Wangen und Nackenfleck weiß getönt. ♂♂ in Gestalt und Färbung wie ♀♀.

L Brut überwiegend in Nadelwäldern, in Kieferwäldern seltener, bei ausreichendem Höhlenangebot auch in Laub- und Mischwäldern, in reinen Laubbeständen nur ausnahmsweise. In höher gelegenen Zirbenwäldern nur mit geringer Dichte anzutreffen. Nahrungssuche auf Altfichten, besonders außerhalb der Brutzeit auch an Laubbäumen.

V Tagaktiver Standvogel. **Stimme:** Gesang aus 2 – 4 miteinander abwechselnden Elementen, klingen wie „zewize-zweweze ...", vorgetragen von Singwarte aus oder während Nahrungssuche, selten im Flug. Durchsucht Rinde und Blätter nach Nahrung. **Fortpflanzung:** Höhlenbrüter, vor allem bodennah sowie in Erdlöchern. Eiablage (6 – 10 Eier) ab Anfang IV, BD 16 – 18 Tage, NZ 18 – 20 Tage. Eine Jahresbrut.

E Allesfresser, überwiegend Insekten und Sämereien.

i **Im Nationalpark** in geeigneten Lebensräumen bis 1.400 m ü. NN häufig, darüber bis 1.700 m ü. NN sporadisch, allgemein gut zu beobachten. Geringe Verwechslungsgefahr mit Kohlmeise!

Beobachtungstipp: In den Bergkiefernwäldern entlang des Wanderwegs zwischen Wimbachschloss und Wimbachgrieshütte nahezu ganzjährig häufig zu hören und zu beobachten.

Gefleckter Langhornbock (Bäckerbock)
Black Pine Sawyer Beetle
Monochamus galloprovincialis
Familie Bockkäfer (Cerambycidae)

Beobachtungsmöglichkeit:

I	II	III	IV	V	VI	VII	VIII	IX	X	XI	XII

M L 12 – 25 mm, mittelgroßer Bockkäfer mit dunkelbraunen, fleckig bis bindenartig gelb und weiß behaarten Flügeldecken. Fühler rotbraun bis schwarz (♂) oder hell geringelt (♀), beim ♂ etwa 3-fache Körperlänge, beim ♀ länger als 1-fache Körperlänge. Fühler ansonsten wie auch der restliche Körper bei ♂♂ und ♀♀ gleich. Schildchen mit U-förmiger Zeichnung, vorn in der Mitte mit unbehaartem Fleck.

L Mit Vorliebe in Bergkiefernwäldern anzutreffen.

V Tagaktiv. **Fortpflanzung:** Larvenentwicklung in Nadelbäumen, vor allem Bergkiefern *(Pinus mugo)*, an denen sie Schäden anrichten können.

E Käfer fressen an der Rinde junger Triebe und Zweige.

i **Im Nationalpark** regelmäßig in Bergkiefernwäldern bis 1.800 m ü. NN zu beobachten. Unverwechselbar!

Beobachtungstipp: In den Bergkiefernwäldern entlang des Wanderwegs zwischen Wimbachschloss und Wimbachgrieshütte im Hochsommer häufig zu beobachten.

Rothalsbock ***Red Longhorn Beetle***

Leptura rubra

Familie Bockkäfer (Cerambycidae)

Beobachtungsmöglichkeit:

I	II	III	IV	V	VI	VII	VIII	IX	X	XI	XII

M L 10 – 19 mm, mittelgroßer Bockkäfer, einfarbig rot oder braun. ♂♂ mit schwarzem Halsschild, schlanker und kleiner als ♀♀, mit braungelben, selten schwarzen Flügeldecken. ♀♀ größer, gedrungener und Flügeldecken sowie Halsschild einfarbig orangerot, selten okkergelb.

L In reinen Bergkiefernwäldern oder Nadelmischwäldern mit Kiefern und blütenreichen Wiesen.

V Tagaktiv und auf Doldenblütlern sehr häufig. Larve in Stubben, alten Stämmen und Wurzeln von Nadelbäumen. **Fortpflanzung:** Eiablage in alte Baumstümpfe oder altes Rundholz von Nadelbäumen, insbesondere von Fichten *(Picea abies)* und Kiefern *(Pinus spec.)*. Larve lebt im Holz und nagt Gänge aus. Verpuppung am Holzrand. Schlupf des Käfers durch eine runde Öffnung ins Freie. Larvenentwicklung über zwei Jahre.

E Käfer fressen vor allem Blütenteile, die Larve das Holz abgestorbener Nadelbäume.

i **Im Nationalpark** auf Blütenwiesen bis 1.400 m ü. NN häufig, gut zu beobachten.

Beobachtungstipp: In den Bergkiefernwäldern entlang des Wanderwegs zwischen Wimbachschloss und Wimbachgrieshütte vor allem im Spätsommer regelmäßig anzutreffen.

Gemeine Skorpionsfliege *Scorpion Fly*

Panorpa communis

Familie Skorpionsfliegen (Panorpidae)

Beobachtungsmöglichkeit:

I	II	III	IV	V	VI	VII	VIII	IX	X	XI	XII

M L bis ca. 30 mm, SP 25 – 35 mm. Kopf schwarz, mit bräunlichem, schnabelartigem Fortsatz versehen. Körper gelb und schwarz. Flügel lang und schmal mit großen schwarzbraunen Flecken. ♂ am Ende des nach oben gekrümmten Hinterleibes mit zangenartigem Begattungsorgan, sieht aus wie Skorpionsstachel (= namensgebend!), bei ♀♀ zur Legeröhre umgebildet.

L In vielerlei Lebensräumen heimisch, gerne in lichten Wäldern wie z. B. Bergkiefernwäldern oder im Krummholzgebüsch.

V Tagaktiv, meist auf Futtersuche. Meidet heiße Temperaturen, daher vor allem zwischen V – VI zu finden. 2. Generation im VIII, fällt nur sehr gering aus. **Fortpflanzung:** Paarung in den frühen Abendstunden, meist mit mehreren Partnern. Eiablage (50 – 60 Eier) nach ca. 4 Tagen an schattigen und feuchten Stellen im Boden in kleine Ritzen und Spalten. Schlupf der schmetterlingsraupenähnlichen Larven nach ca. 20 Tagen, fressen vornehmlich tote Insekten, meist unter der Erdoberfläche. Vor eigentlicher Verpuppung sog. „Vorpuppenstadium", welches 8 Monate (Wintergeneration) bzw. 2 Wochen (Sommergeneration) andauert. Puppenstadium ca. 2 Wochen. Nach Schlupf in ca. 3 Stunden ausgefärbt und getrocknet.

E Allesfresser, z. B. Pflanzenteile, vor allem tote Insekten, die selbst erbeutet oder von anderen Insekten erkämpft werden, nicht selten werden auch Spinnennetze beraubt. Nahrung wird zunächst durch Verdauungssekret verflüssigt, dann aufgesaugt.

i **Im Nationalpark** häufig in lichten Wäldern bis zur Baumgrenze, leicht zu beobachten.

Beobachtungstipp: In den Bergkiefernwäldern entlang des Wanderwegs zwischen Wimbachschloss und Wimbachgrieshütte im Früh- und Spätsommer regelmäßig anzutreffen.

Gammaeule *Silver Y*

Autographa gamma

Familie Eulen (Noctuidae)

Beobachtungsmöglichkeit:

I	II	III	IV	V	VI	VII	VIII	IX	X	XI	XII

M Kleiner Nachtfalter, SP 35 – 40 mm. Vorderflügel hell graubraun bis dunkelgrau mit schwarzer Zeichnung, mitunter leicht rötlicher Anflug. In der Mitte des Vorderflügels mit auffälligem, silbrigem Metallfleck in Form eines „y" (= namensgebend). Hinterflügel gelbbraun mit breitem, dunklem Außensaum. ♂♂ in Gestalt und Färbung wie ♀♀.

L Variable Lebensraumwahl, vorwiegend in offenem Gelände, auf Kulturflächen, Ruderalflächen und in der Krummholzzone.

V Überwiegend nacht-, mitunter auch tagaktiv. Häufigster Wanderfalter in Mitteleuropa, zieht jährlich von Süd nach Nord und zurück, zahlenmäßiges Vorkommen von Jahr zu Jahr sehr unterschiedlich. Überwinterung im Raupenstadium, Raupengeneration wird durch zuwandernde Individuen ergänzt. Jährlich 2 – 3 Faltergenerationen. Meist mit leicht geöffneten, schwirrenden Flügeln zu beobachten, was ihnen schnellere Flucht ermöglicht.

Fortpflanzung: Eiablage einzeln an Blattunterseite. Raupen (Endlänge bis 35 mm) variabel gefärbt, nur zwei Bauchfußpaare. Kopf beidseitig mit schwarzem Streifen. Verpuppung in weißlichem Gespinst zwischen Blättern.

E Raupe vor allem im VIII / IX an vielen verschiedenen krautigen Pflanzen, u.a. an Luzerne *(Medicago sativa)*, Großer Brennnessel *(Urtica dioica)*, Wiesensalbei *(Salvia pratensis)* und Löwenzahn *(Taraxacum officinale)*. Falter saugen an verschiedenen Blütenpflanzen.

i **Im Nationalpark** bis 1.500 m ü. NN bisweilen häufig, leicht zu beobachten. Unverwechselbar!

Beobachtungstipp: Im Latschengebüsch sowie in den Bergkiefernwäldern entlang des Wanderwegs zwischen Wimbachschloss und Wimbachgrieshütte im Hochsommer häufig zu beobachten.

Alpen-Perlmuttfalter ***Thor's Fritillary***
Boloria thore
Familie Edelfalter (Nymphalidae)

Beobachtungsmöglichkeit:

I	II	III	IV	V	VI	VII	VIII	IX	X	XI	XII

(M) Mittelgroßer Falter, SP 34 – 38 mm. Gelborange Grundfärbung, auf Flügeloberseiten dunkelbraune Zeichnung ausgedehnt. Auf der Mitte der Hinterflügelunterseite verschmelzen die gelben Flecken zu einem zusammenhängenden Band. Vorderbeine zu Putzpfoten umgewandelt. Unauffällige Unterseite dient zum Schutz vor Entdecken. ♂♂ in Gestalt und Färbung ähnlich wie ♀♀.

(L) Vorkommen vor allem in Wäldern, gerne auf Lichtungen und in Wiesentälchen sowie auf kleinen, teilweise feuchten und beschatteten Flächen.

(V) Tagaktiv. **Fortpflanzung:** Eiablage einzeln an die Fraßpflanze der dornigen Raupen. Larvenentwicklung wahrscheinlich über 2 Jahre. Stürzpuppe, d. h. die metallisch glänzende Puppe hängt frei an der Futterpflanze oder anderen Unterlagen. Eine Generation pro Jahr.

(E) Raupe frisst überwiegend am Zweiblütigen Veilchen *(Viola biflora).*

(i) **Im Nationalpark** regelmäßig bis fast 1.300 m ü. NN zu beobachten. Verwechslungsgefahr mit ähnlichen Arten!

Beobachtungstipp: Auf den blütenreichen Sommerwiesen in den Bergkiefernwäldern entlang des Wanderwegs zwischen Wimbachschloss und Wimbachgrieshütte leicht zu beobachten.

Rossameise

Camponotus ligniperda

Familie Ameisen (Formicidae)

Beobachtungsmöglichkeit:

I	II	III	IV	V	VI	VII	VIII	IX	X	XI	XII

Ⓜ L der Königin ca. 18 mm, Arbeiterinnen bis 16 mm. Größte heimische Ameise. Kopf und größter Teil des Hinterleibs schwarz, übriger Körper rotbraun. Größenunterschiede bei den Arbeiterinnen erheblich, die größten Exemplare mit besonders großen Köpfen.

Ⓛ Mit Vorliebe an sonnigen Waldrändern sowie Lichtungen höherer Lagen.

Ⓥ Tagaktiv, Nester in Totholz oder unter Steinen, leben wie die Rote Waldameise *(Formica rufa)* in großen „Sozialstaaten". Nahrungssuche dagegen meist einzeln. **Fortpflanzung:** Schwärmzeit der Geschlechtstiere V – VII. Nach der Paarung wirft die riesige Jungkönigin Flügel ab und beginnt ganz alleine in einer verschlossenen Erdhöhle oder im Holz mit der Aufzucht der ersten Larvengeneration.

Ⓔ Allesfresser, überwiegend tote Insekten und Ausscheidungen von Blattläusen („Honigtau").

ⓘ **Im Nationalpark** regelmäßig an Waldrändern bis 1.600 m ü. NN zu beobachten, relativ leicht von der Roten Waldameise zu unterscheiden.

Beobachtungstipp: Innerhalb der Bergkiefernwälder entlang des Wanderwegs zwischen Wimbachschloss und Wimbachgrieshütte im Frühjahr und Sommer regelmäßig anzutreffen.

Gelbe Mordfliege ***Yellow Robber Fly***
Laphria flava
Familie Raubfliegen (Assilidae)

Beobachtungsmöglichkeit:

I	II	III	IV	V	VI	VII	VIII	IX	X	XI	XII

M L 12 – 25 mm. Sehr borstig, Beine kräftig. Vorderhälfte der Brust mit kurzen, stehenden Haaren besetzt, Hinterhälfte mit längeren gelben, nach hinten liegenden Haaren. Auch Hinterleib und Beine behaart. Ähnelt Hummeln. Zwischen den Augen stets eine tiefe, trennende Einsenkung, d. h. die Augen berühren sich nicht. Grundfärbung braunschwarz, Hinterleib rotbraun, Endglieder schwarz. Fühler kurz und abgestutzt. ♂♂ in Gestalt und Färbung wie ♀♀.

L Gerne auf sonnigen Lichtungen, Wegen und an Waldrändern, von den Tallagen bis zur Baumgrenze, besonders in lichten Kiefernwäldern.

V Tagaktiv und räuberisch. Lauern sitzend auf andere Insekten, die in der Luft gejagt und gefangen und mit dem kräftigen Rüssel völlig ausgesaugt werden. **Fortpflanzung:** Larvenentwicklung in Kiefernstämmen und Pflanzenabfällen wie moderndem Holz oder Mulm unter der Rinde, wo sie sich von Larven anderer Insekten ernähren.

E Fleischfresser und Flugräuber, fangen im Flug andere Insekten bis zur eigenen Körpergröße. Larven jagen andere Insektenlarven, z. B. von Borkenkäfern (Familie *Scolytidae*) oder von Bockkäfern (Familie *Cerambycidae*).

i **Im Nationalpark** häufig in lichten Wäldern bis zur Baumgrenze, leicht zu beobachten.

Beobachtungstipp: In den Bergkiefernwäldern entlang des Wanderwegs zwischen Wimbachschloss und Wimbachgrieshütte im Hochsommer häufig beim „Sonnenbaden" auf Ästen und Zweigen zu beobachten.

Schneckenhaus-Goldwespe
Ruby-tailed Wasp
Chrysis trimaculata
Familie Goldwespen (Chrysididae)

Beobachtungsmöglichkeit:

I	II	III	IV	V	VI	VII	VIII	IX	X	XI	XII

(M) L 8 – 10 mm. Metallisch gefärbt, schlanker Körper. Kopf und Brust grün oder blau, manchmal mit Goldglanz. Hinterleib rotgolden. Letztes Hinterleibssegment ohne Zähne und Ausbuchtungen wie bei mehreren ähnlichen Arten. ♂♂ in Gestalt und Färbung ähnlich wie ♀♀. ♀ mit vorstülpbarer Legeröhre.

(L) Bevorzugt trockene, sonnige Lagen, z. B. auf Trockenrasen und in lichten Wäldern, gerne in Bergkieferwäldern.

(V) Tagaktiv, klettert viel auf Stämmen. **Fortpflanzung:** Parasitiert bei Mauerbienen (Gattung Osmia), die ihre Nester in leeren Schneckenhäusern anlegen, z. B. sehr häufig bei der Schneckenhaus-Mauerbiene *(Osmia aurulenta)*. Eiablage an die von der Biene vorbereitete Abschlusswand im Schneckenhaus, wo es von dieser scheinbar nicht entdeckt wird. Wespenlarve saugt immer wieder kurzzeitig an der Bienenmade, kehrt danach aber wieder zu einem Ruheplatz an die Schneckenhauswand zurück. Erst wenn die Bienenmade ihren Nahrungsvorrat aufgezehrt und für die Verpuppung einen Kokon gesponnen hat, wird sie von der Goldwespenlarve vollständig ausgesaugt, bis diese sich schließlich im Innern des Bienenkokons verpuppt.

(E) Wespe frisst vor allem Blütenpollen, Larven leben parasitisch von anderen Hautflüglern (siehe oben).

(i) **Im Nationalpark** sehr regelmäßig in Bergkiefernwäldern bis 1.600 m ü. NN zu beobachten, z. B. im Wimbachtal. Stachel vorhanden, jedoch nicht funktionsfähig.

Beobachtungstipp: Im Sommer an sonnig-warmen Tagen in den Bergkiefernwäldern entlang des Wanderwegs zwischen Wimbachschloss und Wimbachgrieshütte regelmäßig die Baumstämme auf- und ab- oder am Boden laufend zu beobachten.

Riesenholzwespe
Yellow-horned Horntail
Urocerus gigas
Unterordnung Pflanzenwespen (Symphyta)

Beobachtungsmöglichkeit:

I	II	III	IV	V	VI	VII	VIII	IX	X	XI	XII

M L ♀♀ 24 – 44 mm, ♂♂ 12 – 32 mm. ♀ schwarz, Hinterleib gelb mit langem, kräftigen Legebohrer, überragt Hinterleib deutlich. ♂ kleiner, mit rötlichem Hinterleib und schwarzem Ende, ohne Legebohrer.

L Mit Vorliebe in warmen, sonnigen Bergkiefernwäldern bis zur Baumgrenze.

V Tagaktiv und heimlich lebend, ♂♂ fliegen oft sehr hoch in den Bäumen. **Fortpflanzung:** Eiablage (bis zu 8 Eier) Mitte VIII, ca. 1cm tief - fast immer in Nadelholz , gerne in Bruchholz und frisch gefällten Stämmen. ♀ benötigt für die Bohrung etwa 5 – 10 min, lebt etwa 2 – 4 Wochen, legt bis zum Tod ca. 350 Eier. Larven-Entwicklung zum fertigen Insekt bis zu 3 Jahre. Stets mit Pilzen vergesellschaftet, die im Holz wachsen und dieses zersetzen. Pilze werden von der Larve gefressen und liefern ihr die Enzyme zur Verdauung des Holzes. Nach dem Schlüpfen nagt sich die fertige Wespe (= Imago) nach außen durch, wobei sogar vor dem Schlupfloch angebrachte Bleiplatten durchbissen werden können! Larven werden von der Riesenschlupfwespe *(Rhyssa persuasoria)* parasitiert, d. h. von innen heraus aufgefressen.

E Pflanzenfresser, überwiegend Nadelholz.

i **Im Nationalpark** regelmäßig zu beobachten, vor allem an schwülwarmen Tagen im Umfeld frisch geschnittener Baumstämme (Eiablage!), jedoch aufgrund der heimlichen Lebensweise eher schwer zu entdecken. Trotz immenser Größe völlig harmlos!

Beobachtungstipp: In den Bergkiefernwäldern des hinteren Wimbachtales an sonnigen, warmen Tagen regelmäßig anzutreffen.

Springspinne *Jumping Spider*
Heliophanus tribulosus
Familie Springspinnen (Salticidae)

Beobachtungsmöglichkeit:

I	II	III	IV	V	VI	VII	VIII	IX	X	XI	XII

M Kleine Spinne, L der ♀♀ bis 6 mm, der ♂♂ bis 4 mm, genauso groß wie *Heliophanus cupreus,* Hinterleib jedoch kürzer und breiter, trägt im hinteren Teil 2 helle, aus weißlichen Schuppenhaaren bestehende Flecken, mitunter miteinander verschmolzen. Körper ansonsten gedrungen, Beine kurz und kräftig. Rückenschild schwarz glänzend, mit nur wenigen weißen Schuppenhaaren. ♂♂ in Gestalt und Färbung sehr ähnlich wie ♀♀.

L Bevorzugt an sonnigen, warmen Stellen mit niedriger Vegetation, z.B. in Bergkiefernwäldern.

V Tagaktiv, lebhaft und schnell, sonne- und wärmeliebend. Baut kein Fangnetz, sondern verfolgt und beschleicht Opfer. Zur Eiablage, Überwinterung und als Schutz beim Häuten werden kleine Wohngespinste gewoben. ♂ vollführt Balztanz vor der Paarung.

E Fleischfresser, überwiegend kleine Insekten.

i **Im Nationalpark** an sonnig-warmen Stellen regelmäßig bis in Bereich der Baumgrenze zu beobachten, jedoch aufgrund der geringen Größe und hohen Beweglichkeit schwer zu entdecken.

Beobachtungstipp: Auf der niedrigen Vegetation innerhalb der Bergkiefernwälder entlang des Wanderwegs zwischen Wimbachschloss und Wimbachgrieshütte im Sommer regelmäßig bei der Jagd anzutreffen.

4.7 Lebensraum „Lärchen- und Lärchen-Zirben-Wälder"

Aufgrund der schweren Zugänglichkeit konnten sich Lärchen- und Lärchen-Zirben-Wälder im Nationalpark ihre Ursprünglichkeit weitestgehend bewahren. Die Lärche *(Larix decidua)* ist der charakteristische Baum der Waldgrenze und markiert diese im Herbst durch seine wunderschön goldgelb verfärbten Nadeln. Ihre Überlegenheit gegenüber der Fichte *(Picea abies)* rührt aufgrund der Fähigkeit, grobe Schuttmaterialien und Kaltluftschneisen als Pionier- und Lichtbaum besiedeln zu können. Bereits deutlich unterhalb der Waldgrenze ist die Lärche dem Bergfichtenwald deutlich beigemischt und vereinzelt bis in die Tallagen anzutreffen. Durch den gegenüber der Fichte stark erhöhten Lichteinfall profitieren vor allem Zwergsträucher wie Behaarte Alpenrose *(Rhododendron hirsutum)*, Latsche *(Pinus mugo)*, Alpen-Heckenkirsche *(Lonicera alpigena* ssp. *alpigena)* und Zwerg-Mehlbeere *(Sorbus chamaemespilus)* sowie zahlreiche Vertreter der Hochstaudenfluren. Mitunter finden sich in diesen offenen und extensiv beweideten Waldbeständen bis zu 80 Pflanzenarten pro m^2 Fläche. Die Zirbelkiefer oder Zirbe *(Pinus cembra)* ist im Nationalpark dagegen hauptsächlich auf die Plateaulagen der Reiteralm und im Steinernen Meer beschränkt. Diese Bestände repräsentieren den inneralpinen Charakter, der durch geringere Jahresniederschläge und höhere Temperaturunterschiede zwischen Sommer- und Winterhalbjahr geprägt ist. Typisch für diesen Lebensraumtyp sind die noch im Sommer blühend anzutreffenden Blütenpflanzen, welche in den Dolinen und Mulden zwischen Lärchen und Zirben eine besonders lange Schneeauflage ertragen mussten und daher noch im August in voller Blüte stehen.

Drum herum gedeihen vor allem säureliebende Zwergsträucher wie Heidelbeere *(Vaccinium myrtillus)*, Preisselbeere *(Vaccinium vitis-idaea)* und Rauschbeere *(Vaccinium uliginosum)*, die wiederum eine wichtige Nahrungsquelle für eine Vielzahl von Tierarten bilden.

Die lichtreichen Zonen dieses Lebensraumtyps sind bevorzugte Heimat der hier überwiegend schwarz gefärbten Kreuzotter *(Vipera berus)*, der einzigen giftigen Schlange im Nationalpark. An warmen Tagen im Spätherbst finden sich an günstigen Stellen bisweilen viele Exemplare dieser Viper ein, um gemeinsam den Winter unter Steinen oder in Erdlöchern zu verbringen. Eine weitere hier lebende Echse ist die flinke Zauneidechse *(Lacerta agilis)*, die in den teilweise freiliegenden Baumwurzeln zahlreiche Verstecke und in diesem Waldtyp allgemein einen reich gedeckten Tisch vorfindet. Mehrere Ameisenarten sind hier anzutreffen, weshalb gerade hier der Grünspecht *(Picus viridis)* als typischer

„Bodenspecht" regelmäßig zu beobachten ist. Darüber hinaus leben in diesem Waldtyp so auffällige Insektenarten wie Holzwespenschlupfwespe *(Rhyssa persuasoria)*, Graszünsler *(Anania funebris)* und viele Kleinschmetterlinge wie Silbergrüner Bläuling *(Polyommatus coridon)* und Rostfarbener Dickkopffalter *(Oclodes silvanus)*. Häufig sind hier auch der uns allen bekannte Siebenpunkt-Marienkäfer *(Coccinella septempunctata)* und das rot-schwarz gefärbte, Gemeine Blutströpfchen *(Zygaena filipendula)*. Auf die Heerscharen von Fliegen, Bremsen und Mücken hat es die elegante Braune Mosaikjungfer *(Aeshna grandis)* abgesehen, die z. T. weit ab von Gewässern im lichten Wald nach diesen Fluginsekten jagt. Die Vogelwelt ist ebenfalls durch einige ebenso typische wie interessante Arten vertreten: Der „Spielhahn", also das männliche Birkhuhn *(Tetrao tetrix)*, kann während der Dämmerung im Frühjahr regelmäßig beobachtet werden – vor allem dessen Balzrufe sowie die eindrucksvolle Bodenbalz ziehen den vorsichtigen Beobachter in ihren Bann. Während der Kleiber *(Sitta europea)* eine Art mit geringen Lebensraumpräferenzen repräsentiert, sind die Ansprüche von Baumpieper *(Anthus trivialis)* und Ringdrossel *(Turdus torquatus)* wesentlich spezifischer ausgeprägt. Nichts desto trotz sind beide Vogelarten leicht zu beobachten: Während der Baumpieper seinen charakteristischen Fluggesang überwiegend von hohen Singwarten aus startet, ist die unverwechselbare Ringdrossel am häufigsten

 Lärchen-Zirben-Wald auf der Reiteralm

bei der Nahrungssuche am Boden zu beobachten. Der typischste Vogel dieses Lebensraumtyps ist allerdings der Tannenhäher *(Nucifraga caryocatactes)*, der im Herbst auf der Suche nach reifen Samen bis in die Täler vordringt und wegen seines krächzenden Rufes und gesamten Erscheinungsbildes unverkennbar ist.

Neben vielen Kleinsäugern wie Mäusen fühlen sich auch größere Säugetiere in den Lärchen- und Lärchen-Zirben-Wäldern wohl. So z. B. der seltenere Verwandte des Steinmarders *(Martes fiona)*, der Baummarder *(Martes martes)*, ein perfekter Kletterer und Jäger, der allerdings auf seinen Streifzügen durch das Revier aufgrund seiner überwiegend nächtlichen Lebensweise nur schwer zu beobachten ist.

Wo findet man Lärchen- und Lärchen-Zirben-Wälder im Nationalpark?

Schöne Lärchen- sowie Lärchen-Zirben-Wälder findet man auf der Gotzen Alm bzw. der Reiteralm entlang des Wanderweges Nr. 474 von der Neuen Traunsteiner Hütte (1.570 m ü. NN) zum Edelweißlahner (1.953 m ü. NN).

Herbstlicher Lärchenwald auf der Gotzen Alm

Baummarder ***Pine Marten***

Martes martes

Familie Marder (Mustelidae)

Beobachtungsmöglichkeit:

I	II	III	IV	V	VI	VII	VIII	IX	X	XI	XII

M L 42 – 52 cm, Schwanz 22 – 27,5 cm, Gewicht 0,8 – 2,5 kg. Etwa katzengroß, schlank und geschmeidig. Schwanz lang und buschig. Färbung überwiegend braun. Gelber, zuweilen weißgelber oder rotgelber Kehlfleck, Unterrand fast immer ungegabelt. Längere und größere Ohren als Steinmarder *(Martes foina)*, hochläufiger, Schnauze dunkler. ♂♂ in Gestalt und Färbung ähnlich wie ♀♀.

L Bevorzugt Laub-, Misch- und Nadelwälder, weniger in hochstämmigen Laubwäldern.

V Dämmerungs- und nachtaktiv, sehr beweglich und scheu. **Stimme:** Lautfreudig, z. T. knurrende, zirpende und kreischende Laute, in der Ranzzeit (= Paarungzeit) im VI – VIII fast katzenartig. Lager in Baumhöhlen, Felsspalten, alten Vogelhorsten und Eichhörnchenkobeln. Bewegt sich in Sprüngen. Klettert und springt sehr gut. Gräbt nicht oder kaum, schwimmt wenig. **Fortpflanzung:** Ein Wurf im IV, 2 – 5 Junge, die erst nach 5 Wochen die Augen öffnen, werden 8 Wochen gesäugt. Geschlechtsreife nach 2 – 3 Jahren. **Alter:** bis 10 Jahre.

E Allesfresser, vor allem Kleinsäuger, Vögel und Insekten, auch Wildfrüchte und Obst.

i **Im Nationalpark** bis zur Baumgrenze, seltener als Steinmarder. Aufgrund seiner überwiegend nächtlichen Lebensweise schwer zu beobachten.

Tierspur li. vorne

re. vorne

Beobachtungstipp: Auf der Gotzen Alm im Bereich lichter Waldflächen mit etwas Glück und Geduld zu beobachten, vor allem während der Dämmerungsstunden zu entdecken.

Grünspecht
European *Green Woodpecker*
Picus viridis
Familie Spechte (Picidae)

Beobachtungsmöglichkeit:

I	II	III	IV	V	VI	VII	VIII	IX	X	XI	XII

M L 32 cm etwas größer als Grauspecht *(Picus canus)*, Spannweite 40 – 42 cm. Färbung grün bis graugrün, gelbgrüner Bürzel. Kopfseiten und Bauch bis zur Brust grünlichgrau bis gelbgrün getönt, Steuerfedern graubraun. Oberkopf vom Kopf bis Nacken rot, schwarze Gesichtsmaske. ♀♀ ohne Rot auf den Wangen. Oberseite und Flügel meist kräftig weiß gefleckt.

L Vor allem in halboffenen Mosaiklandschaften, häufig an Randzonen von Laub-, Misch- und Nadelwäldern. In ausgedehnten Waldungen nur in solchen mit größeren Lichtungen, Waldwiesen und Kahlschlägen (als Aufforstungsflächen).

V Tagaktiver Stand- und Strichvogel. Flug auffällig und tief wellenförmig. Zur Nahrungssuche oft am Boden („Erdspecht"), kraftvoll hüpfend, in aufrechter Haltung. **Stimme:** Ruf klingt wie „Lachen" aus ca. 15 Silben „glückglückglück", Tonhöhe leicht abfallend, kürzer als bei Grauspecht, trommelt selten. **Fortpflanzung:** Neststand meist in morschen Bäumen, oft in bereits vorhandenen Höhlen. Eiablage (5 – 7 Eier) im IV – V . BD ca. 18 Tage, NZ ca. 20 Tage. Nach Verlassen des Nestes bleiben die Jungvögel noch einige Zeit zusammen und werden von den Eltern geführt.

E Insektenfresser, spezialisiert vor allem auf Ameisen und deren Puppen, mitunter auch Würmer und Spinnen.

i **Im Nationalpark** bis max. 1.800 m ü. NN zu hören und oft zu beobachten. Aufgerissene Ameisenhügel zeugen – auch im Winter – oft von seiner Anwesenheit. Ruf weithin zu hören.

Beobachtungstipp: Vor allem während der Brutzeit im Klausbachtal gut zu hören und mitunter bei der Nahrungssuche am Boden zu beobachten.

Birkhuhn *Black Grouse*

Tetrao tetrix

Familie Rauhfußhühner (Tetraonidae)

Beobachtungsmöglichkeit:

I	II	III	IV	V	VI	VII	VIII	IX	X	XI	XII

M ♂ (53 cm) etwas größer als ♀ (41 cm), deutlich kleiner als Auer- *(Tetrao urogallus)*, größer als Schneehuhn *(Lagopus mutus)*. ♂ am Rücken blauschwarz, am Bauch schwarz, Flügel braunschwarz. Auffällige, sichelförmige und nach unten gebogene Steuerfedern. ♀ im Sommer allgemein stumpfer gefärbt. Nackte, rote Hautstellen über den Augen (= „Rosen") während der Balz beim ♂ stark geschwollen, beim unscheinbaren, braun bis gelbbraun gefärbten ♀ dagegen ganzjährig unauffälliger. Ober- wie Unterseite sind dicht dunkel gebändert, weiße Flügelbinde, +/- gegabelter Schwanz.

L Vor allem innerhalb der Wald- und Baumgrenze mit reichlich vorhandener Zwergstrauchvegetation, Latschen und offenen Matten, wobei halboffenes Gelände bevorzugt wird. Gemieden werden geschlossene Bestände, völlig baumlose Flächen und Bereiche mit vergrastem Waldboden. Mit Vorliebe auf reichgegliederten Gebieten mit offenen, flachen Balzflächen sowie einer vielgestaltigen Krautschicht als Sommernahrung. Laub- und Nadelbäume im Winter spielen ebenso wie Sandbadeplätze im Sommer eine wichtige Rolle.

V Dämmerungs- und tagaktiver Standvogel. Typische Turnierbalz am Boden auf traditio-

„Spielhähne" während der Bodenbalz

nellen Plätzen (♂ sitzt oft balzend in lichten Baumkronen, auf Hütten und Skiliftgerüsten). Charakteristische Bestandteile der Balz sind die bis zu 1 m hohen Flattersprünge und das weithin hörbare Kullern und Zischen **(Stimme). Fortpflanzung:** Gut verstecktes Bodennest. ♂♂ begatten viele Weibchen (= Promiskuität). Gelegegröße 3 – 10 Eier. BD 24 – 29 Tage, Junghühner sind Nestflüchter und bereits nach 15 – 20 Tagen flugfähig.

E Überwiegend Pflanzenfresser, bei Jungenaufzucht Ameisen wichtig. Im Winter gerne auf Bäumen, sommers dagegen überwiegend am Boden nach Nahrung suchend.

i **Im Nationalpark** zwischen 1.200 und 2.000 m ü. NN häufig und während der Dämmerung zur Zeit der Frühjahrs- und Herbstbalz in geeigneten Lebensräumen gut zu beobachten bzw. zu hören, so z. B. im Jennergebiet. Die gekrümmten Schwanzfedern der ♂♂ dienen in Österreich (dort wird das Birkhuhn bejagt) als Schmuckfedern für Trachtenhüte. Im Volksmund „Spielhahn" genannt. Das „Schuhplattl'n" leitet sich aus den Bodenkämpfen der Hähne ab.

Typische Trittsiegel im Schnee

Beobachtungstipp: Im Umfeld des Schneibsteinhauses während der Frühlingsbalz in der Dämmerung mitunter gut zu beobachten.

Ringdrossel ***Ring Ouzel***

Turdus torquatus

Familie Drosselvögel (Turdidae)

Beobachtungsmöglichkeit:

I	II	III	IV	V	VI	VII	VIII	IX	X	XI	XII

M L 24 cm, geringfügig kleiner als Amsel *(Turdus merula)*, aber etwas längere Flügel. ♂ von *T. t. alpestris* oberseits dunkelbraun bis mattschwarz, unterseits dunkelbraun mit breit weiß gesäumten Federn. Vorderbrust mit breitem weißen bis weißlichgrauen Kropfband. ♀♀ allgemein etwas brauner, Kropfband meist hellgrau bis graubraun, weniger stark auffallend als bei ♂♂. Schnabel während der Brutzeit überwiegend gelb, außerhalb Brutzeit braun.

L Brut in nadelholzreichen Bergwäldern, bevorzugt an schattigen und feuchten Standorten, besonders dort, wo diese Wälder durch Weideflächen, Blockfelder, Runsen, Lawinenbahnen und an der Waldgrenze durch Krüppelwuchs oder Krummholz aufgelockert sind. Nahrungssuche auf kurzrasigen Wiesen und Weiden. Die Art ist nicht selten auch im Lärchen-Zirbenwald, in Latschen-, Ebereschen- und Grünerlenbeständen, auf Bergweiden mit Baumgruppen oder an Waldrändern. Im Spätsommer hält sie sich wegen der Beeren gerne in Zwergstrauchheiden auf.

V Scheu, sitzen oft auf Einzelsteinen, Busch- oder Baumwipfeln. **Stimme:** Charakteristischer Warnruf, klingt wie „tak-tak-tak ..." oder „täg-täg-täg ...". Gesang weithin hörbar, monotone Wiederholungen einfacher Strophen. **Fortpflanzung:** Neststand niedrig in Fichten, in Büschen, selten am Boden. Eiablage (4 – 5 Eier) ab Ende IV, BD 12 – 14 Tage, NZ 14 – 16 Tage. Ein bis zwei Jahresbruten.

E Allesfresser, vor allem Beeren, Schnecken Würmer, Insekten und Früchte.

i **Im Nationalpark** gebietsweise zwischen 900 und 1.700 m ü. NN häufig, darüber bis 2.000 m ü. NN regelmäßig, auf entsprechenden Almflächen gut zu beobachten, unverwechselbar.

Beobachtungstipp: Im Waldrandbereich auf der Gotzen Alm während der Brutzeit bis in den Spätsommer hinein leicht zu beobachten.

Baumpieper ***Tree Pipit***

Anthus trivialis

Familie Stelzen (Motacillidae)

Beobachtungsmöglichkeit:

I	II	III	IV	V	VI	VII	VIII	IX	X	XI	XII

M L 15 cm, fast so groß wie Haussperling *(Passer domesticus)*. Oberseite braun gefärbt mit starker, schwarzbrauner Längsstreifung, Bürzel und Oberschwanzdecken meist ungestreift. Schwanz dunkelbraun, Flügel braun. Unterseits am Kinn gelblichweiß, an Kehle, Brust und Flanken +/- deutlich hellgelb, Bauch rahmfarben bis weiß. Brust in „Perlenketten" dunkel längsgestreift . Kopf oberseits braun und stark dunkel längsgestreift mit undeutlichem, gelben Überaugenstreif und hell rahmfarbenem Augenring. Äußere Schwanzfedern weiß, Beine rötlich. ♂♂ nahezu wie ♀♀ gefärbt.

L Bodenbrüter, bevorzugt daher offenes bis halboffenes Gelände mit hohen Singwarten (z. B. Bäume und Sträucher) und gut ausgebildeter, reich strukturierter Krautschicht (Neststandort und Nahrungsreservoir). Meidet dichte Baumbestände. Typisch sind sonnige, aufgelockerte Waldränder, Aufforstungen in frühen Stadien, lichte Laub- und Nadelwälder, Almböden und Zwergstauchgesellschaften bis über Waldgrenze.

V Tagaktiver Langstreckenzieher. Läuft am Boden (hüpft nicht!). **Stimme:** Charakteristischer Singflug (von exponierten Singwarten aus) mit typischen „ziah"-Lauten. Strophen sehr vielfältig, oft nach einleitendem „zi-zi-zi" mit zunehmender Lautstärke pfeifende Töne, wie „wiswiswiswis ...", danach oft Roller und schließlich im Herabgleiten die charakteristischen, lauten „zia zija zija ..."-Reihen. **Fortpflanzung:** Eiablage (5 – 6 Eier) Mitte V , BD 12 – 14 Tage, NZ nur 12 – 13 Tage, flügge einige Tage später. Meist nur eine Jahresbrut.

E Fleischfresser, vor allem Spinnen und Insekten.

i **Im Nationalpark** regelmäßig bis 1.700 m ü. NN und im Almbereich, gut zu beobachten. **Beobachtungstipp:** Im Umfeld einzeln stehender Bäume im Waldrandbereich der Gotzen Alm sommers leicht zu beobachten.

Tannenhäher ***Spotted Nutcracker***
Nucifraga caryocatactes
Familie Rabenvögel (Corvidae)

Beobachtungsmöglichkeit:

I	II	III	IV	V	VI	VII	VIII	IX	X	XI	XII

M L 32 cm, wenig größer als Eichelhäher *(Garrulus glandarius)*, deutlich kürzerer Schwanz als dieser und großer, etwa kopflanger Schnabel.

L Breite, gerundete Flügel. Oberkopf und Nacken dunkelbraun, übriger Körper überwiegend heller braun mit weißen Tropfenflekken und Strichen – mit Ausnahme des braunschwarzen Bürzels, der braunen Oberschwanzdecken sowie der weißen Unterschwanzdecken. Schwungfedern schwarz, die Steuerfedern glänzend schwarz mit weißer Endbinde, die von innen nach außen breiter wird. ♂♂ in Gestalt und Färbung wie ♀♀. Brütet gerne in Nadelwäldern (Fichte, Lärchen-Zirbenwälder) und Mischwäldern mit vorherrschendem Nadelholzanteil. Vorkommen von Pinus-Arten (z. B. Zirbelkiefer) mit großen Samen entscheidend. Außerhalb der Brutzeit oberhalb der Waldgrenze in der Krummholzzone und Zwergstrauchgesellschaften. Im Herbst und Winter gerne auch in Talnähe auf Nussbäumen und Haselnussbüschen.

V Tagaktiver Stand- oder Strichvogel. **Stimme:** Ruf bei Erregung meist sehr laut und schnarrend hart „krärr-krärr …", meist gereiht vorgetragen oder leise klangvoll „djüü". Ge-

Tannenhäher mit Jungvögeln

sang leises Schwätzen mit nahezu perfekten Imitationen anderer Vogelstimmen und -gesängen. Legt im Herbst Vorratslager an (mitunter > 100 Samen pro Bodenversteck), pro Vogel und Jahr bis zu 100.000 Zirbensamen. Sammelplätze und Vorratskammern mitunter bis > 10 km entfernt. Im Winter gräbt er bis zu 130 cm tiefe Löcher durch den Schnee, um zu den angelegten Vorräten zu gelangen. Einige Verstecke werden nicht wieder gefunden oder bestimmte Vorratslager nicht mehr genutzt, so dass er zur Verbreitung der Zirben beiträgt. **Fortpflanzung:** Neststand in Bäumen. Eiablage (3 – 4 Eier) ab Mitte III, BD 18 – 21 Tage, NZ 23 – 25 Tage. Eine Jahresbrut. Während der Brutzeit sehr heimlich.

E Allesfresser, überwiegend Samen der Zirbe *(Pinus cembra)*, Haselnuss *(Corylus avellana)* und Kiefer (Pinus spec.), auch Früchte, Beeren sowie Insekten und Kleintiere.

i **Im Nationalpark** vor allem im Spätsommer und Herbst bis 1.800 m ü. NN regelmäßig, gebietsweise häufig zu beobachten, mitunter auch in Talnähe. Aufgrund seiner Erscheinung und seiner Rufe unverwechselbar und leicht zu beobachten.

Beobachtungstipp: Im Spätsommer im Umfeld der Traunsteiner Hütte auf der Reiter Alm, im Herbst auch in den angrenzenden Tälern (z. B. Klausbachtal) leicht zu beobachten.

Kleiber *Eurasian Nuthatch*

Sitta europaea

Familie Kleiber (Sittidae)

Beobachtungsmöglichkeit:

I	II	III	IV	V	VI	VII	VIII	IX	X	XI	XII

M L 14 cm, etwas größer als Sperling *(Passer domesticus)*, gedrungene Gestalt und großer Kopf, verhältnismäßig kurzer Hals, kurzer Schwanz, langer, kräftiger Schnabel und relativ kurze Läufe. Körperhaltung geduckt und kauernd. Oberseite bläulichgrau, schwarzer Streif vom Schnabel durch das Auge bis zur Schulter. Aufgehellte Stirn, Kinn und Kehle weißlich, übrige Unterseite hell rostfarben bis weiß. Körperseiten der ♂♂ lebhaft kastanienbraun, ♀♀ heller und diffus rostbraun.

L Brut mit Vorliebe in alten Baumbeständen, vor allem in lichten Laub- und Mischwäldern, bei ausreichendem Höhlenangebot auch in naturnahen Nadelwäldern.

V Tagaktiver Standvogel und Kletterkünstler. Kann als einziger einheimischer Kleinvogel mit dem Kopf voraus an Bäumen hinauf- und hinunterlaufen, da er die Füße nicht nebeneinander aufsetzt sondern diagonal. **Stimme:** Vielseitiger Gesang, laut pfeifende Elemente besonders gut zu hören. **Fortpflanzung:** Höhlenbrüter. Eiablage (6 – 8 Eier) Ende IV / Anfang V, BD 14 – 15 Tage, NZ 15 – 22 Tage. **Alter:** bis 9 Jahre.

E Im Frühjahr und Sommer überwiegend Insekten- und Spinnen, ab Herbst Pflanzenfresser und dann überwiegend Samen.

i **Im Nationalpark** in geeigneten Lebensräumen bis 1.300 m ü. NN sehr häufig, darüber bis 1.700 m ü. NN sporadisch, gut zu beobachten. Unverwechselbar!

Beobachtungstipp: Besonders in lichten Waldbereichen, z. B. in den Lärchenwäldern auf der Gotzen Alm, während der Brutzeit leicht zu hören und zu beobachten.

Misteldrossel *Mistle Trush*
Turdus viscivorus
Familie Drosselvögel (Turdidae)

Beobachtungsmöglichkeit:

I	II	III	IV	V	VI	VII	VIII	IX	X	XI	XII

M L 27 cm, größer als Amsel *(Turdus merula)*. Oberseite graubraun bis grau, Schwungfedern dunkelbraun mit schmalem weißlichem Saum. Von der Schnabelbasis durchs Auge weißlicher, unscharf begrenzter Strich, hinter dem Auge deutlicher. Ohrdecken und Wangen dunkelbraun, Unterseite weißlich bis rahmfarben, unregelmäßig gefleckt. Flecken an Kinn und Kehle zugespitzt, an Vorderbrust dreieckig, weiter hinten rundlich oval oder nierenförmig. ♂♂ in Gestalt und Färbung wie ♀♀.

L Ursprünglich reiner Waldbewohner. Brut im Nationalpark mit Vorliebe in lichten, hochstämmigen Altholzbeständen oder an Grenzlinien in hochstämmigen Wäldern, vor allem jedoch in Nadel- und Mischwäldern, weniger in reinen Laubbeständen. Auf dem Zug häufig auf waldnahen Grünflächen oder in der Nähe menschlicher Siedlungen.

V Wenig kälteempfindlich. Tag- und dämmerungsaktiv, Flug wirkt wellenförmig, im Sitzen oft mit „aufrechter" Haltung. **Stimme:** Hartes Schnärren wie „trrr" oder „tzrr", auch gereiht oder rhythmisch. Auffälliger, weithin hörbarer Reviergesang aus kurzen Strophen von 6 – 8 Flötentönen, klingt etwa wie „tih-oh-ti" oder „toh-oh-tih-tuih". **Fortpflanzung:** Baumbrüter, am liebsten in Astgabeln. Eiablage (4 – 5 Eier) ab Ende III, BD 13 – 15 Tage, NZ 14 – 15 Tage, zwei Jahresbruten.

E Allesfresser, vor allem Insekten und Würmer, auch Beeren. Nahrungsaufnahme überwiegend am Boden.

i **Im Nationalpark** regelmäßig bis 1.700 m ü. NN und gut zu beobachten. Verwechslungsgefahr mit der kleineren Singdrossel *(Turdus philomelos)*. Kehrt als erste Drossel aus den Winterquartieren zurück.

Beobachtungstipp: Die Misteldrossel ist auf waldrandnahen Almwiesen, z. B. auf der Gotzen Alm, während der Futtersuche leicht zu beobachten.

Kreuzotter *European Adder*

Vipera berus

Familie Echte Vipern (Viperidae)

Beobachtungsmöglichkeit:

I	II	III	IV	V	VI	VII	VIII	IX	X	XI	XII

M L ♂♂ bis 65 cm, ♀♀ bis 75 cm, selten bis 85 cm. Kopf deutlich vom Körper abgesetzt, Schnauze abgerundet, Pupillen spaltförmig. Körperschuppen gekielt. Grundfarbe oberseits braun, silbergrau, rotbraun, kupferfarben, im Nationalpark vor allem schwarz. Rücken mit dunklem, längsverlaufenden Zickzackmuster, das bei schwarzen Exemplaren nur schwer zu erkennen ist. An den Flanken dunkle Fleckenreihen. X- oder V-förmiges Muster auf dem Hinterkopf. Bauch grau- oder schwarzbraun bzw. schwarz.

L Vorwiegend in kühlen Lebensräumen mit hoher Luftfeuchtigkeit und starken Tag-Nacht-Temperaturschwankungen wie Bergwiesen um die Baumgrenze, Waldränder, Lichtungen, Randbereiche von Almweiden, Wegränder und Uferbereiche von Gewässern.

V Tagaktiv, warnt und droht mit heftigem Zischen und Abwehrbissen, beisst jedoch selten wirklich zu. Winterruhe X – III, erste Häutung im April. **Fortpflanzung:** In der Paarungszeit (IV – V) ausgedehntes Paarungsspiel vor der stundenlang dauernden Kopulation. Zweijähriger Fortpflanzungszyklus der ♀♀. Wenn zwei ♂♂ aufeinander treffen beginnen sie oft einen seltsamen Kommentkampf, bei dem sie sich spiralig umeinander schlingen und versuchen, mit dem Vorderkörper den anderen nieder zu drücken. ♂♂ zerstreuen sich nach Paarungszeit und beginnen erst jetzt mit der Nahrungsaufnahme. Lebendgebärend, 5 – 15 Jun-

Schwarze Farbvariante

ge, die sofort nach Geburt im Zeitraum IX – X die durchsichtige Eihülle verlassen (Ovoviviparie) und sich umgehend häuten.

E Fleischfresser, vor allem Mäuse, Jungvögel, Eidechsen und Frösche. Tötet mit Giftbiss.

i **Im Nationalpark** lokal häufig, bis auf 2.000 m ü. NN. Giftig, Giftwirkung mäßig bis schwach, selten tödlich, jedoch unbedingt Arzt aufsuchen. Die schwarzen Individuen werden von den Einheimischen auch „Höllenottern" genannt. Schwarzfärbung ist eine Anpassung an kühle Temperaturen, da sich dunkle Farbtöne schneller erwärmen als hellere.

Beobachtungstipp: Im Umfeld des Wanderweges zur Halsalm im Bereich der Halsgrube an warmen, sonnigen Tagen mit etwas Glück und Vorsicht gut zu beobachten. **Nicht anfassen!**

Zauneidechse *Sand Lizard*

Lacerta agilis

Familie Echte Eidechsen (Lacertidae)

Beobachtungsmöglichkeit:

I	II	III	IV	V	VI	VII	VIII	IX	X	XI	XII

Ⓜ L bis 27 cm, davon ca. 60 % Schwanz. Sie besitzt einen gedrungenen, leicht abgeflachten Körper; relativ kurzbeinig. Auf der Rükkenmitte ein Band schmaler Schuppen, die sich von den breiteren äußeren Schuppen deutlich unterscheiden. Grundfärbung oberseits meist graubraun, bisweilen mit einfarbig rostbraunem Rücken. Oberseits dunkle Flekken mit hellem Zentrum. Zur Paarungszeit Flanken und Kehle der ♂♂ grün. Bauch der ♂♂ ebenfalls grünlich, bei ♀♀ gelblich. Der Kopf ist kurz, hoch und stumpfschnäuzig, Halsband gezähnt.

Ⓛ Breites Lebensraumspektrum, im Nationalpark vor allem Waldränder und subalpine Gebirgsmatten. Weiterhin Weg- und Uferränder, Wiesen sowie sonnige Hänge.

Ⓥ Tagaktiv und relativ ortstreu. Die ♂♂ tragen Kommentkämpfe aus. **Fortpflanzung:** Die 5 – 17 Eier (bis zu zwei Jahresgelege) werden von den ♀♀ in selbstgegrabenen Erdlöchern abgesetzt. Schlupf nach 7 – 10 Wochen. Geschlechtsreif nach zweiter Überwinterung (X bis III). Erste Jahreshäutung im III.

Ⓔ Fleischfresser, bevorzugt Insekten, Spinnen, Tausendfüßlern, Würmer und Asseln. Klettert selten.

ⓘ **Im Nationalpark** häufigste Eidechse, bis 2.000 m ü. NN gut zu beobachten. Nicht fangen, da sonst Schwanz abgeworfen wird!

Beobachtungstipp: An sonnigen, warmen Tagen z. B. an den Waldrändern rund um die Königsbach Alm gut zu beobachten.

Siebenpunkt-Marienkäfer
7 Spot Ladybird
Coccinella septempunctata
Familie Marienkäfer (Coccinellidae)

Beobachtungsmöglichkeit:

I	II	III	IV	V	VI	VII	VIII	IX	X	XI	XII

(M) L 5 – 8 mm. Körper kurz und breit, halbkugelförmig gewölbt. Fühler am Ende keulenförmig. Flügeldecken rot, mit 7 schwarzen Punkten (= namensgebend!). ♂♂ wie ♀♀.

(L) Breites Lebensraumspektrum, mit Vorliebe in der Umgebung von Almen und Wiesen sowie lichten Wäldern.

(V) Tagaktiv. Zur Abwehr Ausscheidung eines gelblichen, stark bitteren Beinsekrets. Feinde werden durch Färbung auf diese Gefahr hingewiesen (= Warntracht). **Fortpflanzung:** Eiablage in leuchtend gelben Klumpen in der Nähe von Blattlauskolonien (Unterordnung Aphidina). Larve blaugrau, an Brust und zwei Hinterleibsringen mit gelben Flecken, erscheint ab V. Verpuppung als „Mumienpuppe", verbleibt mit dem Hinterende in der zusammengeschobenen Larvenhaut, wippt bei Störung. Schlupf der neuen Käfergeneration ab VI, Fortpflanzung im folgenden Jahr. Überwinterung als Käfer, gerne auch in Gebäuden, z. B. Almhütten.

(E) Fleischfresser, Käfer (= Imago) und Larve ernähren sich nahezu ausschließlich von Blattläusen. Die Larve benötigt während der 4-wöchigen Entwicklung ca. 600 Läuse.

(i) **Im Nationalpark** in den verschiedensten Lebensräumen anzutreffen und bis zur Baumgrenze häufig, auf Almwiesen und lichten Wäldern gut zu beobachten! Trotz vieler verwandter Arten im Nationalpark lediglich mit dem Ameisen-Sackkäfer *(Clytra laeviscula)* zu verwechseln!

Beobachtungstipp: Beispielsweise entlang des Wanderweges zur Königsbach Alm vom Frühjahr bis zum Spätherbst auf Blüten und niedrigen Pflanzen leicht zu beobachten.

Sechsfleckwidderchen
Six-spot Burnet Moth
Zygaena filipendulae
Familie Widderchen (Zygaenidae)

Beobachtungsmöglichkeit:

I	II	III	IV	V	VI	VII	VIII	IX	X	XI	XII

M Kleiner Nachtfalter, leuchtend gefärbt. SP 30 – 38 mm. Grundfärbung schwarz, jeweils sechs rote Flecken auf Vorderflügeln, vordere Flecken verschmelzen oder alle sind gelb. Fühler schlank gekeult, Spitzen schwarz.

L Variable Lebensraumwahl, so auf Wiesen, Niederungen, Klippen, Weiden und Waldrändern anzutreffen. Von VII – VIII oft auf blühenden Wiesen, bevorzugt an Bergflockenblumen *(Centaurea montana)* und Skabiosen.

V Tagaktiv, langsamer Segelflug trotz hoher Flügelschlagfrequenz. Träge und damit leicht zu beobachten. **Fortpflanzung:** Eiablage VII – VIII auf Futterpflanze. Raupen (L bis 22 mm) fressen bis in den Herbst hinein, überwintern (teilweise 2 mal), im darauf folgenden Jahr im V ausgewachsen. Verpuppung im Kokon an Grashalmen. Falter schlüpfen VI – VII.

E Raupen fressen vorwiegend an Klee- (Trifolium spec.) und Wegericharten (Plantago spec.).

i **Im Nationalpark** regelmäßig auf Wiesen und Weiden, leicht zu beobachten. Verwechslungsgefahr mit mehreren ähnlichen Arten, die zumeist jedoch auf trockene Standorte (Trockenrasen) beschränkt sind!

Beobachtungstipp: Besonders im Hochsommer z. B. im Waldrandbereich der Büchsen Alm leicht zu entdecken.

Silbergrüner Bläuling ***Meleager's Blue***
Polyommatus coridon
Familie Bläulinge (Lycaenidae)

M Kleiner Tagfalter, SP 30 – 35 mm. Oberseits hell silberblau, Vorderflügel mit + / - breitem weißem Außenrand. ♂♂ mit silbergrüner Unterseite (= wichtigstes Unterscheidungsmerkmal zu anderen Bläulingen). ♀♀ braun mit oder ohne blaue Schuppen nahe der Flügelwurzel.

L Bevorzugt warme, blütenreiche Wiesen und Almweiden.

V Tagaktiv. **Fortpflanzung:** Raupe grün mit gelben Streifen, schwarzer Kopf. 1 Jahresgeneration. Entwicklung der Larven von Ameisen abhängig (= myrmecophil), d. h. Larven werden von Ameisen nicht als Nahrung erkannt, sondern in Bau getragen und dort bis zum Schlupf der kurzen, gedrungenen Raupe versorgt.

Beobachtungsmöglichkeit:

I	II	III	IV	V	VI	VII	VIII	IX	X	XI	XII

E Futterpflanze der Raupen überwiegend Leguminosen, vor allem Hufeisenklee *(Hippocrepis emerus)*.

i **Im Nationalpark** häufig auf blütenreichen Magerwiesen bis 2.000 m ü. NN, z. B. Königsbachalm. Hohe Verwechslungsgefahr mit anderen Bläulingen!

Beobachtungstipp: Entlang des Wanderweges zur Königsbachalm auf den blütenreichen Wiesen und Almweiden im Hochsommer leicht zu beobachten.

Rostfarbiger Dickkopffalter
Large Skipper
Ochlodes sylvanus
Familie Dickkopffalter (Hesperidae)

Beobachtungsmöglichkeit:

I	II	III	IV	V	VI	VII	VIII	IX	X	XI	XII

M Kleiner Falter, SP 25 – 32 mm. Fühler an der Basis getrennt, meist mit Haken endend. Vorderflügel leuchtend ockerbraun mit breitem, dunklerem Außenrand, dunklen Adern. Hinterflügel ockerbraun mit breiten, dunklen Rändern und einigen etwas helleren Flecken Unterseits auf den Vorderflügeln heller ockerfarben, dunklerer Rand und helle Flecken, auf den Hinterflügeln grünlichgelb mit schwach gelben Flecken. Grundfärbung der ♀♀ dunkler braun mit hellerer Basis der Vorderflügel, unterseits wie ♂♂.

L Weit verbreitet, ebenso in trockenen wie feuchten Bereichen auf Wiesen und Weiden, an Waldsäumen, Böschungen und Brachen.

V Tagaktiv, Flug schnell und reißend. **Fortpflanzung:** Eiablage auf die Blätter verschiedener Grasarten, z. B. Wiesen-Knäuelgras *(Dactylis glomerata)* und Wiesen-Lieschgras *(Phleum pratense)*. Raupe versteckt sich in einem zu einer Röhre zusammengesponnenen Blatt. Überwinterung als Raupe. Verpuppung im Kokon an mehreren zusammengesponnenen Halmen. Eine Generation pro Jahr.

E Raupe frisst an verschiedenen Süßgräsern (Familie *Poaceae*), z. B. dem Gemeinen Knäuelgras *(Dactylis glomerata)* und Pfeifengras *(Molinia caerulea)*.

i **Im Nationalpark** bis fast 2.000 m ü. NN häufig und auf Almwiesen leicht zu beobachten. Viele ähnliche Arten!

Beobachtungstipp: Im Hochsommer z. B. sehr häufig auf den Blumenwiesen entlang des Wanderweges zur Königsbach Alm zu beobachten.

Braune Mosaikjungfer *Brown Hawker*
Aeshna grandis
Familie Edellibellen (Aeshnidae)

Beobachtungsmöglichkeit:

I	II	III	IV	V	VI	VII	VIII	IX	X	XI	XII

M Unverwechselbare Großlibelle mit 53 – 56 mm langem Hinterleib, SP ca. 10 cm. Körper und Flügel der ♂♂ rostrot, Beine orange-braun, Flügelansatz mit blauen Flecken. ♀♀ ähnlich, Flecken am Hinterleib heller.

L Ohne besondere Lebensraumansprüche (= euryök). Bevorzugt kühlere Regionen, im Nationalpark vor allem an Waldteichen, verlandeten Tümpeln und langsam fließenden, verkrauteten Gräben. Meidet jedoch Kleinstgewässer wie Wasseransammlungen in Fahrspuren.

V Tagaktiv. Ausgezeichneter und ausdauernder Flieger, sitzt selten (erst gegen Abend häufiger). Typisch ist das Aufsteigen im Flug und das anschließende minutenlange, majestätische Dahingleiten. Flügel leuchten im Sonnenlicht wie Kupfer. **Fortpflanzung:** Eiablage in vermodernde Baumstümpfe oder auch morsche Brückenpfeiler. Eier überwintern, Schlupf Mitte IV des nächsten Jahres. Entwicklung zur Libelle 2 – 3 Jahre, Verwandlung (= Metamorphose) überwiegend ab Mitte Juni, meist in sehr warmen Nächten.

E Geschickter Flugjäger, fängt im Flug (oft im hohen Luftraum) Insekten. Tag- und dämmerungsaktiv (daher mitunter Opfer von Fledermäusen).

i **Im Nationalpark** regelmäßig entlang von Waldwanderwegen zu beobachten. Fliegt auch noch bei + 7°, daher bis 1.300 m ü. NN anzutreffen.

Beobachtungstipp: Im Hochsommer entlang des Wanderweges zur Bindalm regelmäßig hoch in der Luft jagend zu beobachten.

Holzwespenschlupfwespe
Giant Ichneumon Wasp
Rhyssa persuasoria
Familie Schlupfwespen (Ichneumonidae)

Beobachtungsmöglichkeit:

I	II	III	IV	V	VI	**VII**	**VIII**	IX	X	XI	XII

M L 18 – 35 mm, sehr große Schlupfwespe mit körperlangem Legebohrer und auffälliger Wespentaille. Fühler lang und vielgliedrig. Körper schwarz mit weißen Zeichnungen an Kopf, Brust und Hinterleib. ♂♂ in Gestalt und Färbung wie ♀♀.

L Mit Vorliebe in verschiedenen Nadelwaldtypen bis in die Alpinstufe.

V Tagaktiv. Eiablage in die Larven von im Holz lebenden Holzwespen, z. B. auch der Riesenholzwespe *(Urocerus gigas)* und in Bockkäferlarven (Familie *Cerambycidae*). Fortpflanzung: Nachdem das ♀ die Larve unter dem Holz „geortet" hat wird der Legebohrer ohne eigene Körperdrehung, sondern lediglich durch Vor- und Zurückbewegungen tief ins Holz getrieben (= Prinzip des Drillbohrers). 1 Ei pro Larve (= „Wirt"). Geschlüpfte Larve frisst zunächst die nicht lebenswichtigen Organe des Wirts, erst kurz vor Ende der Wachstumsphase auch die lebenswichtigen Organe, wodurch Wirt stirbt.

E Schlupfwespe (= Imago) leckt Nektar, an vielerlei Blüten, Larve ist Fleischfresser (siehe oben).

i **Im Nationalpark** in vielen Nadelwaldtypen bis ca. 1.800 m ü. NN regelmäßig zu beobachten, vor allem die ♀♀ an Stämmen auf der Suche nach potenziellen Larven zur Eiablage.

Beobachtungstipp: Zum Beispiel im lichten Waldbereich der Gotzen Alm im Hochsommer regelmäßig bei der Nahrungssuche auf den blütenreichen Waldwiesen zu beobachten.

Graszünsler *Pyralid Moth*
Anania funebris
Familie Graszünsler (Crambidae)

M L 19 – 23 mm. Grundfarbe bräunlich, Vorder- und Hinterflügel mit weißen Flecken und weißem Außenrand, Fühler weißlich, Brust jeweils seitlich mit orangegelben Haarbüscheln. ♂♂ in Gestalt und Färbung wie ♀♀.
L Vor allem in trockenen bis halbfeuchten Lebensräumen, mit Vorliebe auf mageren Bergwiesen in der Nähe der bevorzugten Futterpflanzen.
V Tagaktiv. **Fortpflanzung:** Raupe im VII und von VIII – IV (überwinternd) in versponnenen Blüten oder in einer Gespinströhre an den unteren Blättern der Futterpflanzen.
E Raupe vor allem an Goldrute (Solidago spec.) und Geißklee *(Cytisus sensu lato)*.

Beobachtungsmöglichkeit:

I	II	III	IV	V	VI	VII	VIII	IX	X	XI	XII

i **Im Nationalpark** von 700 bis 2.000 m ü. NN vereinzelt anzutreffen, in lichten, blütenreichen Lärchenwäldern im Bereich der Baumgrenze regelmäßig zu beobachten. Unverwechselbar!

Beobachtungstipp: Während der Sommermonate auf den blütenreichen Waldwiesen im Randbereich der Gotzen Alm nicht selten und gut zu beobachten.

4.8 Lebensraum „Grünerlen- und subalpine Weidengebüsche"

Das eigentliche Verbreitungsgebiet der Grün-Erle *(Alnus viridis)* sind silikathaltige Gebirge wie z. B. weite Bereiche der Zentralalpen. Aber auch in den Nördlichen Kalkalpen kann diese Baumart auf wasserzügigen und lange vom Schnee bedeckten Böden großflächige Bestände bilden, so z. B. im Nationalpark im Bereich des Watzmannkars. Luftstickstoff bindende, symbiontisch lebende Wurzelbakterien sorgen für eine Stickstoffanreicherung im Boden, weshalb sich die begleitende Blütenflora in diesem Lebensraumtyp überwiegend aus stickstoffliebenden Pflanzenarten zusammensetzt. Typisch sind Meisterwurz *(Peucedanum ostruthium)*, Alpen-Milchlattich *(Cecerbita alpina)*, Berg-Wiesen-Bärenklau *(Heracleum sphondylium ssp. montanum)*, Blauer Eisenhut *(Aconitum napellus)*, Bergfarn *(Oreopteris limbosperma)* und Eisenhutblättriger Hahnenfuß *(Ranunculus aconitifolius)*. Ist das Erlengebüsch noch nicht vollständig geschlossen, findet man eingestreut oder auch größere Bestände bildend die Bäumchen-Weide *(Salix waldsteiniana)*, Großblättrige Weide *(Salix appendiculata)* und Kahle Weide (Salix glabra). Dazwischen gedeihen Behaarte und Rostrote Alpenrose *(Rhododendron hirsutum und R. ferrugi-*

Grünerlen- und Weidengebüsch auf der Seeau Alm

neum) und vor allem ausgedehnte Rostseggenrasengesellschaften.

Erlen- und Weidengebüsche schließen sich während der Vegetationsperiode zu einem schier undurchdringlichen grünen Dickicht. Dies sind ideale Voraussetzungen für gebüschbrütende Vogelarten wie die Mönchsgrasmükke *(Sylvia atricapilla)*, deren melodischer Gesang nahezu den ganzen Sommer zu hören ist, während man den überwiegend gräulich gefärbten Vogel selbst nur selten zu Gesicht bekommt. Ähnlich verhält sich die Heckenbraunelle *(Prunella modularis)*, die kletternd und hüpfend im Astgewirr nach kleinen Insekten und Spinnen sucht. Die Weidenmeise *(Parus montanus)* dagegen ist häufig und ganzjährig zu beobachten und in diesem Lebensraumtyp besonders häufig. Der gesellig in Schwärmen lebende, aber ebenfalls einzeln brütende Erlenzeisig *(Carduelis spinus)* verlässt den Nationalpark als Teilzieher nur während weniger Monate und lebt vor allem von den Sämereien der Nadelbäume und Erlen. In seinen Kletterkünsten den Vögeln in nichts nachstehend ist die braunweiße, überwiegend nachtaktive Haselmaus *(Muscardinus avellanarius)*, welche einen fast 7-monatigen Winterschlaf hält und dennoch 1 bis 2 mal pro Jahr Nachwuchs großziehen kann. Sie erbeutet mitunter auch Weichtiere, so z. B. die sich häufig im Geäst aufhaltenden Jungtiere der Gefleckten Schnirkelschnecke *(Arianta arbustorum)*. Viele der zahlreichen Insektenarten sind trotz des Dickichts leicht zu entdecken, so z. B. der zumeist grün-metallisch schimmernde Moschusbock *(Aromia moschata)*, die schwarz-rot gefleckte Blutzikade *(Cercopis vulnerata)* oder der unbeholfen fliegende Gold-Rosenkäfer *(Cetonia aurata)*. Weitere typische Insekten der Grünerlen- und Weidengebüsche sind die fast überall anzutreffende Mistbiene *(Eristalis tenax)* und die Rotbeinige Beerenwanze *(Dolycoris baccarum)*, die mit Vorliebe an zwischen den Büschen rankenden Rosengewächsen saugt sowie der Ameisen-Sackkäfer *(Clytra laeviuscula)*. Dessen bemerkenswertes Fortpflanzungsverhalten ist eng mit dem Vorkommen bestimmter Ameisenarten im gleichen Lebensraum verknüpft. Die wunderschön bunt gefärbte Alpine Gebirgsschrecke *(Miramella alpina)* findet man regelmäßig am Gelben Enzian *(Gentiana lutea)* und Weißem Germer *(Veratrum album)* fressend, die wiederum häufig an lichten Stellen zwischen den Gebüschgruppen gedeihen.

Brauner Bär *(Arctia caja)* und Abendpfauenauge *(Smerinthus ocellata)* sitzen tagsüber gerne auf Blättern oder Zweigen und sind daher trotz ihrer überwiegend nächtlichen Lebensweise bei genauerem Hinsehen gut zu entdecken. Die stark behaarte, dunkelbraune Raupe des Braunen Bärs ist im Sommer sogar sehr oft zu sehen – besonders wenn sie erstaunlich „schnellen Schrittes" Waldwege oder Forststraßen überquert.

Wo findet man Grünerlen- und Weidengebüsche im Nationalpark?

Großflächige Grünerlen- und Weidengebüsche findet man entlang des Wanderweges Nr. 412 von St. Bartholomä (605 m ü. NN) zum Kärlinger Haus (1.630 m ü. NN) kurz nach der „Saugasse".

Haselmaus *Dormouse*

Muscadimus avellanarius

Familie Schläfer (Gliridae)

Beobachtungsmöglichkeit:

I	II	III	IV	V	VI	VII	VIII	IX	X	XI	XII

M L 6 – 9 cm, Schwanz 5 – 8 cm, Gewicht 15 – 40 g. Kleinster heimischer Vertreter der „Bilche" (= Schläfer), etwa so groß wie Hausmaus *(Mus musculus)*, ziemlich gedrungen. Oberseite einfarbig goldrot. Augen groß, Ohren klein. Schwanz mittellang, ziemlich dicht und kurz behaart, ohne Schuppenringe. ♂♂ in Gestalt und Färbung ähnlich wie ♀♀.

L Bevorzugt buschreiche Landschaften mit beerenreichem Unterholz, vor allem mit Himbeer- und Brombeergestrüpp sowie Haselsträuchern (*Corylus avellana*, daher der Name dieser Maus), bis zur Waldgrenze, mitunter in Nadelgehölzen.

V Vorwiegend dämmerungs- und nachtaktiv. Echter Winterschläfer, d. h. Körpertemperatur wird während Schlafphase stark gesenkt. Jungtiere mitunter auch tagsüber aktiv. Sehr beweglich, klettert schnell und springt gut und weit. Meidet Gebäude. Zuweilen in kleinen Kolonien. **Fortpflanzung:** Baut im Gestrüpp Kugelnest („Sommernest") aus Gras, Blättern und Moos. Winternest ganz oder teilweise aus Moos im und auf dem Boden zwischen Baumwurzeln, unter Steinen, Blatthaufen, oft ganz unterirdisch, zuweilen in Nistkästen und Baumhöhlen. Wenig stimmfreudig, mitunter weiches Zirpen oder Pfeifen. Aktivitätszeit von V bis X. Ein bis zwei Würfe (jeweils 2 – 6 Junge) pro Jahr, TZ 22 – 24 Tage. Erster Wurf im V in Erdnestern, zweiter in Baumnestern. Jungtiere nach 6 – 7 Wochen selbständig.

E Allesfresser, überwiegend Beeren und Sämereien, auch Wirbellose und Insekten.

i **Im Nationalpark** in Mischwäldern bis 1.500 m ü. NN häufig, wegen der nächtlichen Lebensweise schwer zu beobachten.

Beobachtungstipp: Im Sommer innerhalb der ausgedehnten Grünerlen- und Weidengebüsche am Wanderweg zum Kärlinger Haus häufig, aber nur mit viel Glück zu beobachten.

Weidenmeise *Willow Tit*
Parus montanus
Familie Meisen (Paridae)

Beobachtungsmöglichkeit:

I	II	III	IV	V	VI	VII	VIII	IX	X	XI	XII

M L 11,5 cm, kleiner als Kohlmeise *(Parus major)*. Die sogenannte „Alpenmeise" P. m. montanus wirkt – im Vergleich zur Sumpfmeise *(Parus palustris)* – relativ groß, massig und oberseits deutlich brauner. Gesamtfärbung wie Sumpfmeise. Kopfplatte mattschwarz, Kinnfleck etwas größer, an den Rändern meist „diffus", Körperseiten oft verwaschen rostfarben. ♀♀ in Färbung und Gestalt wie ♂♂.

L Bevorzugt ein breites Spektrum von montanen und subalpinen Nadelwäldern bis hinauf in die Krummholzstufe, ebenso in Laub- und Mischwäldern mit deutlichem Schwerpunkt in naturnahen Nadel- und Mischwäldern. Brut gerne in morschholzreichen Wäldern und Gehölzen. Totholzangebot für Brutplatzwahl und Jungenaufzucht entscheidend.

V Tagaktiver Standvogel. Im Herbst Schwarmbildung. **Stimme:** Im Vergleich mit der Sumpfmeise Strophen mit größerer Zahl kürzerer Elemente, die nicht absinken und wie „zie-zie ..." oder „düh ..." klingen. Hauptgesangszeit ist die erste Jahreshälfte. **Fortpflanzung:** Zimmert meist eigene Höhle zur Nestanlage. Eiablage (7 – 9 Eier) ab Ende IV, BD 14 – 15 Tage, NZ 16 – 19 Tage. Eine Jahresbrut.

E Allesfresser, überwiegend Insekten und deren Larven, im Winter auch Sämereien.

i **Im Nationalpark** in geeigneten Lebensräumen zwischen 800 und 1.800 m ü. NN häufig, leicht zu beobachten. Verwechslungsgefahr mit Sumpfmeise!

Beobachtungstipp: Ganzjährig innerhalb der ausgedehnten Grünerlen- und Weidengebüsche am Wanderweg zur Bindalm häufig zu beobachten und zu hören.

Mönchsgrasmücke *Blackcap*

Sylvia atricapilla

Familie Grasmücken (Sylviidae)

Beobachtungsmöglichkeit:

I	II	III	IV	V	VI	VII	VIII	IX	X	XI	XII

(M) L 14 cm, etwas kleiner als Haussperling *(Passer domesticus)*. Oberkopf bei ausgefärbten ♂♂ schwarz; Rücken, Flügel und Schwanz graubraun; Kopfseiten und Bauch aschgrau. ♀♀ bräunlicher mit rotbrauner Kopfplatte.

(L) Brutvogel in unterholzreichen Schonungen und Waldrändern. Keine Bevorzugung eines bestimmten Waldtyps, solange dichte Strauchschicht vorhanden.

(V) Tagaktiver Langstreckenzieher. Lebt sehr versteckt, singt im Gebüsch und in den Baumkronen. **Stimme:** Ruf heiser „wäd-wäd-wäd". Gesang sehr variabel, zunächst leises Gezwitscher, anschließend laute, flüssige Flötentöne mit großen Intervallsprüngen. **Fortpflanzung:** Locker geflochtenes Nest in Zweigen von Bäumen und Sträuchern. Eiablage (4 – 6 Eier) ab V, BD 10 – 16 Tage, NZ 10 – 15 Tage. Ein bis zwei Jahresbruten.

(E) Allesfresser, vor allem Insekten und Spinnen, im Herbst auch Beeren und überreifes Obst.

(i) **Im Nationalpark** bis 1.500 m ü. NN häufig und gut zu hören, schwer zu beobachten. Häufigste Grasmücke im Nationalpark. Im Volksmund wegen der schwarzen Kopfplatte „Schwarzplattl" genannt.

Beobachtungstipp: Im Sommer innerhalb der ausgedehnten Grünerlen- und Weidengebüsche am Wanderweg zum Kärlinger Haus (Funtensee) häufig anzutreffen, vor allem gut zu hören.

Heckenbraunelle *Dunnock*

Prunella modularis

Familie Braunellen (Prunellidae)

Beobachtungsmöglichkeit:

I	II	III	IV	V	VI	VII	VIII	IX	X	XI	XII

M L 15 cm, etwa genauso groß, jedoch schlanker als ♀ des Haussperlings *(Passer domesticus)*, mit dem es manchmal verwechselt wird. Kopf bleigrau, feiner Insektenfresserschnabel, Oberkopf und Nacken graubraun mit dunkler Fleckung bzw. Streifung, Halsseiten schiefergrau, Schultern und Rücken rostbraun mit dunkler Längsstreifung. Bauch heller, in der Mitte oft weiß, Flanken und Bauchseiten rostbraun und dunkel längsgestreift. ♂♂ wie ♀♀, diese jedoch mit etwas hellerer Färbung.

L Mit Vorliebe in Gehölzdickichten mit kleinen, freien Flächen und reichhaltigem Unterwuchs, Gebüsch, Aufforstungen. In der Subalpinstufe vor allem in Latschen- und Erlengebüschen.

V Tagaktiver Kurzstrecken- oder Teilzieher. **Stimme:** Gesang aus einer kurzen, schnell vorgetragenen „Plauderstrophe" von hellem Klang mit wellenförmigen Tonbewegungen. Die Heckenbraunelle entfernt sich in der Regel am Boden nicht weit vom Gebüsch und zuckt dabei häufig mit den Flügeln. **Fortpflanzung:** Nest aus Moos, gut versteckt in Gebüschen, Eiablage (3 – 7 Eier) ab IV. BD 12 – 14 Tage, NZ 10 – 14 Tage. Zwei Jahresbruten.

E Überwiegend Insektenfresser, aber auch Spinnen und im Winter Sämereien.

i **Im Nationalpark** in allen Tälern und bis 1.700 m ü. NN häufig, gut zu beobachten, noch häufiger zu hören. Verwechslungsgefahr mit Alpenbraunelle *(Prunella collaris)*.

Beobachtungstipp: Nahezu ganzjährig innerhalb der Grünerlen- und Weidengebüsche am Wanderweg zur Bindalm zu beobachten, häufiger zu hören.

Erlenzeisig *Eurasian Siskin*
Carduelis spinus
Familie Finken (Fringillidae)

Beobachtungsmöglichkeit:

I	II	III	IV	V	VI	VII	VIII	IX	X	XI	XII

M L 12 cm, etwas größer als Blaumeise *(Parus caeruleus)*, rundlich wirkendere Gestalt und kürzerer Schwanz als Birkenzeisig *(Carduelis flammea)*. Schwanz deutlich eingekerbt. Oberseite und Flügelbinden grünlich. Ausgewachsene ♂♂ am Oberkopf und Kehlmitte schwarz gefärbt. Rücken gelblich grün mit feinen schwärzlichen Strichen, Bauch grauweiß mit gelblichem Anflug, grauweiße Flanken kräftig schwarz gestreift. Markante schwarze Kopfplatte und kleiner, schwarzer Kinnfleck. ♀♀ mit graugrünlicher Oberseite, schwarzbraun gestreift. Unterseite grauweiß, schwarzbraun gestreift.

L Brutvogel in lichten Nadelwäldern der Montan- und Subalpinstufe, bevorzugt in Fichtenwäldern. Außerhalb der Brutzeit an verschiedensten Laubgehölzen, besonders an Erlen (Alnus spec.), Weiden (Salix spec.), Birken (Betula spec.), oft in Wassernähe.

V Tagaktiver Teilzieher, oft mit anderen Vögeln in Trupps vergesellschaftet. **Stimme:** Gesang als Einzelvortrag in Baumkronen oder im „fledermausartigen" Singflug schnell und anhaltend schwätzend, oft mit arttypischem Ruf „zäi" eingeleitet, danach schmetternd, gegen Ende ein nasales „Knätschen". Im Winter oft mit charakteristischem Gruppengesang in größeren Schwärmen. **Fortpflanzung:** Nest hoch in Nadelbäumen, meist auf äußersten Zweigspitzen. Eiablage (4 – 6 Eier) ab IV, BD 13 Tage, NZ 13 – 15 Tage. Zwei Jahresbruten.

E Allesfresser, überwiegend Samen von Erlen und Nadelbäumen, auch Insekten.

i **Im Nationalpark** bis 1.700 m ü. NN sehr regelmäßig und gut zu beobachten bzw. zu hören. Am leichtesten in großen Schwärmen zu beobachten.

Beobachtungstipp: Im Spätsommer auf der Gotzen Alm zur Zeit der Schwarmbildung häufig zu beobachten und zu hören.

Blutzikade *Blood Froghopper*

Cercopis vulnerata

Familie Schaumzikaden (Cercopidae)

Beobachtungsmöglichkeit:

I	II	III	IV	V	VI	VII	VIII	IX	X	XI	XII

(M) L 6 – 10 mm, etwas größer als Wiesenschaumzikade *(Philaenus spumarius)*. Körper schwarz, Flügeldecken mit 3 roten Binden, von denen die Äußere stark gebogen ist und etwa parallel zur Flügelspitze verläuft. ♂♂ in Gestalt und Färbung wie ♀♀.

(L) Besonders an feuchten und trockenen Wiesen, an Waldrändern und auf Waldlichtungen, auf krautigen Pflanzen und niedrigen Büschen.

(V) Tagaktiv, sprungfähig. **Fortpflanzung:** Eiablage an Futterpflanzen der Larven. Larve weißlich, lebt unterirdisch in verfestigten Schaumnestern an Pflanzenwurzeln. Die bei der Nahrungsaufnahme reichlich eingesaugte Flüssigkeit, weitgehend Wasser, wird durch die Zugabe von Proteinen „entspannt", durch Afteröffnung ausgestoßen und durch Einpumpen von Luft aufgeschäumt. Schaum dient als Verdunstungsschutz und als Schutz vor Feinden.

(E) Pflanzensaftsauger, besonders Gräsern, mitunter auch anderen Pflanzen.

(i) **Im Nationalpark** bis etwa 1.400 m ü. NN regelmäßig und leicht zu beobachten. Aufgrund der Färbung nahezu unverwechselbar!

Beobachtungstipp: Im Frühsommer innerhalb der ausgedehnten Grünerlen- und Weidengebüsche am Wanderweg zum Kärlinger Haus (Funtensee) häufig anzutreffen.

Moschusbock ***Musk Beetle***

Aromia moschata

Familie Bockkäfer (Cerambycidae)

M L 13 – 34 mm, großer Bockkäfer, sehr variabel metallisch (erzgrün, blauviolett, bronzefarben, kupferfarben, schwarz) glänzend. Flügeldecken dicht und lederartig gerunzelt, mit 2 oder 3 feinen Längsrippen. Fühler der ♂♂ länger, bei ♀♀ kürzer als Körper, ansonsten in Gestalt und Färbung sehr ähnlich.

L Mit Vorliebe im Bereich von Grünerlen- und Weidengebüschen.

V Tagaktiv, häufig auf Blüten oder an Weiden (Salix spec.). **Fortpflanzung:** Mehrjährige Larvenentwicklung in Weiden (Weidenschädling), seltener in Pappeln (Populus spec.) oder Erlen (Alnus spec.). Stark duftend durch Absonderung aromatischen Sekrets (= namensgebend).

Beobachtungsmöglichkeit:

I	II	III	IV	V	VI	VII	VIII	IX	X	XI	XII

E Larven ernähren sich im Holz von Weiden, Erlen und Pappeln. Käfer fressen Pollen und saugen austretende Baumsäfte.

i **Im Nationalpark** im Erlen- und Weidengebüsch bis 1.400 m ü. NN regelmäßig zu beobachten. Sekret wurde früher zum Aromatisieren von Pfeifentabak verwendet.

Beobachtungstipp: Im Sommer innerhalb von Grünerlen- und Weidengebüschen am Wanderweg zur Bindalm regelmäßig anzutreffen.

Gold-Rosenkäfer ***Rose Chafer***

Cetonia aurata

Familie Blatthornkäfer (Scarabeidae)

Beobachtungsmöglichkeit:

I	II	III	IV	V	VI	VII	VIII	IX	X	XI	XII

M L 14 – 20 mm. Körper leuchtend goldgrün (= namensgebend!), im hinteren Teil der Flügeldecken mit kleinen, weißen Querflecken. ♂♂ in Gestalt und Färbung wie ♀♀.

L Mit Vorliebe auf blühenden Sträuchern an Waldrändern, in der Krummholzzone sowie im Erlengebüsch.

V Tagaktiv. Hebt zum Fliegen Flügeldecken nur leicht an, an den Seiten erscheinen dann häutige Flügel. Erzeugt lautes Fluggeräusch. Flug und Landung wirken unbeholfen. **Fortpflanzung:** Larvenentwicklung über drei Jahre in Komposthaufen oder Ameisennestern, wo sich die Larve von zersetzten Pflanzenteilen und Mulm ernährt. Verpuppung in dünnschaliger, fester Erdkapsel.

E Käfer lebt von Pollen und Blütenblättern verschiedener Sträucher.

i **Im Nationalpark** in verschiedenen Lebensräumen, besonders an blühenden Sträuchern bis zur Baumgrenze häufig und aufgrund seiner „Trägheit" gut zu beobachten. Unverwechselbar!

Beobachtungstipp: Vor allem im Spätsommer innerhalb der Grünerlen- und Weidengebüsche am Wanderweg zur Bindalm häufig auf Blüten zu beobachten.

Ameisen-Sackkäfer *Leaf Beetle*

Clytra laeviuscula

Familie Blattkäfer (Chrysomelidae)

Beobachtungsmöglichkeit:

I	II	III	IV	V	VI	VII	VIII	IX	X	XI	XII

M L 12 – 18 mm. Großer, schwarzer und länglicher Blattkäfer mit glänzend schwarzem Halsschild. Flügeldecken gelbrot, zwei charakteristische Punktpaare. Hintere Punkte verbreitert. ♂♂ in Gestalt und Färbung wie ♀♀.

L Mit Vorliebe an sonnigen Waldrändern und auf Trockenwiesen.

V Tagaktiv. Rotschwarze Färbung warnt Fressfeinde vor ihrer Ungenießbarkeit (= Warntracht), da sie toxische Stoffe beinhalten, die sie aus den Fraßpflanzen gewinnen, so z. B. Salicin aus Weiden. **Fortpflanzung:** Zur Eiablage klebt das ♀ Kotballen an das Ei. So entsteht ein ca. 2 mm großes tannenzapfenähnliches Gebilde, welches das ♀ auf oder in der Nähe von Nestern der Roten Waldameise *(Formica rufa)* fallen lässt und dann von den Ameisen ins Nest getragen wird. Larven schlüpfen an der Basis des „Kotzapfens", glätten ihn und ergänzen ihn mit eigenen Exkrementen, Erde und Speichel. Anschließend wird er zu einem „Kotsack" umgeformt, den sie während der gesamten Entwicklungszeit bewohnen (= namensgebend!). Larven ernähren sich von Resten toter Tiere sowie von Ameiseneiern und -larven. Ohne Kotsack würden sie sofort von den Ameisen angegriffen. Entwicklungszeit der Larven 2 – 4 Jahre, Überwinterung im Kotsack. Verpuppung im Kotsack in der Nähe des Nestausgangs. Schlupf der Käfer im nächsten Frühjahr.

E Käfer sind Pflanzenfresser, hauptsächlich Weidenblätter (Salix spec.) und andere Sträucher, oft in der Nähe von Ameisen-Nestern der Gattung Formica anzutreffen.

i **Im Nationalpark** im Grünerlen-Weiden-Gebüsch regelmäßig, leicht zu beobachten. Verwechslungsgefahr mit Siebenpunkt-Marienkäfer *(Coccinella septempunctata)*!

Beobachtungstipp: Sommers innerhalb der Grünerlen- und Weidengebüsche am Wanderweg zur Bindalm regelmäßig zu beobachten.

Abendpfauenauge *Eyed Hawk-moth*
Smerinthus ocellatus
Familie Schwärmer (Sphingidae)

Beobachtungsmöglichkeit:

I	II	III	IV	V	VI	VII	VIII	IX	X	XI	XII

M Großer Nachtfalter, SP 70 – 80 mm. Kräftig, mit schlanken, zugespitzten Vorderflügeln, rindenähnlich gefärbt. Hinterflügel innen rosa, außen gelblich, mit großen blauen, schwarz umrandeten Augenflecken (namensgebend!). ♂♂ in Gestalt und Färbung ähnlich ♀♀.

L Vor allem in Wassernähe, gerne im Umfeld von Weiden- oder Erlengebüschen, meidet geschlossene Wälder.

V Nachtaktiv und sehr fluggewandt. Rüssel verkümmert, nimmt keine Nahrung zu sich. Bei Störung werden unter zuckenden Bewegungen die vorher angelegten Vorderflügel gespreizt und die grell gefärbten Hinterflügel samt Augenflecken gezeigt. Meist erst nach Mitternacht im Umfeld von Lichtquellen zu beobachten. **Fortpflanzung:** Raupe (Endlänge bis 80 mm) blaugrün, mit seitlichen, weißen Schrägstreifen und einem blaugrünen Enddorn. Puppe überwintert im Boden.

E Raupe frisst Weide (Salix spec.) und Pappel (Populus spec.), auch an verschiedenen Obstbäumen.

i **Im Nationalpark** in der Nähe von Lichtquellen von den Tallagen bis ca. 1.000 m ü. NN vereinzelt zu beobachten.

Beobachtungstipp: Im Sommer an warmen Tagen innerhalb der Grünerlen- und Weidengebüsche am Wanderweg zur Bindalm vereinzelt anzutreffen.

Rotbeinige Beerenwanze *Sloe Bug*

Dolycoris baccarum

Familie Baumwanzen (Pentatomidae)

Beobachtungsmöglichkeit:

I	II	III	IV	V	VI	VII	VIII	IX	X	XI	XII

M L 10 – 14 mm. Bräunlichgrün und weinrot mit hell geringelten Fühlern und hell-dunkel-marmoriertem Rand des Hinterleibs. ♂♂ in Gestalt und Färbung wie ♀♀.

L Bevorzugt an Waldrändern und auf Wiesen, an Hecken und in Brombeergebüschen.

V Tagaktiv. Saugt an Beerenfrüchten, denen danach ein widerlicher Geschmack anhaftet, der die Früchte ungenießbar werden lässt.

E Pflanzensaftsauger, mit Vorliebe auf Rosengewächsen (Familie Rosaceae).

i **Im Nationalpark** in vielen Lebensräumen bis zur Baumgrenze häufig, vor allem auf Wiesen oder Landschaften mit Hecken, in denen Rosengewächse gedeihen. Unverwechselbar!

Beobachtungstipp: Im Hochsommer innerhalb der Grünerlen- und Weidengebüsche am Wanderweg zur Bindalm häufig auf Rosengewächsen zu beobachten. Auf den Windwurfflächen im Klausbachtal leicht zu entdecken.

Mistbiene *Flower Fly*

Eristalis tenax

Familie Schwebfliegen (Syrphidae)

Beobachtungsmöglichkeit:

I	II	III	IV	V	VI	VII	VIII	IX	X	XI	XII

M L 14 – 16 mm. Bienenähnliche Erscheinung. Körper dunkelbraun mit zwei großen, gelbroten Flecken an den Seiten des 2. Hinterleibsegments. Beim ♀ Augen durch Stirn getrennt, beim ♂ stoßen Augen zusammen.

L In offenen und halboffenen Lebensräumen, besonders in der Nähe von Almen und Weiden.

V Tagaktiv. Regelmäßiger Blütenbesucher. **Fortpflanzung:** Larven weißlich, mit einem bis zu 4 cm langen Atemrohr („Rattenschwanzlarven"), filtern schmutziges Wasser und tragen somit auch zur Klärung von Abwässern bei. Verpuppung an Land.

E Saugt Nektar, vor allem an Korbblütlern (Familie *Asteraceae*) sowie Doldenblütlern (Familie *Apiaceae*).

i **Im Nationalpark** im Bereich von Almen und Weiden häufig mit Vorliebe für „anrüchige" Wasseransammlungen (= namensgebendes Verhalten), leicht zu beobachten.

Beobachtungstipp: Von Frühling bis Herbst auf Wiesen am Wanderweg zur Bindalm häufig beim Blütenbesuch zu beobachten.

Alpine Gebirgsschrecke
Green Mountain Grashopper
Miramella alpina
Familie Knarrschrecken (Catantopidae)

Beobachtungsmöglichkeit:

I	II	III	IV	V	VI	VII	VIII	IX	X	XI	XII

M L 15 – 30 mm. Grundfärbung glänzend grün, Hinterbeine gelblich bis ockerfarben, beim ♂ am Grund schwarz. Körper flaumig behaart, vom Kopf bis Flügelansatz über Halsschildseiten ein breiter schwarzer Längsstreifen. Stummelflügel, flugunfähig. ♀♀ unauffälliger gefärbt.

L Bevorzugt kühle Lebensräume mit nördlicher Exposition sowie hoher Luftfeuchte in Bodennähe, vor allem Feuchtwiesen, Uferbereiche und Wiesen mit üppiger Vegetation, wie z. B. Hochstaudenfluren, Randzonen von Grünerlengebüschen und Zwergstrauchheiden. Alpine Hauptverbreitung im Bereich der Almwirtschaft.

V Tagaktiv. **Fortpflanzung:** Eiablage in frisches und feuchtes Bodensubstrat. Kein „Gesang", lediglich leises Knirschen mit den Mundwerkzeugen.

E Pflanzenfresser, vorwiegend breitblättrige Kräuter, Zwergsträucher und junge Gehölze sowie Flechten, Moose und Gräser, mitunter am Gelben Enzian *(Gentiana lutea)* und Weißem Germer *(Veratrum album)*.

i **Im Nationalpark** häufig in Sumpfwiesen, Zwergstrauchheiden und Grünerlengebüsch, vor allem zwischen 1.400 und 1.700 m, aber auch darüber bis 2.000 m ü. NN.

Beobachtungstipp: Überwiegend im Spätsommer innerhalb der Grünerlen- und Weidengebüsche am Wanderweg zur Bindalm regelmäßig zu beobachten.

Brauner Bär *Garden Tiger*

Artia caja

Familie Bärenspinner (Arctiidae)

Beobachtungsmöglichkeit:

I	II	III	IV	V	VI	VII	VIII	IX	X	XI	XII

M Mittelgroßer Falter, SP ca. 70 mm. Kräftig gebaut, bunt gefärbt, behaart, Raupen giftig. Vorderflügel oberseits braun mit weißem, sehr variablem Linienmuster. Hinterflügel gelborange mit weiß umrandeten, schwarzbraunen oder stahlblauen Flecken. ♂♂ in Gestalt und Färbung wie ♀♀.

L Lebensraumwahl sehr variabel, vor allem in offenen Busch- und Baumlandschaften, gerne in Grünerlenbeständen.

V Nachtaktiv, tagsüber ruhend auf Bäumen oder der Erde sitzend. Bei Störung werden zunächst die leuchtend bunten Hinterflügel gezeigt (= Warntracht), danach Ausscheiden eines giftigen Drüsensekrets. **Fortpflanzung:** Eiablage in großen „Spiegeln" (bis 500 Eier) an die Unterseite von Blättern. Raupen (Endlänge bis 60 mm) bräunlich, stark behaart (daher der Name „Bärenspinner"), seitlich mit weißen Punkten. Schlupf im August, fallen bis nach Überwinterung kaum auf, im VI erwachsen, Verpuppung in lockerem Gespinst am Erdboden. Eine Generation pro Jahr.

E Raupe frisst an Sträuchern, z. B. an Himbeere *(Rubus idaeus)* und niederen Kräutern, wie Brennnessel *(Urtica dioica)* und Echtem Mädesüß *(Filipendula ulmaria)*.

i **Im Nationalpark** auch tagsüber während der Ruhephase regelmäßig in buschreichen Lebensräumen bis 1.400 m ü. NN zu beobachten.

Beobachtungstipp: Im Hochsommer regelmäßig an Grünerlen und Weiden sitzend zu beobachten. Die Raupe häufig beim Überqueren von Wanderwegen anzutreffen. **Achtung – nicht anfassen, da die Raupe bei Störung giftiges Drüsensekret absondert!**

Gefleckte Schnirkelschnecke

Land Snail

Arianta arbustorum

Familie Schnirkelschnecken (Helicidae)

Beobachtungsmöglichkeit:

I	II	III	IV	V	VI	VII	VIII	IX	X	XI	XII

M Gehäuse kugelförmig und dünnwandig, schwach transparent, Oberfläche glänzend und deutlich unregelmäßig gestreift und mit gut sichtbaren Längsrillen versehen.

L Bei Mindestmaß an Feuchtigkeit in vielen Lebensräumen anzutreffen, enorm anpassungsfähig. Bevorzugt in Wiesen, an Wassergräben, Krummholz- und Erlengebüschen, jedoch auch auf alpinen Grasheiden.

V Überwiegend tagaktiv. **Fortpflanzung:** Zwitter, d. h. Begattung mit jedem Artgenossen möglich. Geschlechtsreife nach ca. 1 Jahr. Paarung im V/VI, Eiablage im VII/VIII (Gelegegröße 20 – 70 kugelige Eier). Schlupf der Jungtiere nach 16 – 30 Tagen. Jungtiere gerne an höheren Pflanzen. Winterruhe mit verschlossenem Gehäuse, eingegraben im Boden, je nach Lebensraum unterschiedlich lange. Drei bis vier Gelege pro Legeperiode.

E Überwiegend Pflanzenfresser, vor allem frische Kräuter, gelegentlich auch Aas.

i **Im Nationalpark** häufig in geeigneten Lebensräumen bis 2.000 m ü. NN, besonders in Erlen- und Weidengebüschen häufig. Viele ähnliche Arten.

Beobachtungstipp: Von Frühling bis Herbst innerhalb der Grünerlen- und Weidengebüsche am Wanderweg zur Bindalm häufig zu beobachten.

4.9 Lebensraum „Latschengebüsche"

Geschlossener Wald stößt im Nationalpark in einer Höhe von ca. 1.800 m ü. NN an seine natürliche Verbreitungsgrenze. Dies liegt an den mit steigender Höhe immer größer werdenden Temperaturunterschieden, den heftigen Winden, der langen Schneebedekkung und der kurzen Vegetationsperiode. Darüber hinaus sind die Hänge oft so steil, die Böden zu flachgründig oder zu nass, so dass sich größere Bäume nicht mehr erfolgreich anzuwurzeln vermögen. Unter solchen Bedingungen haben knie- bis mannshohe Sträucher in Form ausgedehnter Latschengebüsche *(Pinus mugo)* bessere Überlebenschancen. Weiter unten konnte sich dieser Lebensraumtyp sekundär auf ehemaligen Waldstandorten ausbreiten, die als Almflächen genutzt wurden oder immer noch werden. Ihre größte Ausdehnung erlangt diese Bergkiefernart allerdings über der Waldgrenze auf den Plateauflächen der Reiteralm und des Steinernen Meeres sowie in den schwer zugänglichen

Dichtes Latschengebüsch auf dem Weg zum Schneibstein

Felsabstürzen von Hohem Göll, Schneibstein, Watzmann und Hochkalter. Typische Begleitpflanzen des Latschengebüschs sind die Bewimperte *(Rhododenron hirsutum)* und Rostblättrige Alpenrose *(R. ferrugineum)*, vor allem auf feuchteren und geschützteren Standorten wie Rinnen und Mulden. Daneben finden sich Vogelbeere *(Sorbus aucuparia)*, Blaue und Schwarze Heckenkirsche *(Lonicera caerulea* ssp. *caerulea* und L. *nigra)* sowie Alpen-Heckenrose *(Rosa pendulina)*, während vor allem Lärche *(Larix decidua)*, Zirbe *(Pinus cembra)* und Fichte *(Picea abies)* als Einzelbäume eingestreut vorkommen. Der saure Rohhumus der Latsche begünstigt das Wachstum vieler Moose, Flechten und säureliebender Zwergsträucher wie z. B. Heidelbeere *(Vaccinium myrtillus)*, Preisselbeere *(Vaccinium uliginosum)* und Rauschbeere *(Vaccinium chamaebuxus)*. Kalkliebende Begleiter sind beispielsweise Schneeheide *(Erica herbacea)* und Braunrote Stendelwurz *(Epipactis atrorubens)*.

Das Latschengebüsch birgt vor allem für Insekten und andere wärmeliebende Tierarten einen besonderen Vorteil. Zwischen den einzelnen Pflanzen und in Bodennähe halten sich mikroklimatisch höhere Temperaturen, weshalb oberhalb der Waldgrenze teilweise Tierarten anzutreffen sind, die normalerweise die kühlen Temperaturen in dieser Höhe meiden. Gerade die Schmetterlingsfauna ist auf den blütenreichen Wiesen zwischen den Latschen sehr reichhaltig ausgeprägt. Der leicht mit dem Kohlweißling *(Pieris rapae)* zu verwechselnde Baumweißling *(Aporia crategi)*, der gaukelnd dahinflatternde Schachbrettfalter *(Melanargia galathea)*, das farbenprächtige Tagpfauenauge *(Inachis io)* und der rotbraun-weiß gesprenkelte Veilchen-Scheckenfalter *(Euphydryas cynthia)* sind nur einige Beispiele dafür. Auch eine große Zahl von Hautflüglern verwandelt die Legföhren sommers in einen summenden und brummenden Lebensraum. Während die Späte Großstirnschwebfliege *(Scaeva pyrastri)* überwiegend Doldenblütler zum Nektarsaugen aufsucht, hat die Berglandhummel *(Bombus monticola hypsophilus)* diesbezüglich keine klaren Präferenzen. Ein eifriger Blütenbesucher ist auch der Soldatenkäfer *(Cantharis fusca)*, der allerdings nicht an den Pollen sondern als Fleischfresser vielmehr an kleineren Insekten interessiert ist, welche die Blüten als Nahrungsquellen aufsuchen.

Unübersehbar sind die langen Transportstraßen der Roten Waldameise *(Formica rufa)*, die in diesem abwechslungsreichen Lebensraum optimale Lebensbedingungen vorfindet und die eindeutig dominierende Ameisenart repräsentiert. Die Spinnenfauna ist ebenfalls reichhaltig, wobei eine winzige, schwarz glänzende Springspinne *(Heliophanus cupreus)* trotz ihrer geringen Größe zu den auffälligsten Vertretern zählt.

Bei einem so reichhaltigen Nahrungsangebot haben sich selbstverständlich auch einige Vogelarten auf diesen Lebensraum spezialisiert. Die Klappergrasmücke *(Sylvia curruca)* ist ein ausschließlicher Insekten- und Spinnenfresser und daher nur im Sommer anzutreffen. Während dieser Jahreszeit ist der klappernde Gesang des Männchens wie auch die leicht einzuprägende Strophe des Zilpzalps *(Phylloscopus collybita)* ein unverwechselbarer Hinweis auf die Gegenwart dieser sonst sehr heimlich lebenden Vögel. Wesentlich häufiger bekommt man die relativ unscheinbar grau-braun gefärbte Alpenbraunelle *(Prunella collaris)* zu Gesicht, die neben Fleischkost gerne auch auf Sämereien zurückgreift und daher länger im Nationalpark verweilt als die grauweiße Klappergrasmücke. Ganzjährig zu beobachten ist der gesellig lebende Alpenbirkenzeisig *(Carduelis flammea cabaret)*, der oft in großen Schwärmen auf der Suche nach Sämereien die Latschengebüsche und angrenzende Lebensräume durchstreift.

Wo findet man Latschengebüsche im Nationalpark?

Ausgedehnte Latschengebüsche findet man entlang des Wanderweges Nr. 416 vom Schneibsteinhaus (1.668 m ü. NN) zum Gipfel des Schneibsteins (2.276 m ü. NN).

Latschengebüsch im Bereich Fagstein

Alpenbraunelle ***Alpine Accentor***
Prunella collaris
Familie Braunellen (Prunellidae)

Beobachtungsmöglichkeit:

I	II	III	IV	V	VI	VII	VIII	IX	X	XI	XII

M L 18 cm, etwas größer, bunter und gedrungener als Heckenbraunelle *(Prunella modularis)*, mit relativ großen, spitzen Flügeln. Oberkopf und Nacken bräunlich aschgrau mit feinen dunklen Längsstrichen. Rücken und Bürzel graubraun mit dunkelbraunen Strichen, Flügel braunschwarz. Auffällig sind zwei unregelmäßig weiße Flügelbinden, die schwarz-weiß gesperberte Kehle und die rotbraun gestreiften Flanken. ♂♂ in Gestalt und Färbung ähnlich wie ♀♀.

L Brutvogel der alpinen Stufe, vor allem auf +/- geneigtem Felsgelände mit alpinen Polsterpflanzen bzw. kurzrasigen Hängen mit Unterbrechungen der Vegetationsdecke. Nahrungssuche auf kurzem Rasen, in kriechender Vegetation, am Rand von Schneefeldern oder auf Altschneefeldern.

V Tagaktiver Teilzieher, relativ zutraulich, wippt gerne mit dem Schwanz und zuckt mit den Flügeln. Ausgesprochener Bodenvogel, gut getarnt und daher schlecht zu entdecken. **Stimme:** Gesang des ♂ besteht aus hellem, lerchenartigen Trillern, unterschiedlich laut. Wird vom Boden als Werbegesang, von erhöhten Warten (z. B. Felsspitzen, Latschenwipfeln) und auch im Singflug rüttelnd und schwebend hoch in der Luft vorgetragen. **Fortpflanzung:** Nest gut getarnt in Bodensenke oder Felsspalt, oft sogar in Schneenähe. Eiablage Ende V (4 – 5 Eier), BD 15 Tage, NZ 16 Tage, einige Tage danach sind Jungvögel flügge. Zwei Jahresbruten.

E Überwiegend Insektenfresser, aber auch Spinnen, Schnecken und Sämereien.

i **Im Nationalpark** oberhalb ca. 1.500 m ü. NN bis 2.300 m ü. NN regelmäßig, relativ gut zu beobachten. Verwechslungsgefahr mit Heckenbraunelle!

Beobachtungstipp: Während der Brutzeit z.B. auf der kurzrasigen Vegetation innerhalb der ausgedehnten Latschengebüsche im Umfeld der Blaueishütte regelmäßig zu hören und leicht zu beobachten.

Klappergrasmücke *Lesser Whitethroat*

Sylvia curruca

Familie Grasmücken (Sylviidae)

Beobachtungsmöglichkeit:

I	II	III	IV	V	VI	VII	VIII	IX	X	XI	XII

M L 13,5 cm, etwa so groß wie Hausrotschwanz *(Phoenicurus ochruros)*. Ausgewachsene ♂♂ und ♀♀ auf der Kopfoberseite und Stirn aschgrau, restliche Oberseite fahlgrau. Ohrdecken und Wangen dunkel graubraun, dunkler als Oberkopf. Flügel dunkel graubraun, Halsseiten und Unterseite weißlich mit einem rötlichem Anflug an Brust und Flanken. ♂♂ in Gestalt und Färbung ähnlich wie ♀♀.

L Brutvogel in offenem und halboffenem Gelände mit dichten Gruppen niedriger Sträucher bzw. vom Boden ab dichten Bäumen, vor allem in jungen Nadelbäumen. An der Waldgrenze zahlreich in Latschenbeständen, in der Krummholzregion und im Zwergstrauchgürtel der oberen Subalpinstufe sowie in tieferen Lagen auf Lawinenzügen, Schuttkegeln, Waldweideflächen mit verbissenen Sträuchern und Nadelbäumen. Auf dem Durchzug in ähnlichen Lebensräumen.

V Tagaktiver Langstreckenzieher. Heimlich lebend, Anwesenheit oft nur durch Gesang offenkundig. **Stimme:** Gesang sehr charakteristisch, besteht aus leise schwätzendem Vorgesang und einer kurzen, lauten Klapperstrophe. Das „Klappern" besteht aus einzelnen Doppelelementen. **Fortpflanzung:** Nest in Bodennähe. Eiablage (3 – 5 Eier) ab Anfang V, BD 11 – 13 Tage, NZ 11 – 12 Tage.

E Allesfresser, überwiegend Insekten und Larven, weniger Beeren und Früchte.

i **Im Nationalpark** bis 2.200 m ü. NN häufig, vorwiegend im Latschen- und Erlengebüsch, selten gut zu beobachten, jedoch sehr gut zu hören.

Beobachtungstipp: Während der Brutzeit z. B. in den ausgedehnten Latschengebüschen im Umfeld der Blaueishütte häufig zu hören, seltener zu beobachten.

Zilpzalp *Chiffchaff*

Phylloscopus collybita

Familie Grasmücken (Sylviidae)

Beobachtungsmöglichkeit:

I	II	III	IV	V	VI	VII	VIII	IX	X	XI	XII

M L 11 cm, etwa gleich groß wie Fitis *(Phylloscopus trochilus)*. Ausgewachsene Vögel oberseits weniger grünlich als dieser, mehr oliv bzw. olivbraun mit blassgelbem oder bräunlich getöntem Überaugenstreif, wirkt meist verwaschen und wenig über das Auge nach hinten hinausragend. Unterseite braunweißlich, Bauchmitte weißlicher getönt. ♂♂ in Gestalt und Färbung wie ♀♀.

L Brutvogel in Misch- und Nadelwäldern mit viel Unterholz oder Jungwuchs, vorzugsweise an durchsonnten, trockenen Standorten ohne vollständigen Kronenschluss. Wichtig ist vielschichtig strukturierte Baumschicht mit zumindest lückigem Unterwuchs, eine wenigstens stellenweise gut ausgebildete Strauch- und Krautschicht. Geringer Platzbedarf.

V Tagaktiver Kurz- und Mittelstreckenzieher, wirkt unermüdlich tätig. **Stimme:** Charakteristischer, unverwechselbarer und nicht zu überhörender Reviergesang aus monotoner Folge von Elementen, die in der Tonhöhe wechseln, wie „zilp zalp zilp zalp zelp zilp ...". **Fortpflanzung:** Neststand in Hecken, altem Gras oder Stauden. Eiablage (4 – 7 Eier) ab Anfang IV, BD 12 – 15 Tage, NZ 13 – 14 Tage. Zwei Jahresbruten.

E Allesfresser, überwiegend kleine Insekten und Spinnen, im Herbst auch Beeren.

i **Im Nationalpark** häufig bis 1.600 m ü. NN, darüber bis 2.000 m ü. NN regelmäßig, leicht akustisch zu bestimmen, seltener zu sehen.

Beobachtungstipp: Aus den ausgedehnten Latschengebüschen entlang des Wanderweges vom Stahlhaus zum Schneibstein während der Brutzeit sehr häufig zu hören, nur selten zu beobachten.

Alpenbirkenzeisig ***Lesser Redpoll***
Carduelis flammea cabaret
Familie Finken (Fringillidae)

Beobachtungsmöglichkeit:

I	II	III	IV	V	VI	VII	VIII	IX	X	XI	XII

(M) L 13 cm, etwas größer als der Erlenzeisig *(Carduelis spinus),* Körper etwas schlanker, Schnabel deutlich kürzer und zarter ausgebildet. Schwanz dunkel und deutlich eingekerbt. Ausgefärbte ♂♂ an der Stirn bräunlich, um die Schnabelbasis hell abgesetzt. Auffälliger Vorderscheitel, bis hinter das Auge – mitunter auch fast der gesamte Oberkopf – rot gezeichnet. Oberseite hellbraun bis grau, dicht hell graubraun gestreift, Bürzel weißlich bzw. leicht rosa. Flanken kräftig dunkel gestreift. Ausgefärbte ♀♀ den ♂♂ sehr ähnlich, jedoch auf Unterseite und Bürzel meist kein rosa.

(L) Brut mit Vorliebe in subalpinen, seltener auch in montanen Nadelwäldern bis in die Krummholzzone, vor allem in lichten Baumbeständen mit angrenzenden Almböden, Viehweiden, Mähwiesen und Gebüschunterwuchs, auch in Legföhren und Grünerlengebüsch. Außerhalb der Brutzeit in vergleichbaren Lebensräumen mit entsprechendem Angebot an Baumsamen.

(V) Tagaktiver Teilzieher, im Herbst und Winter oft gesellig in Birken (Betula spec.). **Stimme:** Gesang aus schnellem, rauhem Schwirren, klingt etwa wie „tschrrrrr", folgt häufig auf einleitendes „tsched tsched ...". Vortrag von einer Warte im Baum, im normalen Flug oder im Singflug mit betont langsamen Flügelschlägen. **Fortpflanzung:** Nest in Bäumen und Sträuchern. Eiablage (4 – 5 Eier) ab V, BD 13 Tage, NZ 12 Tage. Eine Jahresbrut.

(E) Allesfresser, neben Insekten vor allem kleine Samen von Laubbäumen und krautigen Pflanzen.

(i) **Im Nationalpark** oberhalb 1.000 – 1.700 m ü. NN regelmäßig, darüber bis 1.900 m ü. NN vereinzelt.

Beobachtungstipp: Im Umfeld der Blaueishütte vor allem nach der Brutzeit (Schwarmbildung) gut zu beobachten bzw. zu hören.

Veilchen-Scheckenfalter
Cynthia's Fritillary
Euphydryas cynthia
Familie Edelfalter (Nymphalidae)

Beobachtungsmöglichkeit:

I	II	III	IV	V	VI	VII	VIII	IX	X	XI	XII

M Mittelgroßer Falter, SP 38 – 42 mm. Grundfarbe oberseits weiß mit rotbraunem Band im Außenbereich sowie rotbraunem Fleck in der Zelle, oft +/- dunkel übergossen. Auf den Hinterflügeln im rotbraunen Außenband schwarze Punkte. Flügelunterseiten gelblich mit rotbraunen Binden und Flecken. ♀♀ oberseits einförmig rotbraun mit dunkler Zeichnung, unterseits ähnlich ♂♂. In den höchsten Lagen in der Regel kleiner.

L Fühlt sich auf Bergwiesen und im Latschengebüsch heimisch.

V Tagaktiv. **Fortpflanzung:** Eiablage in kleinen Haufen. Überwinterung als Raupe. Entwicklung vom Ei zum Falter über zwei Jahre, noch längere Entwicklungszyklen im Gebirge nicht selten. Eine Generation Jahr.

E Raupe frisst vor allem an Veilchenarten (Viola spec.) und anderen niedrig wachsenden Pflanzen.

i **Im Nationalpark** regelmäßig auf Bergwiesen im Latschengebüsch bis zur Baumgrenze zu beobachten. Unverwechselbar!

Beobachtungstipp: Vor allem über den Blumenwiesen innerhalb ausgedehnter Latschengebüsche zu beobachten, so z. B. entlang des Wanderweges zum Schneibstein im Frühsommer regelmäßig anzutreffen.

Schachbrettfalter ***Marbled White***

Melanargia galathea

Familie Augenfalter (Satyridae)

Beobachtungsmöglichkeit:

I	II	III	IV	V	VI	VII	VIII	IX	X	XI	XII

M Mittelgroßer Falter, SP 37 – 52 mm. Grundfärbung weiß mit schachbrettartiger, schwarz-weißer Musterung der Flügel (= namensgebend). Unterseits auffällige Augenflecken (= Ablenkung für Vögel hin zu den weniger empfindlichen Außenbereichen der Flügel) im Randbereich von Vorder- und Hinterflügeln. Muster veränderlich. ♀♀ größer, SP bis 56 mm, unterseits schwach gelblich mit gelbbraunen Zeichnungen.

L Gerne an Waldrändern, auf Waldwiesen, auf Magerrasen, in Zwergstrauchheiden, an Wegrändern, in Schneisen, an Böschungen sowie an grasigen, nicht zu trockenen Plätzen bis zur Baumgrenze.

V Tagaktiv. Flug langsam bis hüpfend. **Fortpflanzung:** Eiablage einzeln auf den Boden. Raupe (Endlänge bis 28 mm) grün oder sandgelb mit feiner, dunkler Rückenlinie; überwintert, ohne Nahrung zu sich genommen zu haben. Raupen kurz vor der Verpuppung nur noch nachtaktiv. Verpuppung an der Basis eines Grasbüschels in einem Gespinst aus zusammengewobenen Gräsern. Eine Generation pro Jahr.

E Raupe – wie alle Augenfalter – ausschließlich an verschiedenen Gräsern, abhängig vom jeweiligen eigenen Entwicklungsstand und dem Nährstoffgehalt der Pflanzen, gerne an Aufrechter Trespe *(Bromus erectus)*.

i **Im Nationalpark** vereinzelt bis regelmäßig, bis 2.000 m ü. NN zu beobachten. Unverwechselbar!

Beobachtungstipp: Beispielsweise auf den Blumenwiesen innerhalb der ausgedehnten Latschengebüsche entlang des Wanderweges zum Schneibstein im Sommer regelmäßig beim Blütenbesuch zu beobachten.

Baumweißling *Black-veined White*
Aporia crataegi
Familie Weißlinge (Pieridae)

Beobachtungsmöglichkeit:

I	II	III	IV	V	VI	VII	VIII	IX	X	XI	XII

M Mittelgroßer Tagfalter, SP 65 mm. Durchscheinend weiße Flügel. Grundfarbe oberseits weiß, Adern dunkelbraun oder schwarz beschuppt. Unterseite gleich, mitunter mit einzelnen dunklen Schuppen bestreut, besonders auf Hinterflügeln. ♀♀ größer, wirken insgesamt bräunlicher.

L Bevorzugt in offenem sowie halboffenem Gelände, besonders an blumenreichen Berghängen, in der Krummholzzone und an Waldrändern.

V Tagaktiv. Flugzeit vier Wochen. **Fortpflanzung:** Zur Paarungszeit wirbeln die Falter bis hoch über die Bäume, Paarung selbst erfolgt in der Krautschicht. Eiablage in Gruppen an Futterpflanzen der Raupen. Schlupf im VI, fertigen eigenes Raupennest aus Gespinst und Laub, überwintern gesellig in „Nestern" an Bäumen.

E Falter sind eifrige Blütenbesucher, saugen oft auch an feuchter Erde und Exkrementen. Raupen gerne an Weißdorn (Crataegus spec.) und vielen Obstbaumarten.

i **Im Nationalpark** regelmäßig auf blumenreichen Wiesen bis 2.000 m ü. NN. Unverwechselbar!

Beobachtungstipp: Auf den Blumenwiesen innerhalb der ausgedehnten Latschengebüsche entlang des Wanderweges zum Schneibstein im Frühsommer regelmäßig zu beobachten.

Späte Großstirnschwebfliege *Hoverfly*
Scaeva pyrastri
Familie Schwebfliegen (Syrphidae)

Beobachtungsmöglichkeit:

I	II	III	IV	V	VI	VII	VIII	IX	X	XI	XII

M L 14 – 15 mm. Sehr markant gezeichnet: Brust schwarz mit grünlichem Metallglanz, Hinterleib schwarz, zweites Hinterleibssegment mit gerader, drittes und viertes Segment mit gebogener, in der Körpermitte unterbrochener Querbinde. Fühler rötlich-braun, Stirn wachsig, Gesicht gelbgrau, Augen behaart. ♂♂ in Gestalt und Färbung wie ♀♀.

L Sehr gerne an Waldrändern, in offenem Gelände sowie in der Krummholzzone.

V Tagaktiv. **Fortpflanzung:** Larven sehr gefräßig, grün gefärbt, selten rosa, mit weißem Längsstreifen über der Körpermitte, häufig an verschiedenen Kräutern anzutreffen.

E Saugt Nektar, vor allem an Doldenblütlern (Familie *Apiaceae)*, auch an Disteln (Gattung Carduus), Himbeeren *(Rubus idaeus)* und Brombeeren *(Rubus fruticosa)*. Larven sind Fleischfresser.

i **Im Nationalpark** in vielerlei Lebensräumen häufig und gut zu beobachten. Verwechslungsgefahr nur mit *Scaeva selenitica*, welche statt weißer gelbe Hinterleibsbinden besitzt! Larven fressen überwiegend Blattläuse (Aphis spec.), daher als „Nützling" im Garten willkommen!

Beobachtungstipp: Auf den Blumenwiesen innerhalb der ausgedehnten Latschengebüsche entlang des Wanderweges zum Schneibstein im Hochsommer sehr häufig, leicht zu beobachten.

Berglandhummel
Mountain Bumblebee
Pyrobombus monticola
Unterfamilie Hummeln (Bombinae)

Beobachtungsmöglichkeit:

I	II	III	IV	V	VI	VII	VIII	IX	X	XI	XII

M L 14 – 23 mm, SP 35 – 55 mm. Rüssel und Kopf kurz. Auf dem Rücken kurz hinter Kopf eine gelbliche bis hellgraue Querbinde, eine zweite gleich gefärbte, aber V-förmige Querbinde am Brustende. Hinterleib von vorne nach hinten zunächst hellgelb, dann schwarz, hinterer Teil orangerot. ♀♀ größer, ansonsten wie ♂♂.

L Überall in lichten Gehölzen der Subalpin- und Alpinstufe.

V Tagkativ und kälteresitent. Eine Generation pro Jahr, nur ♀♀ überwintern, fliegen bereits ab III – V, die Sommergeneration ab VIII – IX. Lebt in einjährigen Kolonien mit einer Größe von 50 – 120 Tieren. **Fortpflanzung:** unterirdisch in Mäuseburgen wie auch oberirdisch in Baumhöhlen oder Scheunen, Nestbezieher.

E Saugt an vielerlei Pflanzen (= polylektisch), z. B. an Gemeinem Leimkraut *(Silene vulgaris)*.

i **Im Nationalpark** als Unterart B. monticola hypsophilus vorkommend. Nur oberhalb 1.500 m ü. NN bis über die Baumgrenze anzutreffen, gut zu beobachten.

Beobachtungstipp: Auf den Blumenwiesen innerhalb der ausgedehnten Latschengebüsche entlang des Wanderweges zum Schneibstein jeweils im Früh- und Spätsommer häufig anzutreffen.

Rote Waldameise *Southern Wood Ant*
Formica rufa
Familie Ameisen (Formicidae)

Beobachtungsmöglichkeit:

I	II	III	IV	V	VI	VII	VIII	IX	X	XI	XII

M L der Arbeiterinnen 5 – 7 mm, Königin 9 – 11 mm. ♂ und ♀ kurzzeitig geflügelt; Arbeiterinnen flügellos. Bei Arbeiterinnen und Soldaten Geschlechtsorgane verkümmert, dafür mit der Tätigkeit angepassten Körperorganen, z.B. die Soldaten mit stark vergrößerten Kieferzangen und großen Köpfen. Kopfoberseite, Teil des Thorax, Hinterleib und Beine schwarzbraun, Rest intensiv rot. Fühler 12-gliedrig, dienen als Tast-, Geruchs- und Feuchtigkeitssinn.

L Besonders in lichtdurchfluteten Laub- und Nadelwäldern und an Waldrändern, Bau der Nester meist an sonnigen Plätzen.

V Tagaktiv, lebt in großen „Sozialstaaten" (100.000 – 2.000.000 Individuen) mit klar geregeltem „Kastensystem", d. h. Aufteilung in unfruchtbare ♀♀, fruchtbare ♂♂ und die Königin. Ameisen füttern Artgenossen, Nahrungsaustausch dient auch der Kommunikation, da Nahrung mit Duftstoffen versetzt ist. Die zwölfgliedrigen Fühler sind sehr wichtig für die Ameisen, da vor allem über Gerüche und Berührungen mit Artgenossen kommuniziert wird. Bei Gefahr Ausscheidung chemischer „Alarmsubstanzen". Gesichtssinn schlechter entwickelt. **Fortpflanzung:** Eiablage im III, Schlupf der ♀♀ im Mai, Arbeiterinnen füttern Larven unter Beigabe von Hormonen, die je nach Zusammensetzung des

Typischer „Haufenbau" der Roten Waldameise

Futters Entwicklung von ♀♀ bzw. Jungkönigin oder ♂♂ steuert. Später wird kein Futter mit Hormonen aus den Kopfdrüsen gegeben und es entstehen Arbeiterinnen. Überwinterung in Kältestarre, im Nest bei bis zu – 12 C°, Energieverbrauch gleich Null, ohne Vorratsanlage im Herbst. Nach dem Schlupf verlassen die ♀♀ Anfang V das Nest zum kurzzeitigen Hochzeitsflug. Nach dem Hochzeitsflug bzw. der Paarung sterben die ♂♂ und die Jungköniginnen werfen die Flügel ab. Um den Bau herum verlaufen hunderte Ameisenstrassen, welche mit Pheromonen (= Lockstoffen) gekennzeichnet sind. Ameisenbau ist teils ober- und unterirdisch angelegt, bis zu 2 m hoch, meist an windgeschützten, sonnigen Waldrändern. Obere Schichten aus Nadeln, im Inneren vorwiegend aus Erde. Durch viele Gänge stets durchlüftet, daher auch im Hochsommer keine Überhitzung im Bau. Alle Gänge so angelegt, dass Regenwasser ablaufen kann, im Winter verschlossen. Hügel werden beständig umgebaut, wodurch das Nest eine immer bessere Stabilität erlangt und zugleich einer Ausbreitung von Pilzen vorgebeugt wird. Jagd der Ameisen oft in kleinen Gruppen, größere Opfer werden gemeinsam überwältigt und in den Bau geschleppt. **Alter:** Königin bis 15 Jahre, Arbeiterinnen selten > 3 Jahre.

E Allesfresser, vor allem Kleininsekten (wichtig für die Königin) im Umkreis von 20 – 50 m um das Nest sowie Honigtau, der von Blattläusen (Aphis spec.) in großen Mengen abgenommen wird, wobei diese von den Ameisen „betrillert" und somit zur Abgabe des Honigtaus „stimuliert" werden.

i Im Nationalpark in vielen Wäldern häufig, durch ihre großen Haufen meist leicht zu entdecken. Gilt als ausgesprochener „Nützling" des Waldes, da von jedem Ameisenvolk pro Tag 10.000de „Schädlinge" bzw. deren Larven und Raupen vernichtet werden.

Beobachtungstipp: In den ausgedehnten Latschengebüschen entlang des Wanderweges zum Schneibstein von Frühjahr bis Herbst sehr häufig, leicht zu beobachten.

Soldatenkäfer *Soldier Beetle*

Cantharis fusca

Familie Weichkäfer (Cantharidae)

Beobachtungsmöglichkeit:

I	II	III	IV	V	VI	VII	VIII	IX	X	XI	XII
				●	**●**	**●**					

M L 11 – 15 mm. Mehrere Farbkombinationen möglich, welche alle an die Uniformen alter Soldaten erinnern (= namensgebend!). Halsschild rot, vorn mit dunklem Fleck, Flügeldecken dunkelgrau. Hinterleib sehr weichhäutig (= namensgebend für Familie der Weichkäfer), vorwiegend rot. ♂♂ in Gestalt und Färbung wie ♀♀.

L Großes Lebensraumspektrum, im Nationalpark gerne in Wäldern, aber auch in offenem Gelände, vor allem auf blumenreichen Wiesen, Weiden und Sträuchern.

V Tagaktiv. Eiablage in den Boden. Larven grau und behaart, Überwinterung als Larve im Boden, wo sie Schnecken und Regenwürmer jagen.

E Fleischfresser. Käfer (= Imagines) ernähren sich überwiegend von kleineren Insekten, die sie bevorzugt von Blütendolden absammeln, mitunter auch tote Insekten.

i **Im Nationalpark** bis zur Baumgrenze häufig, darüber seltener, jedoch noch regelmäßig zu beobachten. Im Volksmund werden die Larven auch „Schneewürmer" genannt, da sie an sonnigen Wintertagen ans Tageslicht kommen.

Beobachtungstipp: Auf den Blumenwiesen innerhalb der ausgedehnten Latschengebüsche entlang des Wanderweges zum Schneibstein im Frühsommer auf der Jagd nach Insekten häufig anzutreffen.

Springspinne *Jumping Spider*

Heliophanus cupreus

Familie Springspinnen (Salticidae)

Beobachtungsmöglichkeit:

I	II	III	IV	V	VI	VII	VIII	IX	X	XI	XII

M Kleine Spinne, L der ♀♀ bis 6 mm, der ♂♂ bis 4 mm. Körper gedrungen, Beine kurz und kräftig. Rückenschild schwarz glänzend, mit nur wenigen weißen Schuppenhaaren. Hinterleib schwarz, metallisch glänzend mit einem dünnen Rand aus weißlichen Härchen und 1 – 2 Paaren weißer Flecken in der hinteren Hälfte. Beine schwarz, bisweilen gelbbraun mit dunklen Streifen. ♂♂ meist ohne weißliche Schuppen, glänzt stärker metallisch.

L Mit Vorliebe an sonnigen, warmen Stellen mit niedriger Vegetation, z.B. in der Krummholzzone.

V Tagaktiv, lebhaft und schnell, sonne- und wärmeliebend. Baut kein Fangnetz, sondern verfolgt und beschleicht Opfer. **Fortpflanzung:** Zur Eiablage, Überwinterung und als Schutz beim Häuten werden kleine Wohngespinste gewoben. ♂ vollführt Balztanz vor der Paarung.

E Fleischfresser, überwiegend kleine Insekten.

i **Im Nationalpark** an sonnig-warmen Stellen regelmäßig bis im Bereich der Krummholzzone zu beobachten, jedoch aufgrund der geringen Größe und hohen Beweglichkeit schwer zu entdecken.

Beobachtungstipp: Auf Steinen innerhalb der Latschengebüsche entlang des Wanderweges zum Schneibstein im Sommer regelmäßig zu beobachten.

4.10 Lebensraum „Wiesen und Almweiden"

In einem Höhenbereich zwischen 600 (Salet Alm) und 1.900 m ü. NN (Vorderberg Alm) wurden bereits vor Jahrhunderten und damit lange vor Gründung des Nationalparks zahlreiche z. T. großflächige Almen angelegt, die insbesondere der „Sömmerung" des Jung- und Milchviehs dienten und teilweise heute (auf 25 Almen) noch dienen. Aufgegeben wurden in erster Linie hoch gelegene und schwer zugängliche Almen, deren Bewirtschaftung aufgrund der kurzen Vegetationszeit zu wenig ergiebig war. Hier lassen sich erste Sukzessionsstadien in Form einer zunehmenden Verbuschung erkennen, wobei der Berg-Ahorn *(Acer pseudoplatanus)* auf solchen Flächen oft als Pionierbaumart auftritt.

Mähwiesen im engeren Sinn findet man nur sehr kleinflächig in der unmittelbaren Umgebung der Almhütten. Regelmäßiger Schnitt und organische Düngung bedingen relativ ertragreiche Futterwiesen, in denen auch Glatthafer *(Arrhenatherum elatius)* und Gewöhnlicher Goldhafer *(Trisetum flavescens* ssp. *flavescens)* als Charakterarten vertreten sind. Der großblättrige Berg-Sauerampfer *(Rumex alpestris)* und der Gewöhnliche Wiesen-Bärenklau *(Heracleum sphondylium* ssp. *sphondyllium)* bilden an stickstoffhaltigen Stellen großflächige Bestände, oft begleitet von der Großen Brennnessel *(Urtica dioica)*. Für flachgründige und trockene Stellen ist dagegen der Gewöhnliche Flaumhafer *(Avenula pubescens)* typisch. Regelmäßig genutzte und gepflegte Almen besitzen eine trittangepasste, zumeist niedrige Pflanzendecke mit einem hohen Vielfältigkeitsgrad. Zu den häufigsten Vertretern der tiefer gelegenen „Kammgrasweide" (600 – 1.400 m ü. NN) zählen Wiesen-Kammgras *(Cynosurus cristatus)*, Horstiger Rot-Schwingel *(Festuca nigrescens)*, Wiesen-Knäuelgras *(Dactylis glomerata)* und Wiesen-Klee *(Trifolium repens)*. Die höher gelegene „Milchkrautweide" (bis 1.700 m ü. NN) wird durch feuchtigkeitsliebende Arten wie z. B. Alpen-Lieschgras *(Phleum alpinum)*, Alpen-Rispengras *(Poa alpina)* und Gold-Pippau *(Crepis aurea)* ergänzt. Selbstverständlich kommt es in dieser Region zu Überschneidungen mit den natürlichen Kalkrasengesellschaften oberhalb der alpinen Waldgrenze, was an den eingestreuten Charakterpflanzen dieses Vegetationstyps deutlich wird. Daneben gibt es Sonderstandorte wie die Almwiesen auf silikatisch-karbonatischem Untergrund, die sich beispielsweise durch das Vorkommen von Schwarzem Kohlröschen *(Nigritella rhellicani)*, Silberdistel *(Carlina acaulis)* und Ungarischem Enzian *(Gentiana pannonica)* auszeichnen. Fehlen Karbonate im Boden, bilden sich fast reine Borstgras-Rasen mit nur wenigen Begleitarten aus, wie z. B. auf der Gotzen Alm. Typisch für manche Almen sind nasse

Bereiche durch sekundäre Trittverdichtung und Quellaustritte, die zumeist von seggenreichen Pflanzengesellschaften dominiert werden.

Trockene und überwiegend tiefgründige Bereiche der Almwiesen werden vom Alpenmurmeltier *(Marmota marmota)* bevorzugt, das als ehemaliger Steppenbewohner von der Rodung der Bergwälder stark profitiert hat und vor allem im Bereich östlich des Königssees in großen Familienverbänden vorkommt. Weiter westlich tritt es dagegen nur noch sporadisch auf und besiedelt dann auch z. T. völlig andere Lebensräume, so z. B. Geröllhalden im Sittersbachtal oder unterhalb des Blaueisgletschers. Das schlanke, wendige Hermelin *(Mustela erminea)* und der scheue Iltis *(Putorius putorius)* nutzen Almflächen bzw. Bergwiesen mit Vorliebe als Nahrungsquelle und suchen dabei ganz bewusst die Nähe menschlicher Behausungen, um dort von dem reichlichen Nagetierangebot zu profitieren. Auch Fledermäuse finden in der Umgebung dieses Lebensraumtyps selbst in größeren Höhen ausreichend Futter. So sind Kleine Bartfledermaus *(Myotis mystacinus)* und Zwergfledermaus *(Pipistrellus pipistrellus)* in der Dämmerung an nicht zu kühlen Abenden besonders in der Nähe von Berghütten gut zu beobachten. Vor allem die zahlreichen Nachtfalter und verschiedene Mottenarten werden von ihnen im Flug erbeutet. Tagsüber gaukeln über den blütenreichen Wiesen und Almen Großes Ochsenauge *(Maniola jurtina)*, Distelfalter *(Cynthia cardui)*, Zitronenfalter *(Gonepteryx rhamni)* und Admiral *(Vanessa atalanta)*. Gerade die Bestände der Großen Brennnessel *(Urtica dioica)* sind für die Raupen dieser

Büchsen Alm

Schmetterlinge lebenswichtig, während die Raupen des leider immer seltener werdenden Apollofalter *(Parnassius apollo)* ausschließlich am Weißen Mauerpfeffer *(Sedum album)* fressen. Einer der ersten Schmetterlinge des Jahres ist der Grüne Zipfelfalter *(Callophrys rubi)*, der einzige Schmetterling Deutschlands mit grünen Flügelunterseiten. Vor allem die männlichen Tiere sieht man bisweilen schon im März in Büschen an den Randbereichen von Almen sitzen.

Sind Wasserstellen in der Nähe, sind auch verschiedene Bremsenarten wie Regenbremse *(Haematopota pluvialis)* oder die wesentlich größere Rinderbremse *(Tabanus bovinus)* nicht weit und können gerade an schwülheißen Tagen für Mensch und Tier zu einer regelrechten Qual werden. Die Wolfsspinne *(Pardosa monticola)* baut kein Netz, sondern jagt kleine Insekten am Boden, wobei die schwarz-rote Ritterwanze *(Lygaeus equestris)*, der bunt schillernde Metallfarbene Grabkäfer *(Pterostichus metallicus)* und die solitär lebende Rote Mauerbiene *(Osmia rufa)* nicht zu ihren bevorzugten Opfern zählen. Außerdem bevölkern unzählige Arten von Heuschrecke diesen Lebensraum, so z. B. die häufig anzutreffende Alpine Gebirgsschrecke *(Miramella alpina)* und die große, braun-schwarz gefärbte Roesels Beißschrecke *(Metrioptera roeselii)*.

Typische Vogelart der tiefer gelegenen Almen ist der im Nationalpark leider seltene, gerne in Einzelbäumen brütende Gartenrotschwanz *(Phoenicurus phoenicurus)*, der regelmäßig nur auf der Salet Alm zu beobachten ist. Ebenso vereinzelt, jedoch etwas häufiger zu beobachten ist das Braunkehlchen *(Saxicola rubetra)*, das im Nationalpark mit Vorliebe auf busch- und pflanzenreichen Almwiesen brütet und dort von erhöhten Sitzwarten aus Jagd auf Insekten macht. Der charakteristischste Vogel der höher gelegenen Almen und Wiesen ist der versteckt am Boden brütende Bergpieper *(Anthus spinoletta)*, der seinen auffälligen Singflug nach der Rückkehr aus den Winterquartieren schon ab März über den teilweise noch schneebedeckten Almen zeigt.

Wo findet man Wiesen und Almweiden im Nationalpark?

Typische Almweiden und Blumenwiesen findet man im Nationalpark beispielsweise entlang des Wanderweges Nr. 497 zur Königsbach Alm (1.200 m ü. NN).

Hermelin im Winterfell

Hermelin *Stoat*

Mustela erminea

Familie Marder (Mustelidae)

M L 22 – 31 cm, Schwanz 8 – 12 cm, GW 125 – 450 g. ♂♂ größer und schwerer als ♀♀. Rücken und Flanken braun, Bauch weiß bis gelblich. Ohr mit weißem Saum, Schwanzende stets schwarz, übriger Körper im Hochgebirge im Winter weiß.

L Sehr variable Lebensraumwahl, daher in verschiedensten Lebensräumen wie Feldrainen, Hecken und Waldrändern sowie in lichten Wäldern vorkommend.

V Vorwiegend nachtaktiver Räuber, mitunter tagsüber anzutreffen. Jagt einzeln, bisweilen in kleinen Familientrupps. Schlüpft flink in Spalten und Löcher auf Suche nach Beutetieren. Klettert und springt gut, schwimmt gern. **Stimme:** Angst- und Drohschrei ein hohes, durchdringendes „Kri-kri". **Fortpflanzung:** Nest in Höhlen, Löchern und Unterschlüpfen, zuweilen auch in Hütten. Sehr lange Paarungszeit (III – VIII). TZ 8 – 9 Wochen, 1 Wurf (4 – 6 Jungtiere) im III/IV.

Beobachtungsmöglichkeit:

I	II	III	IV	V	VI	VII	VIII	IX	X	XI	XII

E Fleischfresser, vor allem Mäuse, Ratten, auch Junghasen, Eier und Nestlinge von Boden- und Höhlenbrütern sowie Beeren und Kleintiere.

i **Im Nationalpark** regelmäßig bis über die Baumgrenze anzutreffen, schwerer zu beobachten als Mauswiesel *(Mustela nivalis)*, aufgrund der schwarzen Schwanzspitze unverwechselbar!

Hermelin im Sommerfell

Beobachtungstipp: Am ehesten zur Dämmerung in der Paarungszeit im Bereich von Almhütten, z. B. auf der Königsbach Alm, mit viel Geduld und Glück zu beobachten.

Alpenmurmeltier ***Alpine Marmot***

Marmota marmota

Familie Hörnchen (Sciuridae)

Beobachtungsmöglichkeit:

I	II	III	IV	V	VI	VII	VIII	IX	X	XI	XII

M L 48 – 61 cm, Schwanz 13 – 16 cm, GW 4 – 8 kg und mehr. ♂♂ größer und schwerer als ♀♀. Etwa hasengroß, Körper gedrungen, Ohren sehr klein, im Fell fast verborgen. Kopf schwärzlich und grau mit heller Schnauze, Rücken grau- bis rotbraun, Unterseite mehr gelblich. Geschlechter nur schwer zu unterscheiden. ♂ (= „Bär") dunkler gefärbt als ♀ (= „Katze").

L Offenes oder halboffenes Gelände, ursprünglich Steppenbewohner. Im Gebirge überwiegend in hochgelegenen Gebieten oberhalb der Baumgrenze sowie auf vorwiegend südexponierten Almmatten, unter Geröll, im Alpenrosengebüsch, auch am Waldrand, in kleinen Waldwiesentälern oder in lichten Beständen an der oberen Waldgrenze.

V Tagaktive Kolonietiere. Läuft breitbeinig und etwas wackelig. Meist scheu und wachsam, mitunter an Menschen gewohnt. Zum Schutz vor Kälte und vor Fressfeinden werden unterirdische, bis zu 7 m tiefe Baue bewohnt. Sommerbaue etwas einfacher und flacher, jedoch weit verzweigt. Kolonien bestehen aus Familien mit ihren diesjährigen und ein- bis zweijährigen Jungen. An heißen Tagen über die Mittagsstunden zum Schutz vor Überhitzung gerne im Bau. Winterschlaf 6 – 7 Monate, Beginn Anfang X. Legen keine Vorräte an, leben also mehr als halbes Jahr von ihren vorher angefressenen Fettreserven, wobei Organismus auf „Sparflamme" schaltet. Körpertemperatur sinkt von etwa 36 C° auf 3 – 8 C°, Zahl der Herzschläge von durchschnittlich 114 / min auf 4 / min. Von Zeit zu Zeit wachen Murmeltiere auf, um Losung und Urin abzusetzen. Ältestes ♂ wacht als erstes auf und sorgt mit seiner Körperwärme für

„Wachposten" beim Sonnenbad

leichteres Aufwachen der anderen Familienmitglieder. Überlebenschance während des Winters erhöht sich dadurch, dass alle Mitglieder einer Familie zusammen in einem Bau überwintern. Zum Teil erhebliche Horizontal- und Vertikalwanderungen, vor allem bei Neubesiedlungen. **Stimme:** Warnruf vor Feinden sind sehr weittragende „Pfiffe" (eigentlich Schreie). **Fortpflanzung:** Paarungszeit nach der Überwinterung im IV/V. Tragzeit ca. 5 Wochen. Pro Wurf 2 – 6 nackte, blinde, taube und zahnlose Junge (= „Affen"). Augenaufschlag nach 24 Tagen, Säuglingszeit 6 Wochen. Geschlechtsreife frühestens nach zweiter Überwinterung, bleiben bis über dritten Winter bei der elterlichen Familie. **Alter:** bis 15 Jahre.

E Pflanzenfresser, besonders Kräuter, frische Gräser, Blüten und z. T. wenig zerkaute Früchte. Bei Nahrungsaufnahme (= Äsen) ständig in Bewegung. Mangels frischer Gräser graben Murmeltiere im Frühjahr vor allem nach Wurzeln.

i **Im Nationalpark** stellenweise häufig und bis über die Baumgrenze anzutreffen, im Sommer, vor allem morgens und abends, leicht zu beobachten. Noch heute werden aus dem Körperfett der Murmeltiere Substanzen zur Körperpflege gewonnen. Im Volksmund wird das Murmeltier „Mankei" genannt.

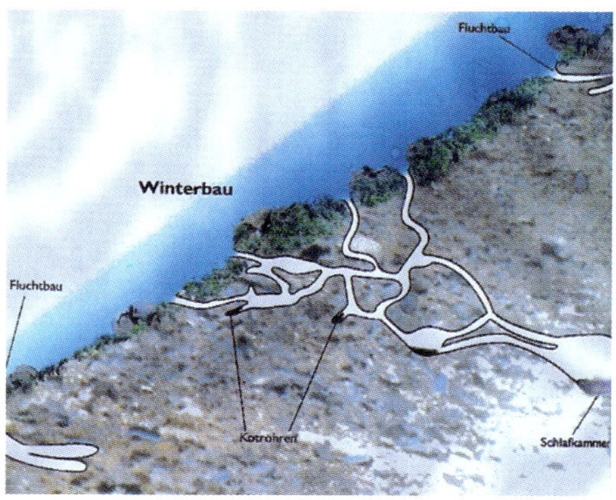

Schema eines Winterbaus

Beobachtungstipp: Im Bereich des Kärlinger Hauses am Funtensee sehr zutraulich. Auf Königsbach Alm, Büchsen Alm und Königstal Alm von Mai bis September häufig zu beobachten.

Iltis *Polecat*

Putorius putorius
Familie Marder (Mustelidae)

M L 31 – 45 cm, Schwanz 12 –19 cm, GW 0,5 – 1,2 kg, kleiner als Steinmarder *(Martes fiona)*, Ohren jedoch kürzer, Flanken heller. Gesicht schwarzweiß (Maskenzeichnung), sonst braun bis braunschwarz. ♂ in Gestalt und Färbung sehr ähnlich wie ♀ (= Fähe).

L Im Gebirge gerne in der Nähe von Gebäuden, sonst in Wäldern oder anderen trockenen bis sehr feuchten Lebensräumen.

V Vorwiegend nachtaktiv, mitunter auch kurzzeitig tagaktiv. Einzelgängerisch, ♀♀ oft mit Jungtieren. Klettert wenig, schwimmt gut. Gräbt sich Höhle oder lebt versteckt an unterschiedlichsten Plätzen. Bei Bedrohung Abgabe eines Stinksaftes aus den Stinkdrüsen. **Stimme:** Knurrt und keckert bei Schreck und Aufregung, faucht und schreit bei Bedrohung. **Fortpflanzung:** TZ 41 – 42 Tage, Anzahl der Jungen 4 – 7, öffnen erst nach 4 – 5 Wochen die Augen. **Alter:** mitunter > 10 Jahre.

E Überwiegend Fleischfresser, vor allem kleinere Säugetiere (Mäuse), Reptilien, Amphibien und Fische.

i **Im Nationalpark** regelmäßig bis ca. 2.000 m ü. NN, gerne in der Nähe von Almhütten, allerdings aufgrund seiner überwiegend nächtlichen Lebensweise schwer zu beobachten.

Beobachtungsmöglichkeit:

I	II	III	IV	V	VI	VII	VIII	IX	X	XI	XII

Beobachtungstipp: Nur mit viel Glück und Geduld in den Abendstunden während der Ranzzeit im Umfeld von Almhütten zu beobachten, so z. B. auf der Königsbach Alm.

Zwergfledermaus ***Common Pipistrelle***
Pipistrellus pipistrellus
Familie Glattnasen (Versperilionidae)

Beobachtungsmöglichkeit:

I	II	III	IV	V	VI	VII	VIII	IX	X	XI	XII

M L 36 – 51 cm, Schwanz 2 – 4 cm, GW 3,5 – 8 g, SP 18 – 24 cm. Kleinste Fledermaus Europas. Ohren kurz, dreieckig, Spitze abgerundet. Oberseits rotbraun, kastanien- oder dunkelbraun. Unterseite gelb- bis graubraun. Schnauze, Ohren und Flughäute schwarzbraun. ♂♂ in Gestalt und Färbung wie ♀♀.

L Mit Vorliebe im Bereich von Alm- und Berghütten, weshalb man sie auch zu den „Hausfledermäusen" zählt.

V Überwiegend dämmerungs- und nachtaktiv, sehr geschickter Flugjäger, überwiegend ortstreu. Ausflug unmittelbar nach Sonnenuntergang, Flug schnell und wendig, 2 – 6 m über dem Boden. Jagt 1 – 2 km entfernt vom Quartier über Teichen, an Hütten und Waldrändern. Sommerquartiere (Wochenstuben) in von außen zugänglichen Spalten, auch in Nistkästen. Winterquartiere in tiefen Felsspalten bei 1 – 6 C°, kurzzeitig bis – 5 C°. Quartierwechsel im Winter möglich. Winterschlaf von Mitte XI bis Anfang III/IV. Schlafphasen 1 – 4 Wochen. **Stimme:** Bei Beunruhigung schrilles Zetern. **Fortpflanzung:** Wochenstuben ab Mitte IV besetzt, Geburten Mitte VI/Anfang VII, meist zwei Junge, flugfähig nach vier Wochen, mit sechs Wochen selbständig. Geschlechtsreife im 1. Jahr. **Alter:** Bis 16 Jahre, durchschnittlich nur 2 – 3 Jahre.

E Insektenfresser, nur Fluginsekten. Vorwiegend Köcherfliegen, Schmetterlinge und Käfer.

i **Im Nationalpark** im Bereich von Alm- und Berghütten bis 1.400 ü. NN regelmäßig. Am Königssee ist ein Sommerquartier bekannt.

Beobachtungstipp: Im Spätsommer im Uferbereich des Königssees mitunter gut zu beobachten. Taschenlampe zum Anleuchten und Erkennen der flinken Flieger empfehlenswert.

Kleine Bartfledermaus ***Whiskered bat***
Myotis mystacinus
Familie Glattnasen (Versperilionidae)

Beobachtungsmöglichkeit:

I	II	III	IV	V	VI	VII	VIII	IX	X	XI	XII

M L 35 – 48 cm, Schwanz 3 – 4 cm, GW 4 – 8 g, SP 19 – 22 cm. Ohrenaußenrand mit deutlicher Einbuchtung. Schnauze, Ohren und Flughäute schwarzbraun. Fell lang, etwas kraus. Färbung oberseits stark variabel, bisweilen dunkel nussbraun oder dunkel graubraun, seltener hellbraun. Unterseits dunkel- bis hellgrau, Jungtiere dunkler. ♂♂ in Gestalt und Färbung wie ♀♀.

L Mit Vorliebe in Wassernähe sowie in Siedlungsnähe bzw. an Alm- und Berghütten.

V Dämmerungs- und nachtaktiver Flugjäger, lebhafteste Myotis-Art, überwiegend ortstreu. Flug schnell, wendig, kurvenreich. Sommerquartiere (Wochenstuben) meist an Gebäuden in engen, von außen zugänglichen Spalten, zwischen Balken und Mauerwerk, hinter Fensterläden, selten in Nistkästen. Winterquartiere in Höhlen, Stollen und Kellern von 2 – 8 C°, meist frei hängend an der Decke, auch in Spalten eingezwängt, oft viele Tiere zusammen. Winterschlaf von X – III. Bei Beunruhigung lang anhaltendes, hohes Zwitschern oder Zetern. **Fortpflanzung:** Geschlechtsreife der ♀♀ schon im 1. Jahr. Paarung im Herbst, im Winterquartier bis Frühjahr. Wochenstuben ab V, Geburt der ein bis zwei Jungtiere ab Mitte VI, Selbständigkeit ab Ende VIII. **Alter:** bis 20 Jahre, durchschnittlich nur 3,5 Jahre.

E Vielseitiger Insektenfresser, vorwiegend Fliegen, auch Schmetterlinge und Spinnen, mitunter Absammeln der Beute von Vegetation.

i **Im Nationalpark** oberhalb 900 m bis 1.800 m ü. NN im Bereich von Alm- und Berghütten regelmäßig, gut zu beobachten. Einzelnachweise und Sommerquartiere im Bereich um den Königssee.

Beobachtungstipp: An warmen Abenden im Spätsommer z. B. im Umfeld der Salet Alm regelmäßig zu sehen. Taschenlampe zum Anleuchten empfehlenswert.

Gartenrotschwanz *Common Redstart*

Phoenicurus phoenicurus

Familie Drosselvögel (Turdidae)

Beobachtungsmöglichkeit:

I	II	III	IV	V	VI	VII	VIII	IX	X	XI	XII

M L 14 cm, etwas schlanker als Hausrotschwanz *(Phoenicurus ochruros)*, im Unterschied zu diesem aber kein Flügelspiegel. Ausgewachsene ♂♂ zur Brutzeit an Stirn, Kinn, Kehle, Wangen, Halsseiten sowie Vorderbrust schwarz. Auf dem Vorderscheitel und über dem Auge schmaler, weißer Überaugenstreif. Oberkopf, Nacken, Rücken und Schulterfedern schiefergrau, die Flügel bräunlichgrau. Hinterbrust und Bauch rostorange, zum Schwanz hin stärker aufgehellt bis weißlich. ♀♀ oberseits graubraun, am Bauch heller als Hausrotschwanz. Gefieder beige.

L Brütet überwiegend in lichten oder aufgelockerten Altholzbeständen, vor allem an Waldrändern und -lichtungen, Bergmischwäldern, mitunter in Einzelbäumen auf Almweiden.

V Tagaktiver Langstreckenzieher. Reviergröße ca. 1 ha. **Stimme:** Reviergesang kurz und wohltönend, meist mit „hüit" eingeleitet, gefolgt von > 2 kurzen Silben, die im Stakkato anklingen, etwa wie „hüid dedede". **Fortpflanzung:** Höhlen- und Halbhöhlenbrüter, Neststandort variabel. Eiablage (5 – 8 Eier) ab Ende V, BD 13 – 14 Tage, NZ ebenso lang. Eine Jahresbrut.

E Allesfresser, überwiegend Spinnen und Insekten, weniger Beeren und Früchte.

i **Im Nationalpark** sporadisch an den Waldrändern von Mischwäldern sowie auf Almflächen mit eingestreuten Bäumen und Büschen bis 1.100 m ü. NN zu beobachten.

Beobachtungstipp: Während der Brutzeit auf der Salet Alm mit Geduld relativ regelmäßig zu entdecken!

Braunkehlchen *Whinchat*

Saxicola rubetra

Familie Drosselvögel (Turdidae)

Beobachtungsmöglichkeit:

I	II	III	IV	V	VI	VII	VIII	IX	X	XI	XII

M L 12,5 cm, GW 20 g, kleiner und leichter als Sperling. Im Prachtkleid ♂♂ und ♀♀ mit deutlich rahmfarbenem bis weißlichem Überaugenstreif, ♂♂ mit seitlich weiß oder hell gesäumter, wenig kontrastreich abgesetzter rahmfarbener Kehle bzw. einer kontrastreich fleckig bis streifig gezeichneten Oberseite. ♂♂ im Prachtkleid oberseits braunschwarz, Flügel dunkelbraun gefärbt. Unterseite überwiegend zimtbraun, vom Bauch bis zu den Unterschwanzdecken heller. ♀♀ im Pracht- als auch im Schlichtkleid ohne auffällige Gesichtsmaske, Kinn und Kehle sind hellbräunlich bis beige, Unterseite einfarbig zimtbraun, Bauch heller schmutzigbraun gefärbt.

L Im Gebirge Brut mit Vorliebe in offenen Landschaften mit bodennaher Deckung für die Nestanlage, bevorzugt mit vielfältiger Kraut- oder Zwergstrauchschicht zur Nahrungssuche sowie höheren Einzelstrukturen als Sing- und Sitzwarten. In der Subalpinstufe gerne auch in Zwergstrauchgesellschaften und Legföhrenbeständen.

V Tagaktiver Langstreckenzieher. Reviergesang bestehend aus kurzen Strophen mit eiligen, gepresst klingenden und flötenden Elementen, oft in unregelmäßigem Wechsel wiederholt. Täuschend echte Imitationen anderer Vogelstimmen nicht selten. Brut am Boden, unter hohem Gras und Pflanzen versteckt. Eiablage (4 – 7 Eier) ab Ende V, BZ 12 – 15 Tage, NZ 13 – 14 Tage, zwei Jahresbruten.

E Fleischfresser, vor allem Insekten und deren Larven. Jagt gerne von Sitzwarten aus im Flug, seltener am Boden.

i **Im Nationalpark** sporadisch bis 1.300 m ü. NN auf gebüschreichen, teilweise feuchten Almflächen.

Beobachtungstipp: Während der Brutzeit im Bereich Büchsen Alm und Salet Alm sowie im Priesbergmoos mit Geduld relativ regelmäßig auf Singwarten zu beobachten.

Bergpieper ***Water Pipit***
Anthus s. spinoletta
Familie Stelzen (Motacillidae)

Beobachtungsmöglichkeit:

I	II	III	IV	V	VI	VII	VIII	IX	X	XI	XII

M L 16 cm, etwas größer als Baumpieper *(Anthus trivialis)* und als einziger Pieper mit dunklem Schnabel und Beinen. Schwanz relativ lang. Im Prachtkleid bräunlich hellgrauer Oberkopf und Nacken, Vorderrücken und Schultern braun mit hellgrauem Anflug und fein dunkel längsgestreift. Bürzel und Oberschwanzdecken braun, Unterseite weitgehend ungefleckt gräulichweiß mit rosa bzw. weinrotem Anflug, vor allem an der Brust. Kehle und Vorderbauch ebenso gefärbt. Auffälliger rahmfarbener Überaugenstreif. ♂♂ in Gestalt und Färbung sehr ähnlich wie ♀♀.

L Brut mit Vorliebe auf alpinen Rasen von der Waldgrenze bis zur Subnivalstufe, besonders in einem Mosaik aus früh ausapernden, stark geneigten Stellen mit Deckung bietender Vegetation und feuchten Stellen bzw. Altschneefeldern. Höhere oder hohe Warten wie einzelstehende Bäume und Krummholzgruppen wichtig. Unterhalb der Waldgrenze vorwiegend auf offenen Flächen, wie feuchten Mulden und Almweiden. Als Nahrungsfläche wird niedrige Vegetation unter etwa 10 cm bevorzugt. Außerhalb der Almen auf nassen Wiesen und in Gewässernähe.

V Tagaktiver Kurzstreckenzieher. Läuft und hüpft nicht! **Stimme:** Auffälliger Wartengesang, meist nur am Brutplatz ab Revierbesetzung bis Mitte VI zu hören. Im Singflug vorgetragen, ähnlich wie Baumpieper, weniger wohltönend. **Fortpflanzung:** Bodenbrüter, Neststandort in Mulden und im niedrigen Gebüsch. Eiablage (3 – 6 Eier) Anfang V, BD 10 – 15 Tage, NZ 12 – 13 Tage. Ein bis zwei Jahresbruten.

E Allesfresser, vor allem Insekten und Weichtiere aber auch Sämereien.

i **Im Nationalpark** bis 1.800 m ü. NN häufig, darüber bis 2.200 m ü. NN regelmäßig, gut zu beobachten. Verwechslungsgefahr mit Baumpieper.

Beobachtungstipp: Während der Brutzeit auf vielen Almen im Nationalpark, z. B. auf der Büchsen Alm und Gotzen Alm sehr häufig zu sehen und beim Singflug zu beobachten.

Apollofalter *Mountain Apollo*

Parnassius apollo

Familie Ritterfalter (Papilionidae)

Beobachtungsmöglichkeit:

I	II	III	IV	V	VI	VII	VIII	IX	X	XI	XII

M Großer Falter, SP ca. 65 – 75 mm. Grundfärbung weiß mit schwarzer Fleckenzeichnung und transparenten Stellen, vor allem an den Spitzen der Vorderflügel. Auffällige, rote sowie schwarze Augenflecken auf den Hinterflügeln. ♀♀ ähnlich, aber +/- grau bestäubt, die roten Flecke meist größer.

L Liebt besonnte, felsige oder grasige, offene Hänge mit kurzer Vegetation, wo Weißer Mauerpfeffer *(Sedum album)* vorkommt (= Fraßpflanze der Raupen).

V Tagaktiver Falter. Flug teils flatternd, teils schwebend. **Fortpflanzung:** Eiablage in die Nähe der Fraßpflanzen an trockenes Pflanzenmaterial, gerne in Polster des Alpen-Mauerpfeffers *(Sedum alpestre)*. Überwinterung als Ei. Schlupf der Raupe (Endlänge bis 50 mm) ab Mitte IV bis Ende V. Raupe schwarz, samtartig behaart, beiderseits mit einer dichten Reihe unterschiedlich großer, orangefarbiger Flecken. Verpuppung am Boden unter zusammengewobenem Streumaterial. Eine Generation pro Jahr.

E Falter saugt eifrig an Disteln, Skabiosen und Flockenblumen. Futterpflanze der Raupe ist der Weiße Mauerpfeffer.

i **Im Nationalpark** sporadisch an sonnigen, kurzrasigen Wiesenhängen bis ca. 1.400 m ü. NN. Unterliegt als einziger heimischer Schmetterling dem weltweit gültigen „Washingtoner Artenschutzabkommen". Unverwechselbar!

Beobachtungstipp: Der Rote Apollo ist an sonnigen, warmen Tagen z. B. auf der Königsbach Alm noch regelmäßig und gut zu beobachten.

Distelfalter *Painted Lady*

Vanessa cardui

Familie Edelfalter (Nymphalidae)

Ⓜ Großer Falter, SP 54 – 60 mm. Oberseits ledergelb und rosa, Flügelspitzen schwarz mit weißen Flecken. Auf den Hinterflügeln 2 – 6 schwarze, runde, ungekernte Flecken. Auf der äußeren Unterseite der Hinterflügel 5 kleine Augenflecke. ♂♂ in Gestalt und Färbung wie ♀♀.

Ⓛ Bevorzugt offene Lebensräume, vor allem blumenreiche Biotope wie Ruderalflächen mit Disteln und freien Bodenstellen.

Ⓥ Überwiegend tagaktiv, jedoch auch in der Dämmerung und bei bewölktem Himmel. Wanderfalter, der in unseren Breiten nicht überwintern kann, sondern jedes Frühjahr aus Afrika einwandert. Wanderung teils einzeln, auch in dichten Schwärmen. Gute, quirlige Flieger mit großem Aktionsradius. **Fortpflanzung:** Eiablage einzeln an zahlreichen Distelarten und vielen anderen krautigen Pflanzen.

Beobachtungsmöglichkeit:

I	II	III	IV	V	VI	VII	VIII	IX	X	XI	XII

Schlupf nach etwa 10 Tagen, Raupen variabel gefärbt (Endlänge bis 40 mm), bilden Versteck aus Blattresten. Stürzpuppe hängt frei an Pflanzenstengeln. Eine zuwandernde Generation sowie eine unvollständige heimische Generation.

Ⓔ Raupe frisst an Disteln (Carduus spec.), z. B. Gemeiner Kratzdistel *(Cirsium vulgare)*, gerne auch an der Großen Brennnessel *(Urtica dioica)*.

ⓘ **Im Nationalpark** häufig auf blumenreichen Wiesen bis fast 2.000 m ü. NN, leicht zu beobachten. Verwechslungsgefahr mit anderen Schmetterlingsarten gering!

Beobachtungstipp: An warmen Tagen zur Flugzeit z. B. auf dem Weg zur Königsbach Alm gut zu beobachten.

Zitronenfalter *Brimstone*

Genopteryx rhamni

Familie Weißlinge (Pieridae)

Beobachtungsmöglichkeit:

I	II	III	IV	V	VI	VII	VIII	IX	X	XI	XII

M Mittelgroßer Tagfalter, SP 50 – 55 mm. Kopf und Fühler rot. Grundfärbung kräftig zitronengelb. Auf jedem Flügel mittig ein orangefarbener Fleck. Adern am Flügelrand bisweilen durch kleine braune Punkte markiert. Unterseite gleich. ♀♀ grünlichweiß, mit zugespitzten Flügeln, sonst wie ♂♂.

L Falter bevorzugt in offenem Wald- und Buschgelände, gerne auch in der Krummholzzone. Larvenentwicklung auf besonnten Uferböschungen und Waldmänteln trockener Laub- und Nadelwälder.

V Tagaktiv. In Ruhestellung Flügel stets geschlossen. Überwinterung als Falter, z. T. ungeschützt in der Vegetation. Überwinterer fliegen bis in VI. **Fortpflanzung:** Raupen anfangs glasig, später mattgrün mit typischer „Gegenschattierung", d.h. die Raupe wird an den Seiten nach unten zu allmählich immer heller und löscht somit ihren eigenen Schatten weitgehend auf (Tarneffekt!). Verpuppung als Gürtelpuppe in waagrechter Haltung an Stengeln und Blättern. Schlupf der neuen Generation im VII, „verschläft" den Sommer meist in einem Versteck. Langlebigster einheimischer Tagfalter. Lebenserwartung ca. 12 Monate. Eine Generation pro Jahr.

E Raupe frisst besonders am Echten Kreuzdorn *(Rhamnus catharticus)*, auch an anderen Rhamnus-Arten.

i **Im Nationalpark** bis 2.000 m ü. NN, oft auch in der Krummholzzone recht häufig und gut zu beobachten. Unverwechselbar!

Beobachtungstipp: Zur Flugzeit auf allen blütenreichen Almwiesen, so z. B. auch im Bereich von Königsbach Alm, Büchsen Alm und Bind Alm zu sehen.

Admiral *Red Admiral*

Vanessa atalanta

Familie Edelfalter (Nymphalidae)

Beobachtungsmöglichkeit:

I	II	III	IV	V	VI	VII	VIII	IX	X	XI	XII

M Großer Falter, SP 56 – 62 mm. Oberseits dunkelbraun, vordere Hälfte der Vorderflügel schwarz mit weißen Flecken. Zwischen der braunen und schwarzen Zone ein breites, rotes Band. Auf Hinterflügeln rote Randbinde. Unterseite der Hinterflügel dunkelbraun mit unregelmäßiger heller und dunkler Zeichnung. ♀♀ fast immer mit kleinem weißen Fleck in der roten Binde der Vorderflügel.

L Fliegt besonders gerne in Offenlandbiotopen, wie z. B. Almwiesen und -weiden, in der Krummholzzone, auf alpinen Matten, auch in Waldschneisen und an Waldrändern.

V Tagaktiv, der „Zugvogel" unter den Tagfaltern. Im V fliegen erste Falter aus Süden ein und produzieren Herbstgeneration, die bis X fliegt. **Fortpflanzung:** Eiablage einzeln auf Blätter der Großen Brennnessel *(Urtica dioica)*. Raupen (Endlänge bis 40 mm) gedrungen und variabel gefärbt, Grundfärbung gelblichgrau, seitlich mit weißlich gelber Fleckenreihe, bauen trichterförmige Verstecke aus Brennnesselblättern, was oft zum Umknicken der Blätter führt und somit die Anwesenheit der Raupen verrät. Stürzpuppe.

E Raupe frisst an der Großen Brennnessel, die Falter saugen gerne an Disteln (Carduus spec.) und aufgeborstenem Fallobst.

i **Im Nationalpark** häufig auf blumenreichen Wiesen und Weiden sowie in der Mattenregion bis 2.300 m ü. NN, leicht zu beobachten. Unverwechselbar!

Beobachtungstipp: Auf sonnigen, blütenreichen Wiesen, z. B. auf dem Weg zur Königsbach Alm, im Spätsommer häufig zu sehen.

Großes Ochsenauge *Meadow Brown*
Maniola jurtina
Familie Edelfalter (Nymphalidae)

Ⓜ Mittelgroßer Falter, SP der ♂♂ ca. 44 – 50, der ♀♀ 48 – 52 mm. Grundfarbe der Oberseite dunkelbraun, auf den Vorderflügeln im Außenbereich ein einzelner, schwach weiß gekernter sowie schmal rot umrandeter Augenfleck. Hinterflügel unterseits braungrau bis gelblichbraun mit 2 kleineren dunklen Augenflecken im äußeren Flügelband. Vorderflügel der ♀♀ oberseits mit unscharf begrenzter, breiter, rot- oder gelbbrauner Binde und deutlichem, weiß gekerntem Augenfleck, Ausdehnung der Binde sehr variabel. Unterseite der Hinterflügel lebhafter gefärbt als bei den ♂♂.

Ⓛ Breites Lebensraumspektrum, im Gebirge in nahezu allen trockenen bis feuchten Offenlandbiotopen, besonders auf blumenreichen Magerrasen und Waldrändern.

Ⓥ Tagaktiv, Flug langsam hüpfend, auch bei bewölktem Wetter und in der frühen Dämmerung. Meist eine Generation pro Jahr, mitunter eine zweite im Zeitraum IX – X. **Fortpflanzung:** Eiablage einzeln entweder kurz über dem Boden an trockene Grasteile oder auf den Boden fallen gelassen, bevorzugt auf kurzrasigen Wiesen und Weiden. Schlupf der hellgrünen Raupen (Endgröße bis 25 mm) nach 2 – 3 Wochen. Überwinterung als Larve. Verpuppung als Gürtelpuppe an trockenen Pflanzenteilen, dicht über dem Boden.

Ⓔ Raupen fressen an verschiedensten Gräsern, gerne an Aufrechter Trispe *(Bromus erectus)*, Wiesen-Rispengras *(Poa pratensis)* und Wolligem Honiggras *(Holcus lanatus)* sowie anderen Süßgräsern (Familie *Poaceae*).

ⓘ **Im Nationalpark** bis 1.500 m ü. NN auf Wiesen und Weiden häufig und leicht zu beobachten. Verwechslungsgefahr gering!

Beobachtungsmöglichkeit:

I	II	III	IV	V	VI	VII	VIII	IX	X	XI	XII

Beobachtungstipp: Im Hochsommer auf blütenreichen Wiesen und Weiden, z. B. im Klausbachtal leicht zu entdecken.

Grüner Zipfelfalter (Brombeer-Zipfelfalter) ***Green Hairstreak***

Callophrys rubi

Familie Bläulinge (Lycaenidae)

Beobachtungsmöglichkeit:

I	II	III	IV	V	VI	VII	VIII	IX	X	XI	XII

M Kleiner Falter, SP 24 – 28 mm. Flügel unterseits leuchtend hellgrün, Hinterflügel nur mit winzigen Zipfeln (namensgebend!). Oberseits einheitlich schwarzbraun, auf den Hinterflügeln mit einer Binde aus feinen, weißen Strichen (fehlen mitunter!). ♂♂ in Gestalt und Färbung wie ♀♀.

L Im Gebirge in sehr unterschiedlichen Lebensräumen, vor allem auf sumpfigen Wiesen und Moorflächen sowie an Wegrändern und in teilweise verbuschten Trockenrasengebieten.

V Tagaktiv. Falter erscheinen sehr zeitig im Frühjahr, sitzen meist im Gebüsch und sonnen sich dort mit zusammengeklappten Flügeln. ♂♂ teilweise mit Revierverhalten, z.T. auch in Gruppen. **Fortpflanzung:** Eiablage an den Knospen der Futterpflanze oder in unmittelbarer Nähe davon. Raupe bis 15 mm, hellgrün, meist mit sehr kontrastreich abgesetzten, gelblichen und dunklen Schrägstreifen. Verpuppung am Boden. Überwinterung als Puppe. Eine Generation pro Jahr.

E Raupe frisst an verschiedenen strauchigen und krautigen Pflanzen, insbesondere Schmetterlingsblütlern wie Rauschbeere *(Vaccinium uliginosum)*, verschiedenen Ginsterarten (Genista spec.) oder gemeinem Sonnenröschen *(Helianthemum nummularium)*.

i **Im Nationalpark** vereinzelt, aber regelmäßig im Nahbereich trockener Almwiesen, in Feuchtgebieten und an Wegrändern bis 1.600 m ü. NN, leicht zu beobachten. Aufgrund der leuchtend hellgrünen Flügelunterseiten unverwechselbar!

Beobachtungstipp: Zum Beispiel auf der Hals Alm im Frühjahr regelmäßig auf Blättern und Zweigen am Waldrand zu beobachten.

Ritterwanze *Lygaeid Bug*

Lygaeus equestris

Familie Ritterwanzen (Lygaeidae)

M L 10 – 12 mm. Grundfärbung rot mit schwarzen Zeichnungen, Halsschild mit zwei unregelmäßigen, schwarzen Querbinden, Flügelmembran mit rundem, weißem Fleck. ♂♂ in Gestalt und Färbung wie ♀♀.

L Bevorzugt an sonnigen Waldrändern und auf Trockenrasen.

V Tagaktiv, gerne in größerer Anzahl zum Sonnen an Baumstämmen und offenen Bodenstellen.

E Pflanzensaftsauger, vor allem am Schwalbenwurz *(Vincetoxicum hirundinaria)*, daneben auch an einigen anderen Pflanzen.

Beobachtungsmöglichkeit:

I	II	III	IV	V	VI	VII	VIII	IX	X	XI	XII

i **Im Nationalpark** auf sonnigen Almflächen bis 1.300 m ü. NN sehr regelmäßig. Der Stich ist für den Menschen sehr schmerzhaft. Unverwechselbar!

Beobachtungstipp: Beispielsweise auf der Königsbach Alm häufig anzutreffen und leicht zu beobachten.

Rinderbremse *Horse Fly*

Tabanus bovinus

Familie Bremsen (Tabanidae)

M L der ♀♀ bis 24 mm, ♂♂ deutlich kleiner. Massiger Körper, Augen groß, nicht gebändert (wie bei vielen anderen Tabanus-Arten). Hinterleib braun, Brust schwarzbraun, Fühler kräftig und verhältnismäßig kurz. Hinterkopf von oben gesehen konkav.

L Im Gebirge gerne in Gewässernähe, vor allem auf Almen und Weiden mit Viehhaltung.

V Tagaktiv, meistens um die Mittagszeit. Eiablage auf Pflanzen oder Holzpfählen am Ufer, teilweise auch direkt über dem Wasser in haufenartigen Gelegen. Larven sehr gefräßig, leben im Uferschlamm oder feuchter Erde. Überwinterung als Larve, Verpuppung im V – VI des nächsten Jahres.

Beobachtungsmöglichkeit:

I	II	III	IV	V	VI	VII	VIII	IX	X	XI	XII

E ♀♀ sind Blutsauger, ♂♂ dagegen harmlose Nektarsauger. Haut von Säugetieren (auch Menschen) wird nicht angestochen, sondern angeritzt (sehr schmerzhaft!).

i **Im Nationalpark** bis an die Baumgrenze im Bereich von Almen und Weiden häufig, vor allem wenn ein Gewässer sowie Rinder in der Nähe sind. Der „Stich" ist für den Menschen sehr schmerzhaft.

Beobachtungstipp: Im Hochsommer überall anzutreffen, wo Rinder weiden, so z. B. auf der Salet Alm, auf Königsbach Alm und Büchsen Alm oder im Klausbachtal.

Metallfarbener Grabkäfer

Pterostichus metallicus
Familie Laufkäfer (Carabeidae)

M L 12 – 14,5 mm. Flügeldecken kurzoval, schimmern kupferfarben, bläulich, violett oder goldfarben. Struktur der Flügeldecken fast glatt, mit nur sehr feinen Streifen. ♂♂ in Gestalt und Färbung wie ♀♀.

L Im Gebirge ausschließlich im montanen und subalpinen Bereich, gerne in Wäldern dieser Höhenlage und angrenzenden Almflächen.

V Nachtaktiv. **Fortpflanzung:** Zweijährige Entwicklung, Fortpflanzung im zeitigen Frühjahr.

E Fleischfresser: überwiegend Fliegen, Spinnen, Milben, Blattläuse, Rüsselkäferlarven (Familie *Curculionidae*) und Schmettlingsraupen.

Beobachtungsmöglichkeit:

I	II	III	IV	V	VI	VII	VIII	IX	X	XI	XII

i **Im Nationalpark** auf Almen der Montan- und Subalpinstufe der häufigste Laufkäfer. Trotz seiner überwiegend nächtlichen Aktivität relativ leicht zu beobachten, sobald man unter morschem Holz, Steinen oder Laubhaufen vorsichtig nachsucht.

Beobachtungstipp: Zum Beispiel im Randbereich der Königsbach Alm beim Umdrehen von Steinen mitunter leicht aufzustöbern.

Roesels Beißschrecke
Roesels's Bush-cricket
Metrioptera roeselii
Familie Laubheuschrecken (Tettigonidae)

Beobachtungsmöglichkeit:

I	II	III	IV	V	VI	VII	VIII	IX	X	XI	XII

M ♂♂ bis 14 mm, ♀♀ bis 19 mm, aufgrund des breiten weißen Saums entlang der Halsschild-Seitenränder unverkennbar. Überwiegend kurzflügelig, kleinräumige Wanderungen möglich. ♂♂ mit langem, nach oben gekrümmtem Legestachel (siehe Abb.).

L Breites Lebensraumspektrum, bevorzugt offene, frische bis feuchte Standorte mit nicht zu geringer Vegetationsdichte und mittlerer Vegetationshöhe.

V Tagaktiv. Weittragender, summender Gesang, der durch die Hinterbeine erzeugt wird. **Fortpflanzung:** Eiablage einzeln oder in kleinen Gruppen in markhaltige und trockene Pflanzenstengel und -halme. Ein- bis zweijährige Entwicklung.

E Überwiegend Pflanzenfresser (frische Blätter und Gräser), gelegentlich auch kleine Insekten.

i **Im Nationalpark** regelmäßig, vor allem in Randsäumen von Almen und Weiden, bis 1.600 m ü. NN. Auffällig und mit etwas Geduld gut zu beobachten.

Beobachtungstipp: Vom Wegrand aus z. B. auf den Königsbachalmen im niedrigen Gestrüpp oder am Boden leicht zu entdecken.

Wolfspinne *Wolf Spider*

Pardosa monticola
Familie Wolfspinnen (Lycosidae)

Beobachtungsmöglichkeit:

I	II	III	IV	V	VI	VII	VIII	IX	X	XI	XII

M Mittelgroße Spinne, L der ♀♀ bis 6 mm (ohne Beine), ♂♂ bis 5 mm. ♀♀ heller und undeutlicher gezeichnet als ♂♂. Rückenschild breiter, mitunter auch länger als Hinterleib. ♀ hell- und dunkelbraun gefärbt. Rückenschild dunkelbraun mit weißem, schmalem Mittelstreifen und fast weißen Seitenstreifen. Kopfteil hell behaart. Hinterleib variabel, Beine blassbraun, mit Stacheln und Härchen besetzt. Beim ♂ Rückenschild und Hinterleib schwarz mit helleren Mittelbändern, seitliche Zeichnungen oft fehlend. Beine dunkel, Zeichnung undeutlich.

L Im Gebirge vor allem auf sonnigen Wiesen und Almweiden, zwischen Bodenstreu und Steinen.

V Tagaktiv, kaum sesshaft, meist lebhaft im eigenen „Territorium" umherstreifend. Beute wird im Sprung nach vorsichtigem Anschleichen erbeutet. **Fortpflanzung:** Baut Erdröhren als Unterschlupf, für Überwinterung und zur Eiablage oder während der Häutung – dann mit feinem Gespinst verschlossen. Eier werden vom ♀ in einem grünlichen Kokon eingesponnen und am Hinterleib befestigt herumgetragen (= Form der Brutpflege). Nach dem Schlupf verweilen Jungspinnen noch für 1 – 2 Häutungen (4 – 6 Wochen) im Kokon (siehe Abb.). Danach werden sie noch ca. 1 Woche auf dem Rücken des ♀ herumgetragen und beschützt.

E Fleischfresser, überwiegend kleinere Insekten.

i **Im Nationalpark** auf sonnig-warmen Stellen bis in die Almregion häufig, darüber bis über die Baumgrenze regelmäßig und leicht zu beobachten. Verwechslungsgefahr mit einigen ähnlichen Arten!

Beobachtungstipp: Im Sommer an sonnigen, warmen Tagen auf Almflächen wie Salet Alm, Königsbach Alm, Priesberg Alm oder Bind Alm mit etwas Glück gut zu beobachten.

4.11 Lebensraum „Rasengesellschaften"

Oberhalb der natürlichen Waldgrenze bei ca. 1.800 m ü. NN breiten sich im Nationalpark ausgedehnte, kurzwüchsige Rasengesellschaften aus. Diese werden auch „Alpine Matten" oder „Grasheiden" genannt und haben je nach Exposition und Witterungsintensität unterschiedliche Ausprägungsformen. Zum einen findet man den sogenannten **Polsterseggenrasen**, in dem die äußerst wind- und kälteresistente Polstersegge *(Carex firma)* bestandsbildend auftritt. Diese siedelt bevorzugt auf humusarmen, flachgründigen und steinigen Verwitterungsböden an Felshängen und zwischen Felsschutt. Wegen ihrer exponierten Lage ist dieser Rasentyp nur kurze Zeit im Jahr von Schnee bedeckt, meist lückig ausgebildet und bewachsen überwiegend Grate und Gipfel oberhalb 1.900 m ü. NN (Ausnahme: Wimbachgries). Typische Begleitpflanzen dieser Standorte sind Zwergorchis *(Chamorchis alpina)*, Kerners Pippau *(Crepis jacquinii* ssp. *kerneri)*, Blaugrüner Steinbrech *(Saxifraga caesia)* und Salzburger Augentrost *(Euphrasia salisburgensis)*. An feuchteren Nordhängen findet man dagegen Zwerg-Augentrost *(Euphrasia minima)* und Alpen-Bären-

Rasengesellschaften zwischen Schneibstein und Windschartenkopf

traube *(Arctostaphylos alpinus)* beigemischt, während an trockenen, freigewehten Hängen und Kanten die Stachelspitzige Segge *(Carex mucronata)* einen wesentlichen Bestandteil des Vegetationsmosaiks bildet.

An ausgesetzten Graten und Gipfeln oberhalb 2.000 m ü. NN entwickelt sich der **Nacktriedrasen**, bestehend aus einer Gesellschaft von Spezialisten, welche Trockenheit, Wind, Kälte und fehlende Schneebedeckung besonders gut ertragen können. Die spärlich wirkenden Pflanzen scheinen dabei oft auf blankem Fels zu wachsen, wurzeln jedoch in einem erstaunlich tiefgründigen, meist leicht saurem Boden. Namensgebend ist das Nacktried *(Kobresia myosuroides)*, daneben blühen niedere Pflanzen wie Haar-Segge *(Carex capillaris)* und Alpen-Sonnenröschen *(Helianthemum oelandicum* ssp. *alpestre)*.

An Südlagen dominiert zumeist eine andere Form der alpinen Grasheide, nämlich der **Blaugras-Horstseggenrasen**, welcher natürlich bis etwa 2.200 m ü. NN hinaufreicht. Kennzeichnend für diesen Rasentyp sind feinerde- und humusreiche Böden mit ausgeglichenem Wasserhaushalt sowie eine treppenförmige Ausbildung aufgrund des horstförmigen Wuchses der Gräser und Seggen. Horstseggen-Blaugrasrasen zählen wegen ihrer Vielfalt an Kleinstandorten zu den arten- und blütenreichsten Pflanzengesellschaften der Alpen. Kalk-Blaugras *(Sesleria albicans)* und Horst-Segge *(Carex sempervirens)* sind namensgebend und dominieren diesen Lebensraumtyp. Typische Begleiter sind beispielsweise Alpen-Wundklee *(Anthyllis vulneraria* ssp. *alpestris)*, Frühlings-Enzian *(Gentiana verna* ssp. *verna)*, Stängelloser Kalk-Enzian *(Gentiana clusii)*, Gemeines Brillenschötchen *(Biscutella laevigata* ssp. *laevigata)*, Edelweiß *(Leontopodium alpinum* ssp. *alpinum)* und Gämswurz-Geiskraut *(Senecio doronicum* ssp. *doronicum)*.

Der vierte Grasheidetyp im Nationalpark, geprägt durch die Rostsegge *(Carex ferruginea)*, wird **Rostseggenrasen** genannt und ist charakteristisch für gut durchfeuchtete, jedoch nicht nasse und lockere Böden. Sie findet man sowohl in der alpinen wie auch der subalpinen Stufe, meist bevorzugt an nordexponierten Hängen. Häufig sind in dieser Rasengesellschaft prächtig blühende Blütenpflanzen wie Große Bibernelle *(Pimpinella major)*, Berg-Flockenblume *(Centaurea montana)*, Gelber Ziest *(Stachys alopecuruos)* und verschiedene Orchideen wie Mücken-Händelwurz *(Gymnadenia conopsea)* und Kugel-Knabenkraut *(Traunsteinera globosa)* anzutreffen. Auch die „Lahnerrasen", welche bevorzugt an wärmebegünstigten und sonnigen Stellen zwischen 1.600 und 1.800 m ü. NN anzutreffen sind und von Lawinen immer wieder eine Nährstoffzufuhr erhalten, sind durch hochwüchsige, große Blütenpflanzen gekennzeichnet. Bestandsbildend ist in solchen Grashängen das Bunte Reitgras *(Calamagrostis varia)*.

Während im Winter Kälte, Wind und Schnee diesen Lebensraum fest im Griff haben, sind es im Sommer eine erstaunlich große Vielzahl an Pflanzen- und Tiergesellschaften, die ganzjährig erfolgreich den dort vorherrschenden, überaus harten Lebensbedingungen trotzen. Auffälligste Vertreter unter den Säugetieren sind die beiden großen Schalenwildarten, die sich dank ihrer klauenbesetzten Hufe (= „Schalen") selbst im steilen Fels flink und sicher fortbewegen. Viele weitere körperliche Eigenheiten wie das dichte Fell, die langen Beine und ein genügsames Verdauungssystem machen die Gams *(Rupicapra rupicapra)* zum perfekt angepassten Bewohner dieses Lebensraums. Auf den zahlreichen Wanderwegen innerhalb der Grasheiden kann man ab Juni nahezu immer weibliche Gämsen (= Geißen) mit Kitzen in Rudeln (= „Gams-Kitz-Schulen") beobachten, während vor allem die älteren Böcke bis zur Brunftzeit ab November das Einzelgängerdasein vorziehen. Nur im Sommer trifft man im Nationalpark den Alpensteinbock *(Capra ibex)*, der hier ursprünglich nicht heimisch war und dessen heutiger Bestand von ca. 60 bis 70 Steinböcken auf die Einbürgerung dieser Tiere zu Jagdzwecken Anfang des 20. Jahrhunderts zurückgeht. Im Winter ziehen diese gegenüber den Gämsen etwas plumper und kurzbeiniger wirkenden Tiere bis auf wenige alte Böcke über die Grenze südwärts ins angrenzende Blühnbachtal nach Österreich zurück. Trotz der hervorragenden Anpassungen an das Hochgebirge fallen jeden Winter zahlreiche Gämsen und Steinböcke Lawinen zum Opfer, die deren sterbliche Überreste zumeist erst im Spätwinter allmählich wieder freigeben. Dies lockt den mittlerweile wieder häufiger zu beobachtenden, majestätischen Bartgeier *(Gypaetus barbatus)* an, der als einziges Tier im Alpenraum vor allem die für andere unverdaulichen Knochen bevorzugt. Diese vermag er dank seiner kräftigen Magensäfte als Ganzes zu verdauen oder wirft sie über bestimmten Felsplatten (= „Knochenschmieden") ab, um so an das nährstoffreiche Knochenmark zu gelangen.

Das tag- und nachtaktive Mauswiesel *(Mustella nivalis)* lebt versteckt zwischen Spalten und in Mulden. Es besiedelt diesen Lebensraum ganzjährig und ist im Winter ebenso wie die Schneemaus *(Microtus nivalis)* überwiegend unter der Schneedecke aktiv. Die isolierende Wirkung des Schnees macht sich auch das Alpenschneehuhn *(Lagopus mutus)* zunutze, das sich bei starken Schneefällen gerne einschneien lässt und so bis zur nächsten Wetterbesserung ausharrt. Im Sommer kann man diese im Nationalpark durchaus häufigen, bisweilen sehr geselligen Rauhfußhühner trotz der perfekten Gefiedertarnung relativ leicht entdecken oder zumindest ihren typischen, knarrenden Ruf vernehmen. Besonders auf herbstlichen Bergtouren ist der Schneefink *(Montifringilla nivalis)* mitunter gut zu beobachten, der dann in größeren Schwärmen die Grasheiden nach reifen Sämereien absucht und den Winter mit der Futtersuche an den zahlreichen freigewehten Graten und Kanten verbringt.

Auffällig in diesem Lebensraum ist der Artenreichtum an Schmetterlingen: Neben den in vielen Habitaten anzutreffenden Arten wie Tagpfauenauge *(Inachis io)*, Weißbindiger Mohrenfalter *(Erebia ligea)* und Kleiner Fuchs *(Aglais urticae)* findet man auch anspruchsvollere Arten wie den im Nationalpark mit Vorliebe auf trockenen Grashängen vorkommenden Kommafalter *(Hesperia comma)* und das schlicht gefärbte Alpen-Wiesenvögelchen *(Coenonympha gardetta)*.

Sich zwischen den Graspolstern und eingestreut liegenden Felsbrocken vor dem Austrocknen schützend stößt man leicht auf verschiedene Schnirkelschnecken (Arianta spec.).

Der schwarz glänzende und gemächlich wirkende Waldmistkäfer *(Geotrupes stercorarius)* kreuzt dagegen den Weg des Wanderers sehr häufig und ist neben einigen überwiegend nachtaktiven Laufkäfern (Familie *Carabidae*) in den alpinen Grasheiden der größte Vertreter der Käferfauna. Eine Besonderheit ist die seltene Große Kerbameise *(Formica exsecta)*, die im Nationalpark in überregional bedeutenden Beständen vorkommt.

Wo findet man Rasengesellschaften im Nationalpark?

Großflächige Rasengesellschaften findet man entlang des Wanderweges Nr. 416 vom Schneibsteinhaus (1.668 m ü. NN) zum Gipfel des Schneibsteins (2.276 m ü. NN).

 Rasengesellschaften am Fagstein

Mauswiesel *Weasel*
Mustela nivalis
Familie Marder (Mustelidae)

M L ♂ 18 – 23 cm, ♀ 16 – 19 cm, Schwanz ♂ 5 – 6cm, ♀ 4 – 5 cm, GW ♂ 60 – 170 g, ♀ 45 – 90 g, ansonsten ♂♂ in Gestalt und Färbung wie ♀♀. Oberseits braun, Bauch weiß. Am Mundwinkel brauner Fleck. Füße und Zehen meist braun. Schwanz kurz, ohne einzelne Haare an der Spitze.

L Lebensraumwahl sehr variabel, daher in nahezu allen Landschaften mit Deckung, also in Hecken, Gebüschen, an Waldrändern und Waldlichtungen usw., bevorzugt in trockenem, sandigem Gelände in Wassernähe.

V Tag- und nachtaktiver Räuber, überwiegend Einzelgänger, flink und wendig. Nicht territorial, jedoch Streifgebiete. Im Winter überwiegend unter der Schneedecke aktiv. Klettert nicht so gut wie Hermelin *(Mustela erminea)*, schwimmt gut, jedoch selten. **Stimme:** Scharf und hoch, durchdringend. **Fortpflanzung:** Nest in Streu- oder Steinhaufen, in alten Mauern, zwischen Baumwurzeln, in Erdhöhlen, Spalten und Löchern. Sehr lange Paarungszeit (III – VIII). TZ 35 – 37 Tage, erster Wurf im IV. Wurfgröße 5 – 6 Jungtiere. Augenaufschlag nach fünf Wochen. Ein bis zwei Würfe pro Jahr. Geschlechtsreife nach drei bis vier Monaten.

E Fleischfresser, vor allem Kleinnager, auch Vögel und Eidechsen.

i **Im Nationalpark** regelmäßig bis über die Baumgrenze anzutreffen und gar nicht so selten, jedoch wegen der flinken Fortbewegungsart meist nicht lange zu beobachten.

Beobachtungsmöglichkeit:

I	II	III	IV	V	VI	VII	VIII	IX	X	XI	XII

links vorne
rechts vorne

Beobachtungstipp: Mit Glück und Geduld im Sommer vom Wanderweg zwischen Schneibstein und Kahlersberg oder in der Nähe von Berghütten zu entdecken.

Gämse *Chamois*

Rupicapra rupicapra

Familie Hornträger (Bovidae)

Beobachtungsmöglichkeit:

I	II	III	IV	V	VI	VII	VIII	IX	X	XI	XII

(M) L 110 – 130 cm, Schwanz 3 – 4 cm, GW 35 – 50 kg (♀ 30 – 40 kg). ♂♂ etwas größer und schwerer als ♀♀. Sommerkleid rötlich braun mit schwarzem Aalstrich vom Nacken bis zur Schwanzwurzel, Winterkleid braunschwarz, Unterseite heller, Kopf gelblichweiß mit breitem, braunem Augenstreifen vom Scheitel bis Mundwinkel. Gehörn steil stehend mit hakenförmig nach hinten gebogenem Ende. Hakenbiegung beim ♂ stärker. Hochbeiniger als Steinbock *(Capra ibex)*.

(L) Weniger extremer Hochgebirgsbewohner als Steinbock, bevorzugt mittlere Gebirgslagen bis zur Krummholzzone, den Waldgürtel unterhalb der Mattenregion, im Spätsommer bis zum ersten Schneefall auch wesentlich höher. Im Winter im Waldbereich oder zur Nahrungssuche auf steilen, schnell ausapernden Grashängen. Auf Felsen mit Steilhängen, sowohl in Laub- als auch Nadel- und Mischwald. Gämsen, die nahezu ganzjährig in Bergwäldern leben, werden im Gegensatz zu der „Gratgams" als „Waldgams" bezeichnet.

(V) Überwiegend tagaktiv. Ruht gerne, im Sommer besonders während der warmen Mittagszeit, oft auf Schneefeldern. Beweglich und gewandt, läuft und galoppiert, trabt selten, springt und klettert dank der speziell angepassten, scharfkantigen Hufklauen (= „Schalen"); Unterseite relativ elastisch, haftet wie Rohgummi selbst auf nacktem Fels hervorragend. Rudel aus ♀♀ (= Geißen) mit Jungtieren (= Kitze) und Jährlingen (= Jungtiere im 2. Lebensjahr), altes ♀ führt. ♂♂ sommers in kleinen Trupps oder Einzelgänger mit erstaunlichen Horizontalbewegungen. Zur Paarungszeit (= Brunft) im XI/XII in großen (mitunter > 100 Tiere), gemischten Rudeln. Einige, meist stärkere ♂♂ verteidigen Brunftplätze gegen Rivalen – je nach Alter und Kraft des Gegners durch Verjagen, Imponieren oder Attakieren. **Stimme:** Warnlaut scharfes, pfiffartiges Ausstoßen von

Gamsrudel mit Jährlingen und Kitzen

Luft, ferner Meckern in verschiedenen Tonarten, wird beim ♂ zur Brunftzeit „Blädern" genannt. **Fortpflanzung:** Kurz vor dem Setzen (= Gebären) sondert sich die Geiß vom Rudel ab und vertreibt nun auch den Jährling. Bereits 1 – 2 Stunden nach der Geburt folgt das Kitz der Mutter, wenige Tage danach schließen sich beide dem Rudel an. TZ 6 – 7 Monate, Setzzeit VI, Wurfgröße 1 – 2 Jungtiere, werden ca. 6 Monate gesäugt. Geißen und Kitze bilden im Sommer sogenannte „Geiß-Kitz-Schulen", um sich besser vor Fressfeinden, vor allem dem Steinadler *(Aquila chrysaetos)* schützen zu können. Von der Mutter zeitweilig im Verband zurückgelassene Kitze halten sich, zusammen mit anderen Gleichaltrigen, manchmal über Stunden in der Nähe einer oder mehrerer fremden Geißen auf. Die zurückkehrende Mutter wird am Ruf erkannt. **Alter:** ♂♂ bis 15, ♀♀ bis 20 Jahre.

E Pflanzenfresser, überwiegend Gräser, Blätter und Kräuter, im Winter vor allem Flechten, Moose und Nadelbaumtriebe.

i **Im Nationalpark** häufig von den mittleren Hanglagen bis weit über Baumgrenze anzutreffen und leicht zu beobachten. Wird im Nationalpark bejagt, daher meist scheu und wachsam. Der „Gamsbart" als traditioneller Hutschmuck wird aus dem verlängerten, starren Rückenhaar am Widerrist gewonnen.

Beobachtungstipp: Im Sommer auf den Wanderungen zwischen Schneibstein und Kahlersberg, im Herbst zur Brunftzeit unterhalb des Hohen Bretts in großen Gruppen, im Spätwinter oberhalb der Wildfütterung im Klausbachtal meist gut zu beobachten.

Gamsfährte im Schnee

Alpensteinbock *Ibex*

Capra ibex

Familie Hornträger (Bovidae)

M L ♂ 130 – 150 cm (♀ 105 – 125 cm), Schwanz 12 – 15 cm, GW 65 – 120 kg (♀ 40 – 65 kg). ♂♂ deutlich größer und schwerer als ♀♀. Braungrau bis ockergelb, im Spätsommer dunkelbraun, +/- langer Bart. Hörner der ♂♂ bis zu 100 cm lang und 15 kg schwer, gekrümmt und mit Wülsten. Hörner der ♀♀ schmächtiger und kleiner. Hörner werden nicht abgeworfen, sondern wachsen jedes Jahr weiter. Kurzbeiniger als Gams *(Rupicapra rupicapra)*.

L Hochalpines Wild. Bevorzugt in der Felsregion, dabei im schroffen Fels oder zur Nahrungssuche auf Grasmatten oberhalb der Baumgrenze. Im Winter tiefer, vor allem auf steilen, schnell ausapernden Hängen, wo sie sich mit den Hufklauen (= Schalen) sehr gut festhalten können.

Beobachtungsmöglichkeit:

I	II	III	IV	V	VI	VII	VIII	IX	X	XI	XII

V Vorwiegend tagaktiv, teils auch in hellen Nächten oder vor Tagesanbruch. Relativ ortstreu. Springt und klettert hervorragend. Geht im Schritt, notfalls Galopp, selten Trab. Lebt gesellig, wobei alte ♂♂ eigene, z. T. große Rudel bilden und meist von einem jüngeren ♂ geführt werden. ♀♀ je nach Jahreszeit in +/- großen Rudeln einschließlich der Jungtiere (= Kitze). Wenige Einzelgänger, zumeist ♂♂. **Stimme:** Warnlaut ein scharfes, durchdringendes, pfiffartiges Ausstoßen von Luft durch die verengten Nasenlöcher, kürzer und schärfer als bei Gams. **Fortpflanzung:** Zur Paarungszeit (= Brunft) im XII/I große, gemischte Rudel und heftige Rivalenkämpfe. TZ 5 Monate, Setzzeit V/VI, Wurfgröße 1 – 2 Jungtiere. Geschlechtsreife im dritten Lebensjahr. **Alter:** bis 15 Jahre.

E Pflanzenfresser, überwiegend Gräser und Kräuter.

i **Im Nationalpark** dank fehlender Bejagung wenig scheu und daher sommers oberhalb der Baumgrenze, allerdings nur im Bereich zwischen Schneibstein und Kahlersberg gut zu beobachten. Im Winter überwiegend im südlich an den Nationalpark angrenzenden Blühnbachtal (Österreich), einige ♂♂ verweilen je nach Schneelage in den steilen Felswänden oberhalb Obersee. Tiere des Nationalparks stammen ausschließlich von Tieren ab, die im 3. Reich Ende der 30er Jahre im Bereich Wasseralm zu Jagdzwecken ausgewildert wurden. Aus dem Gehörn werden in manchen Ländern immer noch Aphrodisiaka hergestellt.

Beobachtungstipp: Im Landtal von Juni bis September regelmäßig und meist gut zu beobachten, vor allem Geißen mit Jungtieren. Die älteren Böcke dagegen sind vor allem zwischen Schneibstein und Hochgschirr sowie im Bereich Kahlersberg anzutreffen.

Schneemaus ***Yellownecked Fieldmouse***
Microtus nivalis
Familie Wühlmäuse (Microtidae)

Beobachtungsmöglichkeit:

I	II	III	IV	V	VI	VII	VIII	IX	X	XI	XII

M Große Wühlmaus, L 11 – 14 cm, Schwanz 5 – 7 cm, GW 38 – 60 g. Fell hellgrau, leicht bräunlich überhaucht, oft mit feiner Strichelung. Schwanz lang, teilweise ganz weiß. Schnurrhaare lang. ♂♂ in Gestalt und Färbung wie ♀♀.

L Im Gebirge meist oberhalb der Baumgrenze, vor allem in steindurchsetzten, sonnigen Matten, lichtem Gebüsch und Geröllhalden mit Latschen *(Pinus mugo)* und Alpenrosengebüsch (Rhododendrum spec.).

V Überwiegend tagaktiv, liebt Sonne und Wärme, wenig scheu. Laufhaltung ziemlich hochbeinig mit aufgehobenem Schwanz. Klettert und springt gut, schwimmt freiwillig. Felsspalten und Gesteinsgänge dienen als Unterschlupf, gräbt auch selber Gänge und schafft sich so ein Labyrinth mit Nest- und Vorratskammern. Bei schlechtem Wetter vorwiegend im Gangsystem, im Winter dort monatelang munter unter dem Schnee, mitunter in Berghütten. Setzt die Schneeschmelze ein, bauen die Mäuse Dämme, um ihre Felsenhöhlen vor Überflutung zu schützen. **Stimme:** Zur Paarungszeit oft andauerndes Quieken zu hören. **Fortpflanzung:** Nest aus Heu und Halmen, 4 – 5 Würfe mit 1 – 4 Jungen pro Jahr.

E Allesfresser, vorwiegend Gräser, Kräuter, Knospen, Wurzeln, Insekten und Spinnen.

i **Im Nationalpark** bis in die Gipfelregionen auf 2.500 m ü. NN häufig, jedoch meist nicht leicht zu beobachten. Auffällig sind die Gangsysteme unter dem abtauenden Schnee oder knapp unter der Grasnabe.

Beobachtungstipp: Im Gipfelbereich des Schneibsteins oder auch auf vielen hochgelegenen Almen sind die Gangsysteme dieser Wühlmaus kurz nach der Schneeschmelze gut zu sehen. Die Maus selbst ist aufgrund ihrer überwiegend unterirdischen Lebensweise selten zu beobachten.

Schneefink ***Snow finch***
Montifringilla nivalis
Familie Finken (Fringillidae)

Beobachtungsmöglichkeit:

I	II	III	IV	V	VI	VII	VIII	IX	X	XI	XII

M L 18 cm, größer als Haussperling *(Passer domesticus)*, Schnabel schlanker und spitzer als bei Sperlingen. Schwanz gekerbt, Flügel lang, bis über Schwanzmitte reichend. Ausgewachsene ♂♂ am Oberkopf und Kopfseiten grau, am Rücken graubraun mit helleren Säumen, oft wenig deutlich vom Kopf abgesetzt. Bürzel und Oberschwanzdecken sind schwarzbraun mit helleren, bräunlichen Säumen. Weiße Unterseite und schwarzer Kehlfleck, + / - stark von grauen Kehlfedern bedeckt. Beim ♀ Kehlfleck undeutlicher.

L Ganzjährig oberhalb der Baumgrenze auf kurzrasigen Matten, Schuttfeldern, Blockhalden und felsigen Gipfeln, auch bei ungünstigsten Wetterbedingungen nur ausnahmsweise tiefer oder gar in Tallagen und/oder gar außerhalb des Hochgebirges. Nahrungssuche im Winter an Futterplätzen oder Berghütten, mitunter auf schneefreien Bändern anzutreffen.

V Tagaktiver Standvogel. Bewegt sich am Boden trippelnd, zuckt mit dem Schwanz. **Stimme:** Gesang aus Aneinanderreihung sperlingsähnlicher Laute, in Nestnähe sitzend oder im schwebenden Singflug vorgetragen, klingt etwa wie „twi-tuj-twi-tuj". **Fortpflanzung:** Nest in Erdlöcher oder Felsspalten. Eiablage (4 – 6 Eier) ab V, BD 13 – 14 Tage, NZ 18 – 21 Tage. Ein bis zwei Jahresbruten.

E Allesfresser, überwiegend Insekten, Spinnen, Käfer und deren Larven, im Winter nur Samen.

i **Im Nationalpark** vereinzelt oberhalb der Waldgrenze bis 2.500 m ü. NN, mitunter in größeren Trupps, gut zu beobachten. Unverwechselbar!

Beobachtungstipp: Im Spätsommer sind mitunter größere Schwärme im Gipfelbereich des Schneibsteins oder entlang des Wanderwegs zum Kahlersberg zu beobachten.

Bartgeier *Bearded Vulture*
Gypaetus barbatus
Familie Habichtartige (Accipitridae)

Beobachtungsmöglichkeit:

I	II	III	IV	V	VI	VII	VIII	IX	X	XI	XII

M L100 – 115 cm, SP 240 – 270 cm, deutlich größer als Steinadler *(Aquila chrysaetos)*. Lange, schmale, ziemlich spitze Flügel und langer, keilförmiger Schwanz. Kopf deutlich hervorragend. Schwanz deutlich länger als maximale Flügelbreite. Flügel im Segelflug waagrecht, im Gleitflug Handflügel nach hinten gewinkelt und etwas gesenkt, Handschwingen halb gefaltet. Altvögel unverwechselbar gefärbt: Heller Kopf mit dunklem „Bart" und Augenstreif. Körperunterseite weißlich bis kräftig rostrot, wobei diese Farbe durch Baden in eisenoxidhaltigen Tümpeln von den Vögeln aktiv „aufgeschminkt" wird. Oberseite, Schwanz und Flügelunterseite braunschwarz, juvenile Vögel einheitlich dunkel. Immature Vögel teilweise mit aufgehellter Unterseite und schwarzem Kopf, Rücken teilweise aufgehellt. Mit etwa 4 bis 5 Jahren ausgefärbt. Die auffällige Iris der Altvögel ist gelbbraun bis schwefelgelb mit leuchtend rotem Skleralring, der Lidring dagegen hellblau (nur aus der Nähe zu erkennen). ♀♀ in Größe und Färbung wie ♂♂.

L Der Bartgeier besiedelt felsige und schluchtenreiche Gebirge und diese besonders innerhalb der montanen bis alpinen Stufe. Als Nahrungsbasis ist eine ausreichende Dichte an wildlebendem Schalenwild bzw. Haustieren (Schafe) nötig.

V Tagaktiver Standvogel, im Nationalpark regelmäßiger Gast. Territorialer Felsbrüter und guter Thermiksegler, daher im Nationalpark vor allem entlang der süd- bis südwestexponierten Grashänge oberhalb der Baumgrenze oder im Spätwinter oft über Lawinenstrichen

Der lange, keilförmige Schwanz macht das Flugbild des Bartgeiers unverwechselbar

kreisend anzutreffen. **Stimme:** Bei der Flugbalz ein hohes, pfeifendes „fiiij". **Fortpflanzung:** Felsbrüter, Nest in offenen Höhlen oder Nischen im Fels. Monogame Dauerehe, Paarung XI – XII, Eiablage XII – II. Gelegegröße meist 2 Eier, die im Abstand von rund 1 Woche gelegt werden, weshalb der zweite Jungvogel später schlüpft und entsprechend kleiner ist als sein Geschwister. Junge Bartgeier sind sehr aggressiv. Der Stärkere tötet den Schwächeren in den ersten Lebenswochen (= Kainismus). Das zweite Ei bildet eine biologische Reserve, für den Fall, dass das erste unbefruchtet ist oder der Embryo im Ei abstirbt. BD 52 – 58 Tage, NZ 110 – 120 Tage. Jungvögel streichen bis zur Geschlechtsreife (nach ca. 5 – 7 Jahren) auf der Suche nach Nahrung weit umher.

E Reiner Aasfresser, hauptsächlich die energiehaltigen Knochen (12% Protein, 16% Fett und lebenswichtige Mineralstoffe) der Kadaver, die ihm kein anderes Tier streitig macht. Die aggressiven Magensäfte des Bartgeiers werden jedoch selbst mit größeren Brocken fertig; so werden z. B. Knochen bis zur Größe eines Rinderwirbels komplett verschluckt. Noch größere trägt er in seinen Fängen zur „Knochenschmiede", einer Felsplatte in einem Steilhang, wo er aus 50 – 80 m Höhe die Knochen gezielt auf den Felsen fallen lässt. Durch die Wucht des Aufpralls zersplittern diese in schnabelgerechte Portionen.

i **Im Nationalpark** mittlerweile wieder regelmäßig entlang größerer Lawinenstriche zu beobachten, im Sommer im Bereich der Rasengesellschaften. Früher fälschlicherweise als Fressfeind des Menschen bezeichnet („Lämmergeier") und in den Alpen ausgerottet. Weitere Bezeichnungen waren Geieradler, Goldgeier, Bartfalk oder Berggeier. Erst seit 1986 durch ein Wiederansiedlungsprojekt wieder in die Alpen zurückgekehrt. Historische Brutplätze gibt es auch im Nationalpark Berchtesgaden.

Beobachtungstipp: Besonders im Gebiet östlich des Königssees im Spätwinter mittlerweile wieder regelmäßig auf Futtersuche oder beim Kreisen in der Thermik zu beobachten.

Schneehuhn im Winterkleid

Alpenschneehuhn *Rock Ptarmigan*

Lagopus mutus

Familie Rauhfußhühner (Tetraonidae)

Beobachtungsmöglichkeit:

I	II	III	IV	V	VI	VII	VIII	IX	X	XI	XII

M L 36 cm, GW 450 g, SP 36 cm (♀♀) – 40 cm (♂♂), etwa so groß wie Haselhuhn *(Bonasia bonasia)*. Flügel, Bauch und befiederte Füße ganzjährig weiß, unverwechselbar! Brutkleid des ♂ oberseits, an Flanken und Vorderseite dunkel braungrau mit schwarzer Marmorierung. Auffällig rote Lappen (sog. „Rosen") über den Augen. ♀ mehr gelbbraun mit schwarzbrauner Bänderung. Herbstkleider allgemein grauer, Winterkleid reinweiß. Füße und Zehen mit dichten weißen Federn besetzt, geben Halt auf Schnee und Eis. Die Flucht bei Störungen wird meist zu Fuß angetreten.

L Besiedelt alpine und nivale Stufe des Nationalparks, vor allem Lebensräume mit abwechslungsreicher Vegetation, bevorzugt mit stark wechselnder Hangneigung, unterschiedlichen Hangexpositionen, lebhaftem Kleinrelief mit Karrenfeldern, Mulden, Schneetälchen, Buckeln, Felsblöcken usw., in denen auf engem Raum abwechslungsreiche Sonneneinstrahlung, Schnee- und Feuchtigkeitsverhältnisse herrschen. Im Winter auf schneefreien Graten und frühzeitig ausapernden Hängen nach Nahrung suchend.

V Tagaktiver Standvogel. Bei starkem Schneefall oder gar Schneestürmen lässt sich das Schneehuhn einfach in einer Schneehöhle einschneien und wartet besseres Wetter ab. Zur Brutzeit territorial, erst im Winter in größeren Gruppen. Leicht am wendigen, z. T. schwebenden und rudernden Flug zu erkennen. Typisches Feindverhalten: Wenn sich ein Mensch nähert, ducken sich die Hühner zunächst nur. Kommt er näher, werden sie wachsam und stehen, kommt er noch näher, fliegen oder rennen sie meist davon. Brütende Hennen stehen oft erst vor unmittelbarem Kontakt auf und verlassen das Gelege, um den „Angreifer" vom Nest wegzulocken (= „Verleiten"). **Stimme:** Nicht stumm, wie der lateinische Namen „mutus" andeutet. Ruf sehr

Schneehuhn im Sommerkleid

charakteristisch, ♂ im Balzflug laut bellend „ou-a-a-a-a" (Schnarren), nach der Landung hört man oft ein hölzernes Knarren. **Fortpflanzung:** Nest meist in Hängen, Mulden, Bodenvertiefungen und zwischen Steinen, mit Zwergsträuchern bedeckt, kaum gepolstert. Gelegegröße 5 – 10 Eier, BD 20 – 24 Tage. Die Küken verlassen als Nestflüchter innerhalb des ersten Tages das Nest. Nach einigen Tagen schließen sich mehrere Familien zu Gruppen von 20 – 50 Tieren zusammen, die sich im Winter in kleinere Trupps teilen.

E Pflanzenfresser, überwiegend Beeren, Triebe, Blätter und Knospen. Küken überwiegend Insekten.

i **Im Nationalpark** zwischen 1.400 und 2.300 m ü. NN häufig. Im wechselnden Gefieder (Frühjahr, Herbst) oberhalb der Baumgrenze und in geeigneten Lebensräumen mitunter gut zu beobachten.

Flugbalz des Alpenschneehahnes

Beobachtungstipp: Beispielsweise auf den Wanderungen zwischen Schneibstein und Seeleinsee oder im Bereich des Hohen Bretts relativ leicht zu beobachten, vor allem während der Balzzeit zu hören.

Kleiner Fuchs *Small Tortoiseshell*

Nymphalis urticae
Familie Edelfalter (Nymphalidae)

Beobachtungsmöglichkeit:

I	II	III	IV	V	VI	VII	VIII	IX	X	XI	XII

M Mittelgroßer Falter, SP 40 – 50 mm. Vorderflügel oberseits mit 3 schwarzen Punkten. Frühjahrsgeneration oberseits gelbbraun mit dunkelbraunen, kleinen Flecken, unterseits undeutlich braun gefleckt auf gelblich-dunklem Grund (Tarnfarbe). ♂♂ in Gestalt und Färbung wie ♀♀. Sommergeneration auf Ober- und Unterseite deutlich dunkler.

L Im Gebirge nahezu in allen offenen und halboffenen Lebensräumen anzutreffen, auch an Waldmänteln, besonders gerne über Almwiesen, auf alpinen Rasen und in der Krummholzzone.

V Tagaktiv und wärmeliebend. **Fortpflanzung:** Eiablage (40 – 350 Eier) in Klumpen auf Unterseite der Blätter von Brennnesseln *(Urtica dioica)*, die bevorzugt trocken und sonnenexponiert stehen. Raupe lebt dort anfangs sehr gesellig in einem gemeinsam gebildeten Gespinst, später einzeln. Stürzpuppe (fahlgrün oder metallisch glänzend) an Stängeln der Brennnesseln oder geeigneten Pflanzen der Umgebung. Zwei Generationen, die erste im V / VI, die zweite von VIII überwinternd bis IV.

E Raupe frisst wahrscheinlich ausschließlich an Brennnesseln.

i **Im Nationalpark** häufig über sonnigen Wiesen und Weiden, alpinen Rasen bis weit über Baumgrenze, gut zu beobachten.

Beobachtungstipp: Zum Beispiel auf dem Weg zum Gipfel des Schneibsteins, vor allem im Spätsommer zahlreich anzutreffen.

Tagpfauenauge ***Peacock Butterfly***
Inachis io
Familie Edelfalter (Nymphalidae)

M Mittelgroßer Falter, SP 50 – 55 mm. Oberseits rostrot, auf jedem Flügel ein Augenfleck, daher unverwechselbar. Unterseite unauffällig dunkel braun gefärbt (= Tarntracht). ♀♀ in Gestalt und Färbung annähernd wie ♂♂, lediglich etwas größer.

L Im Gebirge überall im Offenland, gerne im Bereich von Berg- und Almhütten, wo sich die Futterpflanze der Raupen, die Brennnessel *(Urtica dioica)*, breit gemacht hat. Auch an Waldrändern, fehlt meist im Innern von Wäldern.

V Tagaktiv. Überwinterung als Falter an feuchten, dunklen Stellen, oft in Speichern und Schuppen. Beim Saugen werden Flügel pulsierend auf und zu geklappt. **Fortpflanzung:** Eiablage in flachen Haufen auf die Unterseite von Brennnesselblättern, vor allem an Pflanzen, die feucht und zugleich besonnt stehen, z. B. an Bachrändern. Raupen (Endlänge bis 42 mm) schwarz und dornig, leben anfangs gesellig in gemeinsamem Nest, später einzeln. Stürzpuppe an Pflanzenstängeln. Zwei Generationen, Überwinterer zu sehen ab Ende III – V, erste Generation VII / VIII, die zweite IX – X.

E Raupe frisst im Nationalpark ausschließlich an Brennnesseln.

i **Im Nationalpark** häufig und leicht zu beobachten, bis 2.300 m ü. NN. Unverwechselbar!

Beobachtungsmöglichkeit:

I	II	III	IV	V	VI	VII	VIII	IX	X	XI	XII

Beobachtungstipp: Zum Beispiel während der Wanderung zum Schneibstein oberhalb der Krummholzzone vor allem im Spätsommer beim Blütenbesuch leicht zu beobachten.

Alpen-Wiesenvögelchen *Alpine Heath*

Coenonympha gardetta

Familie Augenfalter (Satyridae)

M Kleiner Falter, SP 30 – 32 mm. Oberseite der Vorderflügel graubraun. Hinterflügel braungrau mit orangefarbener Randbinde, nur am Innenwinkel der Flügel sichtbar. Unterseits hellgrau bis lohfarben, häufig mit kleinem Augenfleck. Hinterflügel unterseits mit 6 kleinen Augenflecken. Vor dem Außenrand eine metallische und eine orangefarbene Binde. ♀♀ auf Vorderflügeln oberseits orangebraun mit dunklerem Außenrand, auf Hinterflügeln graubraun mit orangefarbener Randlinie.

L Im Gebirge nahezu ausschließlich auf alpinen Rasengesellschaften oberhalb der Waldgrenze anzutreffen.

V Tagaktiv. **Fortpflanzung:** Eine Generation. Überwinterung als Raupe.

Beobachtungsmöglichkeit:

I	II	III	IV	V	VI	VII	VIII	IX	X	XI	XII

E Raupe frisst an verschiedenen Gräsern.

i **Im Nationalpark** auf alpinen Matten bis 2.500 m ü. NN häufig, gut zu beobachten. Über Verhalten und Lebensgewohnheiten noch wenig bekannt, obwohl der Falter in den Alpen nicht selten ist.

Beobachtungstipp: Auf dem Wanderweg zum Schneibstein im Hochsommer gut zu beobachten.

Weißbindiger Mohrenfalter
Arran Brown
Erebia ligea
Familie Augenfalter (Satyridae)

M Mittelgroßer Falter, SP 37 – 45 mm. Vorderflügel oberseits schwarzbraun mit kräftig orangeroter Binde und weißlichen, schwarz umrandeten, kleinen Flecken. Auf den Hinterflügeln ebenfalls 3 – 4 weiß gekernte Augenflecke in einer orangeroten Binde. Unterseite der Hinterflügel mit einer etwas gezackten, weißen Querbinde, die vom Vorderrand bis zur Flügelmitte reicht.

L Im Gebirge auf grasreichen Hängen und in lichten Wäldern der mittleren und unteren Lagen bis zur Baumgrenze.

V Tagaktiv. **Fortpflanzung:** Zweijährige Entwicklung, daher vielerorts alle zwei Jahre häufiger. Eiablage einzeln oder in kleinen Gruppen dicht über dem Boden meist an trockene, seltener an grüne Grasblätter. Die schlüpfreife, überwiegend hellbraun gefärbte und dicht beborstete Raupe (Endlänge bis 22 mm) überwintert das erste Mal in der Eihülle, das zweite Mal fast ausgewachsen. Die Puppe liegt in einem lockeren Gespinst.

Beobachtungsmöglichkeit:

I	II	III	IV	V	VI	VII	VIII	IX	X	XI	XII

E Soweit bekannt ist, lebt die Raupe an Schafschwingel *(Festuca ovina)* und auch Zierlichem Federgras *(Stipa pennata)*, wahrscheinlich aber auch an anderen Gräsern trockener und steiniger Standorte. Falter an Blaugras *(Sesleria albincans)*, Schafschwingel und anderen Süßgräsern.

i **Im Nationalpark** auf sonnigen Hängen und ebenso in lichten Wäldern, z. B. auf alpinen Rasenflächen und Almwiesen bis zur Baumgrenze häufig, gut zu beobachten.

Beobachtungstipp: Auf blütenreichen Grasheiden, z. B. unterhalb des Schneibsteins im Sommer überall leicht zu beobachten.

Kommafalter ***Silver-spotted Skipper***
Hesperia comma
Familie Dickkopffalter (Hersperiidae)

Beobachtungsmöglichkeit:

I	II	III	IV	V	VI	VII	VIII	IX	X	XI	XII

M Kleiner Falter, SP 25 – 30 mm. Auffällig großer Kopf (= namensgebend für Familie) und große Augen. Vorderflügel oberseits meist orangebraun, im Spitzenteil dunkelbraun, mit einigen gelben Flecken. Unterseite der Hinterflügel gelbbraun mit kontrastreich abgesetzten, weißen Flecken. ♂ ähnlich wie ♀, lediglich mit dunklen kommaförmigen (= namensgebend) „Duftschuppen" auf den Vorderflügeln.
L Bevorzugt im Gebirge sonnige, magere Wiesen sowie Felssteppen und Grasheiden; vor allem in trockenen, gelegentlich aber auch in feuchten Bereichen, mitunter an Wegrändern.
V Tagaktiv. Typische Ruhehaltung mit flach ausgebreiteten Hinterflügeln, Vorderflügel dagegen um etwa 45° angewinkelt. Falter fliegt spät im Jahr. Flug sehr schnell und hektisch wirkend, sitzt immer wieder auf Blüten. Von anderen Dickkopffaltern ist er durch die deutlichen, weißlichen Flecken auf der Unterseite zu unterscheiden. **Fortpflanzung:** Die glatten, halbkugeligen, weißen Eier werden im VIII einzeln an kümmerliche Grashorste abgelegt. Überwinterung als Ei oder – ohne Nahrungsaufnahme – als Raupe. Raupe bis 26 mm, dunkelbraun mit relativ großem, schwarzem, gelblich gestreiftem Kopf; frisst sommers ausschließlich nachts. Verpuppung am Boden in einem Kokon. Puppe wachsartig bereift. Schlupf des Falters nach ca. 10 Tagen. Eine Generation pro Jahr.
E An schmalblättrigen Süßgräsern, vor allem am Schafschwingel *(Festuca ovina)*.
i **Im Nationalpark** auf alpinen Grasheiden bis in Höhen von ca. 2.300 m ü. NN weit verbreitet, jedoch selten zu beobachten.

Beobachtungstipp: Im Bereich der alpinen Grasheiden am Weg zum Schneibstein im Hochsommer regelmäßig anzutreffen.

Typischer „Haufenbau" der Gr. Kerbameise

Große Kerbameise

Formica exsecta

Familie Ameisen (Formicidae)

Beobachtungsmöglichkeit:

I	II	III	IV	V	VI	VII	VIII	IX	X	XI	XII

M L der Königin 7,5 – 9,5 mm, der Arbeiterinnen 5 – 7,5 mm, der ♂♂ 4 – 9 mm. Körper gelbrot, ziegelrot bis rot, Hinterkopf und Beine dunkler, Hinterleib dunkelbraun bis schwarz. Markante Hinterhauptecken. Tiefe Kerbe am Hinterhauptrand namensgebend.

L Im Gebirge nahezu ausschließlich in einiger Entfernung zu Nadelbäumen, meist in mitten subalpiner und alpiner Magerrasen, was als Indiz für den hohen Konkurrenzdruck durch Waldameisen *(z.B. Formica rufa)* gewertet werden muss.

V Tagaktiv, lebt in „Sozialstaaten" (weniger Individuen als bei der Roten Waldameise), mit ebenfalls klar geregeltem „Kastensystem", d. h. Aufteilung in unfruchtbare ♀♀, fruchtbare ♂♂ und die Königin. Gutes Sehvermögen. **Fortpflanzung:** Nester etwa kopfgroß, aus Pflanzenmaterial wie fein zerbissenen Grashalmen, Oberbauten aus feinerem Material als bei der Roten Waldameise. Es werden keine Fichten- oder Kiefern-Nadelnester gebaut und keine Straßen angelegt. Nester in höheren Lagen sehr flach und dicht gewebt, so dass sie keine Angriffsfläche für den hier schärferen Wind bieten. Unterirdisch verlaufende Ausgänge und Wanderstrassen in der meist dichten Rasenvegetation für Wärmeisolation wichtig. Schwärmzeit VI – VIII.

E Allesfresser, vor allem Kleininsekten (wichtig für Königin) sowie Honigtau, wird von Blattläusen in großen Mengen abgenommen.

i **Im Nationalpark** vereinzelt in waldrandnahen und nur wenig beweideten Wiesen von 900 bis 1.800 m ü. NN, bei genauerem Hinsehen von der Roten Waldameise gut zu unterscheiden. Vorkommen im Nationalpark ist überregional bedeutend, da außerhalb nur wenige Vorkommen bekannt sind.

Beobachtungstipp: Entlang des Wanderwegs vom Parkplatz Hinterbrand zur Mitterkaser Alm regelmäßig zu beobachten. **Bauten bitte nicht öffnen!**

Waldmistkäfer *Dor Beetle*
Geotrupes stercorosus
Familie Blatthornkäfer (Scarabeidae)

M L 12 – 19 mm. Körper schwarz mit leicht blauem Glanz, Flügeldecken mit Längsfurchen. Letztes Fühlerglied zu einer Keule erweitert (= Familienkennzeichen), mitunter auch fächerförmig. Beine mit Dornen und Haaren. ♂♂ in Gestalt und Färbung wie ♀♀.

L Im Gebirge gerne in Wäldern, oft auch in offenem Gelände.

V Tagaktiv, schwerfällig und langsam wirkend. **Fortpflanzung:** Im Frühjahr gräbt der Käfer (= Imago) einen Gang in die Erde, von dem aus 3 – 4 etwas erweiterte Brutstollen ausgehen. Jeder Brutstollen wird mit einem Klumpen aus Kot, Nadeln und Holzstückchen versehen, an denen jeweils ein Ei abgelegt wird. Larven leben von diesem Vorrat, überwintern und verpuppen sich im Frühjahr. Käfer schlüpfen im VII, geschlechtsreif erst nach Überwinterung im nächsten Jahr.

Beobachtungsmöglichkeit:

I	II	III	IV	V	VI	VII	VIII	IX	X	XI	XII

E Käfer ernähren sich überwiegend von Kot.

i **Im Nationalpark** bis 2.000 m ü. NN regelmäßig und leicht zu beobachten. Wird im Volksmund auch „Pillendreher" genannt. Verwechslungsgefahr mit vielen ähnlichen Arten!

Beobachtungstipp: Auf dem Weg zum Schneibstein sommers relativ leicht zu entdecken.

4.12 Lebensraum „Felsschutt- und Geröllfluren"

Sobald Felsschutt zur Ruhe kommt, kann auf diesen Flächen eine charakteristische Vegetationsentwicklung einsetzen, wobei sich im Laufe dessen typische Zwischenstadien bilden. Die größten Überlebenschancen haben dabei Arten, die am besten an die schwierigen Standortbedingungen im Felsschutt und Geröll angepasst sind. Starke mechanische Beanspruchung muss durch entsprechende Wuchsform und Regenerationsfähigkeit der jeweiligen Pflanze ausgeglichen werden. Zumeist verfügen sie über eine lange, tief im Felsschutt verborgene Hauptwurzel, von der viele, weit ausgreifende Seitenwurzeln abzweigen wie auch über weit kriechende, oft biegsame Triebe. Man unterscheidet die sogenannten „Schuttwanderer", wie z. B. das Rundblättrige Täschelkraut *(Thlaspi rotundifolium* ssp. *rotundifolium)* und den Schild-Ampfer *(Rumex scutatus)*, die „Schuttstauer" wie Alpen-Mohn *(Papaver sendtneri)* und Moschus-Steinbrech *(Saxifraga moschata)*, die „Schuttüberkriecher" wie Alpen-Leinkraut *(Linaria alpina)* oder Schutt-Leimkraut *(Silene vulgaris* ssp. *glareosa)*, die „Schuttstrecker" wie z. B. Augenwurz *(Athamanta*

Schuttstrom im „vorderen" Wimbachtal (Wimbachgries)

cretensis) und Großköpfige Gämswurz *(Doronicum grandiflorum)* sowie die „Schuttdecker" wie Silberwurz *(Dryas octopetala)* und Herzblättrige Kugelblume *(Globularia cordifolia)*.

Kennzeichnend für die sich noch in Bewegung befindlichen Kalkschutthalden höherer Lagen sind beispielsweise Schild-Ampfer *(Rumex scutatus)*, Alpen-Leinkraut, Augenwurz *(Athamanta cretensis)*, Schwarze Schafgarbe *(Achillea atrata)* und Starrer Wurmfarn. Besonders typisch für Kalkschutt der tieferen Lagen ist die feuchtigkeitsliebende Pestwurzflur, für welche die Pestwurz *(Petasites paradoxus)* namensgebend ist. Bleibt der Felsschutt längere Zeit in Ruhe, stellen sich verschiedene Weiden-Arten (Salix spec.) ein. Aus dem besonders verwitterungsanfälligen Ramsau-Dolomit bilden sich große und sehr bewegliche Schuttströme, wie z. B. im Wimbachtal. Hier sind der Zweizeilige Goldhafer *(Trisetum distichophyllum)* und die Augenwurz typisch. Dazwischen wachsen Silberwurz und als Besonderheit Einseles Akelei *(Aquilegia einseleana)*. Kommt der Schuttstrom über längere Zeit zur Ruhe, bilden sich zwischen den großflächigen Teppichen aus Silberwurz und Schneeheide *(Erica herbacea)* letztendlich Latschengebüsche oder Bergkiefernwälder aus.

Der Steinmarder *(Martes foina)* als ursprünglicher Bewohner von Felslandschaften fühlt sich in solchen Lebensräumen besonders wohl, obwohl man ihn aufgrund seiner nachtaktiven Lebensweise nur selten zu Gesicht bekommt. Am ehesten stößt man auf Spuren im feuchten Untergrund, auf Reste seiner Beutetiere oder seine typischen Losungen. Die meisten anderen Bewohner der Felsschutt- und Geröllfluren sind von wesentlich kleinerem Körperbau und besiedeln mit Vorliebe die vereinzelten Pflanzenpolster oder die zahllosen Spalten und Luftgänge zwischen den Gesteinsbrocken. Zu ihnen gehört eine wärmeliebende, bräunlich-schwarze Springspinne *(Sitticus rupicola)*, welche kein Netz baut, sondern kleinen Insekten auflauert oder diese im schnellen Lauf verfolgt. Auch der mit scheinbar übergroßen Mundwerkzeugen ausgerüstete, dunkelgrün-metallisch glänzende Berg-Sandlaufkäfer *(Cicindela silvicola)* verfolgt seine Beutetiere zu Fuß und fliegt nur kurz auf, wenn er beispielsweise durch Wanderer gestört wird. Mehrere besonders langbeinige Weberknechtarten stolzieren auf ihren Beutezügen leichtfüßig über die aufgehäuften Steinhindernisse, während die solitär lebenden Arten Stein- *(Bombus lapidarius)* und Ackerhummel *(Bombus pascuorum)* sowie die Rote Mauerbiene *(Osmia rufa)* auf der Suche nach Blüten einfach darüber hinwegfliegen. Letztere zeigt ein erstaunliches Brutfürsorgeverhalten und legt ihren Larven jeweils 2 – 3 Schmetterlingsraupen als Nahrungsbeigabe in die später von ihr „zugemauerten" Brutkammern. Ähnlich fürsorglich verhält sich die schwarz-rot gefärbte Frühlings-Wegwespe *(Anophilus viaticus)*, die allerdings nahezu ausschließlich Wolfspinnen der Gattung Trochosa für den Nachwuchs auswählt. Im Sommer begegnet man in diesem Lebensraum einem der schönsten einheimischen Schmetterlinge, dem schwarz-gelb gezeichneten Schwalbenschwanz *(Papilio machaon)*, der in schnellem, gaukelndem Flug zwischen den einzeln stehenden Blütenpflanzen hin und her fliegt oder an feuchten Stellen in größeren Gruppen Mineralien aufsaugt. Die kontrastreich gezeichnete und besonders wärmeliebende Gewöhnliche Gebirgsschrecke *(Podisma pedestris)* bevorzugt Gräser und Kräuter, die auf den Schuttflächen und Geröllfluren häufig gedeihen. Entlang der Bäche stößt man beim Umdrehen von größeren Steinen am Ufer häufig auf den Rotköpfigen Dammläufer *(Nebria picicornis)*, der sich dem Leben im und auf kiesigem Untergrund perfekt angepasst hat. Eine grau gefärbte Wolfsspinne *(Pardosa wagleri)* macht auf der Schuttfläche Jagd auf kleinere Insekten. Diese Heuschrekke besiedelt bevorzugt die tiefer gelegenen Schuttflächen bis 1.600 m ü. NN und zählt somit nicht zu den Beutetieren des seltenen Steinschmätzers *(Oenanthe oenanthe)*, der im Nationalpark lediglich in wenigen Brutpaaren in der alpinen Mattenregion bzw. auf sonnenexponierten Geröllhalden oberhalb der Waldgrenze anzutreffen ist. Unverkennbar ist der mit einer breiten, schwarzen Endbinde versehene Schwanz und das häufige Knicksen und Wippen des Körpers während der Jagd nach Insekten und Spinnen.

Wo findet man Felsschutt- und Geröllfluren im Nationalpark?

Die typischsten Felsschutt- und Geröllfluren im Nationalpark findet man entlang des Wanderweges Nr. 421 durch das Wimbachtal.

„Hinteres" Wimbachgries

Junge Steinmarder im Heuboden

Steinmarder *Stone Marten*

Martes foina

Familie Marder (Mustelidae)

M L 42 – 49 cm, Schwanz 23 – 26 cm, GW 1,3 – 2,3 kg. Färbung graubraun, Unterfell schimmert hell durch. Weißer Kehlfleck, Unterrand gegabelt. Schwerer, plumper und niedrigläufiger als Baummarder *(Martes martes)*. Ohren kürzer und spitzer. Schwanz verhältnismäßig lang. Schnauze hell. ♂♂ in Gestalt und Färbung ähnlich wie ♀♀.

L Ursprünglich felsgebunden. Liebt Gelände mit vielen Schlupfwinkeln, vor allem Waldränder. Nicht waldgebunden wie Baummarder.

V Nachtaktiv, mit kleinen Streifgebieten. Bewegt sich meist springend. Guter Kletterer, mehr bodengebunden und lautfreudiger als Baummarder. Lager in hohlen Bäumen, Steinhaufen, Felsspalten. Reviergrößen abhängig von Geschlecht, Habitatqualität und Jahreszeit. **Fortpflanzung:** Ranz (= Paarungszeit) Ende VI bis Anfang VIII. Nach Eiruhe werden im III, seltener im IV, 2 – 4 Junge geboren. Mit etwa 5 Wochen öffnen diese die Augen, nach 8 Wochen erstmals außerhalb des Nests.

E Allesfresser, im Sommer bis weit in den Winter vor allem Früchte wie Äpfel, Birnen, Pflaumen sowie verschiedene Beerenarten. Darüber hinaus Kleinsäuger, z. B. verschiedene Mausarten, gelegentlich auch Spitzmäuse, nicht selten auch Vögel bis Hühnergröße.

i **Im Nationalpark** regelmäßig bis zur Baumgrenze, allerdings aufgrund seiner überwiegend nächtlichen Lebensweise schwer zu beobachten. Beutetiere werden nicht „ausgesaugt", wie oft im Volksmund behauptet wird.

Beobachtungsmöglichkeit:

I	II	III	IV	V	VI	VII	VIII	IX	X	XI	XII

links vorne

rechts vorne

Beobachtungstipp: Mit Glück und Geduld während der Dämmerung zwischen den Felsbrocken im Wimbachtal zu entdecken.

Steinschmätzer *Northern Wheatear*
Oenanthe oenanthe
Familie Drosselvögel (Turdidae)

M L 15 cm, deutlich größer als Rotkehlchen *(Erithacus rubecula)*. Auffälliger Schwanz mit breitem, dunklem Endband, zentrales Federpaar schwarz, wodurch umgekehrtes „T" erkennbar wird. Bürzel und Oberschwanzdekken weiß. Ausgewachsene ♂♂ im Prachtkleid mit blau- oder blassgrauem Oberkopf, Nacken Schulterfedern und Rücken, Flügel schwarzbraun. Stirn und Überaugenstreif sind weiß, Wangen und Ohrdecken schwarz. Halsseiten, Kinn, Kehle und Brust rahmfarben, die übrige Unterseite weißlich bis rahmfarben. ♀ im Prachtkleid oberseits braungrau, rahmfarbener Überaugenstreif. Ohrdecken braun, Halsseiten, Kinn, Kehle, Flanken und Brust braunorange, Unterseite sonst rahmfarben.

L Brut bevorzugt in offenem, übersichtlichem Gelände mit kurzer bis karger Vegetation. Jagd- und Sitzwarten sowie Spalten, Nischen oder Höhlungen für das Nest wichtig, daher gerne auf alpinem Rasen mit eingestreutem Geröll oberhalb der Waldgrenze sowie möglichst sonnenexponierten Geröllhalden.

Beobachtungsmöglichkeit:

I	II	III	IV	V	VI	VII	VIII	IX	X	XI	XII

V Tagaktiver Langstreckenzieher, huscht gerne über das offene Gelände, knickst und schlägt mit dem Schwanz. **Stimme:** Reviergesang aus kurzen, schnell schwätzenden Strophen, oft mit Lockrufen eingeleitet. Neben Pfeiftönen auch hell klirrende Laute und gepresste Töne. Auffällige Bodenbalz, ♂ steht vor ♀ und tanzt mit aufgeplusterten Federn. **Fortpflanzung:** Nest ein lockerer Haufen aus Gras, Moos und anderen Pflanzenteilen, meist gut getarnt in Erd- oder Felshöhle. Eiablage (5 – 6 Eier) Anfang V, BD 14 Tage, NZ 15 Tage.

E Fleischfresser, überwiegend Spinnen und Insekten.

i **Im Nationalpark** sporadisch oberhalb 1.800 m ü. NN in geeigneten Lebensräumen.

Beobachtungstipp: Im Nationalpark am wahrscheinlichsten während der Brutzeit auf Bergwanderungen zwischen Schneibstein und Kahlersberg zu entdecken.

Schwalbenschwanz *Swallowtail*

Papilio machaon

Familie Ritterfalter (Papilionidae)

Beobachtungsmöglichkeit:

I	II	III	IV	V	VI	VII	VIII	IX	X	XI	XII

M Großer Falter, SP ca. 50 – 75 mm. Hinterflügel mit jeweils 6 blauen sowie einem roten Punkt. Hinterflügel enden in spitzem Fortsatz. Flügeloberseiten gelb mit kräftiger, schwarzer Zeichnung. ♀♀ in Gestalt und Färbung wie ♂♂, lediglich etwas größer.

L Bevorzugt sonnige, trockene Hänge, Mager- und Trockenrasen, grasige Kuppen, Brach- und Ruderalflächen wie Geröllfelder und Schuttbänke mit eingestreuten Blumen.

V Tagaktiver Falter, guter Flieger. Auffällige Balzflüge, besonders häufig auf kahlen Hügelkuppen oder Grashügeln (wird als „hill-topping" bezeichnet), wo Geschlechterfindung und Paarung stattfindet. **Fortpflanzung:** Zwei Generationen, die erste fliegt im IV/V, die zweite VII/VIII. Eiablage der ♀♀ aus 1. und 2. Generation einzeln an Fraßpflanzen der Raupen. Raupen (Endlänge bis 45 mm) glatt und unbehaart, anfänglich samtschwarz mit weißem Fleck, kurz vor Verpuppung mit typischer Zebrastreifung (schwarz mit roten Punkten) und Nackengabel, wird bei Störung abgestellt. Außerdem kann bei Gefahr durch Duftdrüsen ein intensiver Abwehrgeruch erzeugt werden. Herbstpuppen überwintern.

E Falter saugt gerne an Disteln, Skabiosen und Klee. Futterpflanzen der Raupe sind verschiedene Schirmblütler. Raupen der Sommergeneration gerne an Gemüsepflanzen in Bauerngärten, z. B. an Fenchel *(Foeniculum vulgare)* und Dill *(Anethum graveolens)* oder auf Magerrasen an Kleiner Bibernelle *(Pimpinella saxifraga)*.

i **Im Nationalpark** mitunter noch häufig, vor allem zur Balzzeit im Mai über vielen Geröllfeldern und auf Almwiesen bis 1.500 m ü. NN, mitunter auch im Talbereich gut zu beobachten. Unverwechselbar!

Beobachtungstipp: Der Schwalbenschwanz ist auf St. Bartholomä im Bereich des Eisbaches während der Balzzeit im Mai leicht zu entdecken.

Steinhummel ***Stone Bumblebee***
Bombus lapidarius
Unterfamilie Hummeln (Bombinae)

M L ♀ (Königin) 20 – 22 mm, Arbeiterinnen (A) 12 – 16 mm, ♂ 14 – 16 mm. SP ♀ 37 – 40 mm, A 24 – 30 mm, ♂ 27 – 30 mm. Rüssellänge 8 – 14 mm. Überwiegend samtschwarz, nur an den letzten Hinterleibssegmenten mit tiefroter Behaarung, bei älteren Tieren ausbleichend rot- oder gelborange. ♂ mit gelblicher Binde auf der Vorderbrust, Kopf mit hellen Haaren.

L Im Gebirge in vielerlei offenen Landschaften, vor allem an Waldrändern, auf Wiesen und Weiden, an Hecken, Böschungen und Wegrändern.

V Tagaktiv. Nestbezieher und -bauer. **Fortpflanzung:** Nest ober- und unterirdisch, mit Vorliebe unter Steinhaufen, Holzstößen und -brettern, in Mauer- und Felsspalten, auch in Ritzen von Berghütten. Größe des Volkes 100 – 300 Tiere. Königinnen überwintern, fliegen Anfang IV – Ende V, Arbeiterinnen von IV – Ende IX, ♂ (= Drohnen) und Jungköniginnen von Ende VII – Anfang X. Jungköniginnen überwintern, alle anderen sterben vor Wintereinbruch.

E Königin im Frühjahr an Weidenkätzchen, Taubnesseln (Lamium spec.) und Günsel *(Ajuga reptans)*. ♂ gerne auf Glockenblumen und Berg-Flockenblumen *(Centaurea montana)*. Wichtigste Pflanzen sind z. B. Lungenkraut *(Pulmonaria officinalis)*, Obstbäume, Kastanien *(Aesculus hippocastanum)* und Distel (Carduus spec.).

i **Im Nationalpark** bis an die Baumgrenze häufig, gut zu beobachten, besonders auf Wiesen und Weiden, aber auch auf blumendurchsetzten Ödlandflächen.

Beobachtungsmöglichkeit:

I	II	III	IV	V	VI	VII	VIII	IX	X	XI	XII

Beobachtungstipp: Auf Blumenwiesen im Bereich der Schuttflächen im Wimbachgries und auf St. Bartholomä gut zu beobachten.

Ackerhummel

Common Carder Bumblebee

Bombus pascuorum

Unterfamilie Hummeln (Bombinae)

M L 9 – 18 mm, damit deutlich kleiner als Berglandhummel (B. *monticola hypsophilus*), Arbeiterinnen 9 – 14 mm, ♂ 12 – 14 mm. ebenfalls kleiner. Behaarung auf der Oberseite des Brustsegments gelbrot, an den 4 vorderen Segmenten des Hinterleibs grau, die letzten beiden Segmente wieder gelbrot.

L Im Gebirge in nicht zu dicht bewaldetem Gelände sowie im Offenland, vor allem in blütenreichen Landschaften.

V Tagkativ, bildet einjährige Staaten. **Fortpflanzung:** Jungkönigin erscheint etwa Ende IV aus Winterquartier, kräftigt sich durch Aufnahme von Nektar. Sucht anschließend Hohlraum als Nistplatz, z. B. verlassenes Mäusenest, sammelt Nektar und Pollen, legt Vorrat in napfartigen Gefäßen an und legt ca. 10 Eier darauf ab. Schlupf der Larven nach 3 – 5 Tagen, ernähren sich vom Pollenvorrat. Nach ca. 1 Woche Verpuppung in Kokon, Schlupf der

Beobachtungsmöglichkeit:

I	II	III	IV	V	VI	VII	VIII	IX	X	XI	XII

jungen Hummeln (Arbeiterinnen) nach etwa 1 – 2 Wochen, übernehmen fortan Nestbau und Pflege der Brut, während Königin nur noch Eier legt. Bis VIII etwa 150 Hummeln im Volk, dann schlüpfen auch neue Königinnen und ♂♂. Anschließend stirbt Hummelvolk. Nur befruchtete Jungköniginnen suchen Winterquartiere, gründen im nächsten Frühjahr neuen Hummelstaat.

E Frisst Pollen und Nektar, z.B. an Taubnesseln (Lamium spec.) und verschiedenen Kleearten (Trifolium spec.).

i **Im Nationalpark** bis 1.500 m ü. NN häufig, darüber bis über die Baumgrenze in blütenreichen Landschaften regelmäßig, gut zu beobachten. Verwechslungsgefahr mit anderen Hummelarten hoch!

Beobachtungstipp: Ackerhummeln sind im Spätsommer im Bereich des Wimbachschlosses auf Nektarsuche gut zu beobachten.

Rote Mauerbiene ***Red Mason Bee***

Osmia rufa

Unterordnung Bienen (Apoidea)

Beobachtungsmöglichkeit:

I	II	III	IV	V	VI	VII	VIII	IX	X	XI	XII

Ⓜ L 9 – 14 mm. Körper dunkelbraun mit leicht grünem Metallglanz. Behaarung beim ♀ am Kopf schwarz, in der Mitte hellbraun, am Hinterleibsende schwarz. Weibchen unter den Fühlern mit 2 Hörnern. ♂ etwas kleiner mit gelb behaarter Stirn.

Ⓛ Besonders an Waldrändern und in offenem Gelände.

Ⓥ Tagaktiv, solitär lebend, d. h. keine Staaten bildend. Sehr vielseitig bei der Wahl der Nistorte, gehört meist zu den ersten Besiedlern von künstlichen Nisthilfen. Männchen erscheinen im III ca. 2 Wochen vor den ♀♀. **Fortpflanzung:** Eiablage in Hohlräumen unterschiedlichster Art, z. B. in Ritzen, Fraßgängen im Totholz, Bambusrohr- und Schilfstengeln. Nester aus Lehm, Nestanlage in rohrförmigen Hohlräumen von 0,5 – 1 cm Länge, aus einzelnen hintereinanderliegenden Zellen, die durch Lehmwände voneinander getrennt sind. Pro Zelle 1 Ei und Nahrungsvorrat aus Pollen-Nektar-Gemisch sowie 2 – 3 Schmetterlingsraupen. Schlupf der Larve nach 10 Tagen. Verpuppung in einem dunkelbraunem Kokon im Hochsommer. Nach ca. 1 Monat schlüpft erwachsene Biene, bleibt bis zum nächsten Frühjahr im Kokon. Zuerst verlassen die Männchen das Nest. Deshalb befinden sich die Eier, aus denen sich Männchen entwickeln, in einem Liniennest immer vorn.

Ⓔ Pflanzenfresser, überwiegend Pollen und Nektar von verschiedenen Blütenpflanzen.

ⓘ **Im Nationalpark** häufig auf Geröll- und Schuttfluren mit hoher Sonneneinstrahlung, bis 1.200 m ü. NN

Beobachtungstipp: An sonnigen, warmen Tagen z. B. im Wimbachtal oder auf dem Schwemmkegel in St. Bartholomä leicht zu entdecken.

Frühlings-Wegwespe *Spider Wasp*

Anophilus viaticus

Familie Wegwespen (Pompilidae)

Beobachtungsmöglichkeit:

I	II	III	IV	V	VI	VII	VIII	IX	X	XI	XII

M L 8 – 14 mm. Wie bei meisten Wegwespen Hinterleib vorne ziegelrot, hinten schwarz gefärbt. Flügel dunkelbraun. ♀♀ am Analsegment mit zahlreichen Borsten, ansonsten wie ♂♂.

L Im Gebirge an sandigen, kiesigen Stellen (Wegen) mit großem Angebot an Wolfsspinnen (z. B. Trochosa spec.).

V Tagaktiv, wenig scheu. **Fortpflanzung:** Schlupf im Hochsommer, kurz darauf erfolgt Paarung, nach der die ♂♂ sterben. ♀♀ graben in lockeren Sandböden Überwinterungsnester, erscheinen wieder im IV des nächsten Jahres. ♀♀ kümmern sich sehr fürsorglich um Nachkommenschaft: Zunächst werden Spinnen gesucht, vorzugsweise Wolfsspinnen, durch einen Stich gelähmt und über den Boden zu einem geeignetem Nistplatz transportiert. Mitunter kommt es zum Kampf zwischen Artgenossen um die Beute. Siegerin transportiert die Spinne weiter. An einem geeigneten Ort gräbt schließlich die Wespe einen Gang in den Sandboden. Dann wird die Spinne in das Nest gezogen, ein Ei darauf abgelegt und das Nest von außen verschlossen. Sehr schnell schlüpft die Larve und entwickelt sich in wenigen Tagen, indem sie die Spinne verzehrt. Anschließend spinnt sie sich in einem Kokon ein und liegt darin eine Weile als Ruhelarve. Anfang des Sommers verpuppt sie sich und schließlich schlüpft aus der Puppe die Wespe.

E Fleischfresser, überwiegend Wolfspinnen der Gattung Trochosa.

i **Im Nationalpark** auf sandigen und kiesigen sowie besonnten Lebensräumen mitunter häufig und gut zu beobachten.

Beobachtungstipp: Während des Sommers an warmen Tagen auf den Schuttflächen im Wimbachtal sehr gut zu beobachten.

Weibchen (♀)

Gewöhnliche Gebirgsschrecke
Mountain Grashopper

Podisma pedestris

Familie Feldheuschrecken (Acrididae)

Beobachtungsmöglichkeit:

I	II	III	IV	V	VI	VII	VIII	IX	X	XI	XII

(M) L ♂♂ 17 – 19 mm, ♀♀ 24 – 30 mm. Bronze- bis rotbraun gefärbt, Hinterbeine blau- bis bläulichgrau, Seitenzeichnung kontrastreich schwarz-gelb, Hinterschenkelunterseiten rot. Stummelflügel, flugunfähig. ♂♂ in Gestalt und Färbung ähnlich ♀♀, allerdings deutlich kleiner und weniger massig.

(L) Bevorzugt im Gebirge offene Fels-, Lawinen- und Schotterflächen sowie Weiden und Wiesen mit lückiger Vegetation, außerdem Mager- und Trockenrasenflächen. Wichtig ist ein schnelles Abtrocknen des jeweiligen Untergrunds nach Niederschlägen.

(V) Tagaktiv. **Fortpflanzung:** Ablage der kirschkerngroßen Gelege (Ootheken; meist 12 Eier) oberflächennah in den Boden. Schlupf nach wenigen Tagen, Larvenentwicklung als Anpassung an „Kältesteppenklimate" in wenigen Wochen abgeschlossen. Gesang leise, knisternde „Knicklaute" (Mundwerkzeuge). **Alter:** ca. 20 Tage.

(E) Pflanzenfresser, überwiegend Gräser und Kräuter.

(i) **Im Nationalpark** lokal häufig auf vegetationsarmen, sonnenexponierten Standorten bis 1.500 m ü. NN.

Beobachtungstipp: Auf den Schuttflächen im Wimbachtal während des Hochsommers sehr häufig zu beobachten.

Männchen (♂)

Rotköpfiger Dammläufer

Nebria picicornis
Familie Laufkäfer (Carabidae)

M L 10 – 15 mm, mittelgroßer Laufkäfer. Körper und Flügeldecken schwarz, Kopf und Hinterleibsspitze rötlich. Antennen, Mundwerkzeuge sowie Beine sind rotgelb. ♂♂ in Gestalt und Färbung wie ♀♀.

L Käfer (= Imagines) und Larven findet man tagsüber unter Steinen an schotterreichen Gebirgsflüssen oder Seen.

V Nacht- bis dämmerungsaktiv, flinker Räuber. Käfer halten sich fast ausschließlich in unmittelbarer Ufernähe (0 – 3 m) auf. **Fortpflanzung:** Im Herbst treffen sich ♂♂ und ♀♀ zur Paarung, ansonsten eher einzelgängerisch. Ende XIII bis Anfang IX höchste Aktivität der Käfer, dann auch Eiablage. Imagines sieht man zwar i.d.R. nicht fliegend, offensichtlich zeigen die Tiere aber zeitweise große Flugaktivität (nachts?). Markierte Tiere wurden bis zu 1 km vom Markierungsort entfernt beobachtet, wobei mehrere stark strömende Flussarme überwunden wurden. Käfer schwimmen gut und können unmittelbar am Ufer sogar aktiv unter Wasser gehen, wenn sie gestört werden. Eine längere Überdauerung unter Steinen (also unter Wasser) bei plötzlichen Hochwassern ist sehr wahrscheinlich. Die Art überwintert i.d.R. als Larve (3 Larvenstadien) und im Frühjahr schlüpfen die Imagines. Einzelne Individuen können jedoch auch als Imago im Schotterkörper überwintern, d.h. sind prinzipiell das ganze Jahr beobachtbar. **Feinde:** Hauptfeind ist die große Wolfspinne *(Arctosa cinerea)*.

E Räuberisch und wenig wählerisch, mit Vorliebe im Uferbereich vorkommende Gliedertiere (Arthropoden), z. B. Eintags-, Stein- oder Köcherfliegen, aber auch Spinnen und andere Laufkäferarten (z. B. Bembidion spec.).

i **Im Nationalpark** nicht selten, in geeigneten Lebensräumen bis etwa 1.000 m ü. NN gut zu beobachten.

Beobachtungsmöglichkeit:

I	II	III	IV	V	VI	VII	VIII	IX	X	XI	XII

Beobachtungstipp: Im Klausbachtal im Uferbereich des Klausbaches unter locker aufliegenden Steinen leicht zu entdecken.

Berg-Sandlaufkäfer *Tiger Beetle*
Cicindela sivlicola
Familie Sandlaufkäfer (Cicindelidae)

M L 12 – 16 mm, mittelgroßer Laufkäfer mit großen Augen, auffällig großen Kieferzangen und langen Beinen. Fühler fadenförmig, Körper schlank und abgeflacht, Färbung variabel, meist braun-metallisch glänzend. Flügeldecken mit mehreren hellen Bändern. ♂♂ in Gestalt und Färbung wie ♀♀. Insgesamt dunkler als der Feld-Sandlaufkäfer *(Cicindela campestris)*, der in ähnlichen Lebensräumen vorkommt.

L Bevorzugt auf sandigen, kiesigen Wegen, Kiesbänken oder Geröllflächen sowie an sonnigen und trockenen Waldrändern im Montanbereich, auf trockenen Wiesen und Trockenhängen.

V Tagaktiver, flinker Räuber. Jagt zu Fuß. **Fortpflanzung:** Larven und Käfer (= Imagines) räuberisch, vor allem bei starker Sonneneinstrahlung aktiv. Larven jagen aus der Öffnung ihrer Erdröhren im Umfeld Insekten, überwintern in diesen selbstgegrabenen Röhren. Käfer schon früh im Jahr zu beobachten. Bei Störungen sofortiges Auffliegen. **Feinde:** Frösche und Kröten, Spitzmäuse, Igel, Fledermäuse, Nagetiere, Singvögel, Spechte, auch Parasiten.

E Fleischfresser, überwiegend Ameisen, Spinnen und andere Käfer.

i **Im Nationalpark** an warmen Tagen in geeigneten Lebensräumen schon im Frühjahr bis 1.200 m ü. NN gut zu beobachten. Verwechslungsgefahr mit Feld-Sandlaufkäfer, der allerdings insgesamt grünlicher wirkt.

Beobachtungsmöglichkeit:

I	II	III	IV	V	VI	VII	VIII	IX	X	XI	XII

Beobachtungstipp: Auf St. Bartholomä im Bereich des Eisbaches an warmen, sonnigen Tagen leicht zu entdecken.

Weberknecht *Harvestman*

Phalangium opilio

Familie Weberknechte (Phalangiidae)

Beobachtungsmöglichkeit:

I	II	III	IV	V	VI	VII	VIII	IX	X	XI	XII

(Highlighted: VII, VIII, IX, X, XI)

M L ♀♀ bis 6 – 9 mm, ♂♂ 4 – 7 mm (ohne Beine). Geschlechter sehr unterschiedlich. 2. Beinpaar der ♀♀ bis 38 mm. Grundfärbung rötlich-graubraun. Körper länglich oval, etwa doppelt so lang wie breit mit dunkelbraunem Sattel mittig auf Brust und Hinterleib. Beine blass rötlich-graubraun mit wenigen kleinen, dunklen Flecken. 2. Beinpaar der ♂♂ bis 54 mm. Grundfärbung hell- bis dunkelbraun, Körper wie ♀♀, Sattelzeichnung und Körperfärbung weniger klar als bei ♀♀.

L Im Gebirge vorwiegend in niedriger Vegetation an trockenen Standorten in Wäldern, Geröllfluren und in der Krummholzzone.

V Tagaktiv. ♀♀ besitzen lange Legeröhre, mit der sie Eier in den Boden, in Rindenritzen oder andere Verstecke ablegen. Gelegegröße bis zu 500 Eier, Überwinterung als Ei.

E Fleischfresser, überwiegend kleine Insekten, die z. T. auch im Vorbeiflug mit den langen Beinen aus der Luft gegriffen werden.

i **Im Nationalpark** sehr regelmäßig bis zur Baumgrenze zu beobachten, besonders häufig in der Krummholzzone oder in Landschaften mit niedriger Vegetation anzutreffen.

Beobachtungstipp: Zahlreiche verschiedene Weberknechtarten sind in den Blockhalden im Umfeld des Wimbachschlosses leicht zu entdecken.

Wolfsspinne *Wolf Spider*

Pardosa wagleri

Familie Wolfspinnen (Lycosidae)

Beobachtungsmöglichkeit:

I	II	III	IV	**V**	**VI**	**VII**	**VIII**	IX	X	XI	XII

M L ♂♂ 6 – 7 mm, ♀♀ 8 – 12 mm. Färbung braungrau, an den Rändern des Vorderkörpers hellere Flecken, Grundfarbe durch dichte graue Behaarung überdeckt. Beine lang, besonders beim ♂ deutlich geringelt. Wie die Mehrzahl der heimischen Spinnen mit acht Augen, die bei den Wolfsspinnen in drei Reihen angeordnet sind.

L Auf offenen Schotterflächen entlang von Flüssen und großen Bächen, in geeigneten Lebensräumen zahlreich und regelmäßig.

V Tagaktiv. Wie bei fast allen Wolfsspinnen wird kein Fangnetz gebaut. Besonders bei Sonnenschein werden von den flinken Jägern Insekten und andere Spinnentiere auf den Geröllflächen und im Uferbereich erbeutet. Die Spinnseide wird nur noch zum Fadenflug, als Wegefaden und zum Bau des Eikokons verwendet. **Fortpflanzung:** Vor der Paarung läuft ein komplexes Balzverhalten ab, bei der vor allem die Taster (= Pedipalpen), die beim ♂ erkennbar verdickt und deutlich dunkler als beim ♀ sind, eine wichtige Rolle spielen. Einige Wochen nach der Kopulation werden die ca. 50 Eier in den blaugrauen, abgeflacht kugeligen Eikokon eingesponnen und das ♀ trägt den Kokon, an die Spinnwarzen am Körperende angeheftet, bis zum Schlüpfen der Jungen. Diese werden anschließend noch einige Tage auf dem Hinterleib der Mutter herumgetragen.

E Fleischfresser, überwiegend kleine Insekten.

i **Im Nationalpark** bis ca. 1.400 m ü. NN in geeigneten Lebensräumen sehr häufig. Eine der über 30 Arten der Wolfsspinnen-Gattung Pardosa in Deutschland. Dennoch unverwechselbar!

Beobachtungstipp: Auf den Schuttflächen im Wimbachgries an sonnigen Tagen bei vorsichtiger Annäherung häufig, leicht zu beobachten.

Springspinne ***Jumping Spider***

Sitticus rupicola

Familie Springspinnen (Salticidae)

Beobachtungsmöglichkeit:

I	II	III	IV	V	VI	VII	VIII	IX	X	XI	XII

M Kleine Spinne, L ♀♀ 5 – 7 mm, ♂♂ bis 5 mm. Körper dunkelbraun bis schwärzlich, mit deutlicher Zeichnung auf dem Hinterleib, wobei dieser von weißlichen Härchen umrandet ist, Seiten erscheinen fast weiß. Auf der Mittellinie mehrere schwer erkennbare Muster, beiderseits zwei große weiße Flecken. ♂♂ in Färbung und Gestalt wie ♀♀.

L Im Gebirge mit Vorliebe an sonnigen, warmen Stellen mit niedriger Vegetation, gerne auch auf Geröllfluren mit angrenzender Busch- oder Latschenvegetation.

V Tagaktiv, lebhaft und schnell, sonne- und wärmeliebend. Baut kein Fangnetz, sondern verfolgt und beschleicht Opfer. **Fortpflanzung:** Zur Eiablage, Überwinterung und als Schutz beim Häuten werden kleine Wohngespinste gewoben. ♂ vollführt auffälligen Balztanz vor der Paarung.

E Fleischfresser, überwiegend kleine Insekten.

i **Im Nationalpark** an sonnig-warmen Stellen regelmäßig bis zur Baumgrenze zu beobachten, zum Teil häufig, jedoch aufgrund der geringen Größe und hohen Beweglichkeit schwer zu entdecken.

Beobachtungstipp: Auf den Schuttflächen im Wimbachtal häufig, jedoch nur mit Geduld zu entdecken.

4.13 Lebensraum „Felswände"

Felswände erscheinen auf den ersten Blick eher als lebensfeindlicher Lebensraum, der nur wenigen Tierarten Möglichkeiten eines Auskommens bietet. Aus der Nähe betrachtet beherbergen sie hingegen eine erstaunliche Vielfalt an tierischen und pflanzlichen Lebensformen. Besonders Algen, Moose und Flechten können in den Spalten und Rissen oder oft nur auf der rauen Oberfläche Halt finden. Blaualgen sind im Nationalpark für die zahlreichen, mitunter sehr breiten „Tintenstriche" an den Felswänden verantwortlich. Häufig müssen die Pflanzen ihre Wurzeln metertief in Gesteinspalten vorantreiben, um an das lebenswichtige Wasser heranzureichen. Im Sommer sind sie wiederum schutzlos Sonne und Wind, im Winter ohne isolierende Schneeschicht der klirrenden Kälte ausgesetzt. Diese Bedingungen machen alle pflanzlichen Felsbewohner zu außerordentlich hochspezifischen Organismen, die an das Leben auf kahlem Fels durch verschiedene Eigenschaften hervorragend angepasst sind. Beispiele dafür sind der oft gedrungene, polster-

Felswand am Fuß des Watzmanns

oder rosettenförmige Wuchs, eine dichte Behaarung oder die fleischigen, extrem wasserspeichernden Blätter. Typische Blütenpflanzen der Felswände sind daher Alpen-Aurikel *(Primula auricula)*, Trauben-Steinbrech *(Saxifraga paniculata)*, Felsen-Kugelschötchen *(Kernera saxatilis)* und Felsen-Baldrian *(Valeriana saxatilis* ssp. *saxatilis)*, die aber auch in lükkigen Rasenbeständen gedeihen können. Zierliche Farnpflanzen, Alpen-Schwingel *(Festuca alpina)* und Moos-Nabelmiere *(Moehringia muscosa)* sind weitere charakteristische Felsbesiedler.

Der Lebensraum Felswand erfordert auch von seinen tierischen Bewohnern eine extreme Anpassungsfähigkeit und außerordentliche Überlebensstrategien. Mehrere Weberknechte (Familie Phalangiidae) bevorzugen die rauen Lebensbedingungen im senkrechten Fels, so z. B. der langbeinige Ziegelrückenkanker *(Leiobunum limbatum)*, der in den Spalten und Nischen Jagd auf andere Gliederfüßer (Arthropoden) macht und auch Aas nicht verschmäht.

Die auffälligsten Bewohner dieses Lebensraums finden sich jedoch in der Avifauna. Aufgrund seiner leuchtend roten Gefiederteile wird der Mauerläufer *(Tichodromia muraria)* zurecht als „fliegender Edelstein" bezeichnet. Wenn man ihn mit zuckenden Flügeln scheinbar mühelos an den Felswänden herumkletternd beobachten kann, ist dies ein ebenso unvergesslicher wie seltener Augenblick im Nationalpark und gehört zu den absoluten „Highlights" eines jeden Ornithologen. Während er vor allem die mit Grasbändern und feuchten Stellen durchzogenen Felspartien für seine Nahrungssuche bevorzugt, trifft man den bei Erregung ständig knicksenden Hausrotschwanz *(Phoenicurus ochruros)* an nahezu allen felsigen Strukturen an. Sein knarrender Ruf – vorgetragen von exponierten Sitzwarten – sowie seine knickenden Bewegungen machen ihn zu einem unverwechselbaren Erscheinungsbild dieses Lebensraumes. Viele Vogelarten wiederum nutzen den Fels nur als sicheren Neststandort, so z. B. die Alpendohle *(Pyrrhocorax graculus)*, welche zwar gesellig in großen Trupps zusammenlebt, zur Brutzeit jedoch in einzelnen Paaren in unzugänglichen Kaminen und Halbhöhlen nistet. Die bräunlich-weiße Felsenschwalbe *(Ptyonoprogne rupestris)* bevorzugt als Brutplatz die überhängenden, vor Regen geschützten und südexponierten Wandbereiche. Die Bestände dieser mediterranen Art schwanken von Jahr zu Jahr teilweise erheblich, wobei in den letzten Jahren eine deutliche Zunahme registriert werden konnte. Keine Bevorzugung einer bestimmten Himmelsrichtung als Horststandort ist dagegen beim Steinadler *(Aquila chrysaetos)* festzustellen: Er orientiert sich vielmehr nach der optimalen Entfernung zum nächsten Jagdgebiet innerhalb seines Reviers. Bemerkenswert dabei ist, dass die meisten Horste des „Königs der Lüfte" im Nationalpark deutlich unter 1.400 m ü. NN liegen, wodurch ein möglichst energiesparender Transport der Beute von den höher gelegenen Jagdgebieten gewährleistet wird. Hinsichtlich der Höhenverteilung liegen die Brutfelsen des Turmfalken *(Falco tinnunculus)* zum Teil deutlich über denen des Steinadlers, während die des im Nationalpark wegen der Gebirgslage seltenen Wanderfalken *(Falco peregrinus)* stets in Talnähe anzutreffen sind. Besonders schön lässt sich dieser pfeilschnelle Flugjäger im Bereich des Königssees beobachten, wenn er im Sturzflug bei über 250 km/h Jagd auf durchfliegende Kleinvögel macht. Die Nester des Wanderfalken sind einfache Nistmulden, während der sehr auffällige, durchwegs schwarz gefärbte Kolkrabe *(Corvus corax)* beachtliche Horste anlegt oder die anderer Greifvögel als „Nachmieter" nutzt oder ausbaut. Ähnlich verhält sich die kleinere Rabenkrähe *(Corvus corone)*, die ihr Nest jedoch überwiegend hoch in Bäumen anlegt und diese über viele Jahre hinweg nutzt. Die mächtigen Gänsegeier *(Gyps fulvus)* brüten im Nationalpark zwar nicht, sind jedoch regelmäßig in den aufsteigenden, warmen Luftmassen (= Thermik) vor den Felswänden im Klausbachtal, Wimbachtal und den Hachelwänden (Schrainbachtal) zu beobachten.

Wo findet man Felswände im Nationalpark?

Mächtige Felswände findet man im Nationalpark z. B. im Wimbachtal kurz hinter dem Wimbachschloss (937 m ü. NN), im unteren Bereich des Wanderweges Nr. 486 zur Hochalmscharte (1.660 m ü. NN).

Die Felstürme der Grundübel- und Mühlstürzhörner im Klausbachtal

Steinadler *Golden Eagle*

Aquila chrysaetos

Familie Habichtsartige (Accipiteridae)

M Großer Adler (♂ bis 87 cm, ♀ bis 95 cm) mit langen, relativ schmalen, brettförmig wirkenden Flügeln mit auffälliger Verengung im Bereich des Flügelansatzes. ♂♂ deutlich kleiner und leichter (Spannweite ca. 200 cm, ca. 4 kg) als ♀♀ (bis 230 cm; bis 5,5 kg). Mittellanger Schwanz und vorstehender Kopf (= allgemeines Adlermerkmal). Erwachsene Vögel fast einfarbig dunkelbraun, Oberkopf und Nacken +/- goldgelb. Oberflügeldecken aufgehellt, Unterseite dunkelbraun, bei Juvenilen mit vielen weißen Gefiederflecken durchsetzt. Schwanz von Jungvögeln nahezu weiß. Handschwingen vor allem während der ausgiebigen Gleitphasen weit gespreizt.

Jungvogel mit weißen Gefiederpartien

Beobachtungsmöglichkeit:

I	II	III	IV	V	VI	VII	VIII	IX	X	XI	XII

L Vor allem über offenem und halboffenem Gelände (Hangwald) jagend. In Deutschland fast ausschließlich Felsbrüter unterhalb der Baumgrenze, vor allem zwischen 1.200 und 1.400 m ü. NN. Jagdgebiete vorzugsweise über der Baumgrenze, um Beute energiesparend im Gleitflug zum Horst tragen zu können. Im Winter auch tiefer.

V Tagaktiver Standvogel. Auffällig ist der überwiegend vom ♂ gezeigte „Girlandenflug", der

Jungadler (ca. 7 Wochen alt) und Altvogel im Horst

sowohl bei der Paarbindung (Balz) als auch bei der Revierabgrenzung eine wichtige Rolle spielt.

„Girlandenflug" des Steinadlers

Reviergröße 50 – 70 km². Monogam, d. h. nach Erreichen der Geschlechtsreife im Alter von ca. 5 Jahren bis zu 20 Jahre mit einem Partner im gleichen Revier. **Stimme:** Wenig ruffreudig (Ausnahme: An der Beute oder zur Balzzeit helle „klijak"- oder „hiäh"-Laute), Nestlinge (oft und lange zu hören) betteln überwiegend mit „jjagg jjagg ...". **Fortpflanzung:** Eiablage (1 – 2 Eier) Ende III, Anfang IV. BD ca. 44 Tage. NZ ca. 80 Tage. **Alter:** 25 – 30 Jahre, in Gefangenschaft auch deutlich älter.

E Fleischfresser, Ansitz- und Überraschungsjäger, oft gemeinsam mit dem Partner („Kompaniejagd"). Nur gelegentlich Aas, bei Jungvögeln bis zur Geschlechtsreife (4 – 6 Jahre) sehr viel häufiger.

i **Im Nationalpark** sind 5 Brutpaare heimisch und daher ganzjährig anzutreffen, je nach Jahreszeit in unterschiedlichen Höhenstufen jagend; vor allem während der Brutzeit sehr auffällig und daher gut zu beobachten.

Beobachtungstipp: Auf der Suche nach Steinadlern stets im Talbereich bleiben. Im Winter oberhalb der Wildfütterung im Klausbachtal, im Sommer regelmäßig im Bereich Wimbachschloss zu beobachten. Führungen zum Horst des Steinadlers sowie seinen Lebensraum werden von der Nationalparkverwaltung angeboten.

Junger Steinadler am Fallwild

Gänsegeier *Griffon Vulture*

Gyps fulvus

Familie Altweltgeier (Aegypiinae)

Beobachtungsmöglichkeit:

I	II	III	IV	V	VI	VII	VIII	IX	X	XI	XII

M L 96 – 110 cm, größer als Steinadler *(Aquila chrysaetos)*; im Flugbild mit ähnlich breiten, brettartigen Flügeln, aber wesentlich kürzerem Schwanz als Steinadler. SP 245 – 265 cm, beim Segelflug Flügel leicht V-förmig gestellt. Körperfedern bei erwachsenen Vögeln hellbraun bis fast weißlich. Auffallend langer Hals (beim Flug eingeknickt), weißer Kopf und weiße Halskrause (bei Juvenilen noch schmutzig hellbraun). Beide Geschlechter gleich gefärbt und etwa gleich groß.

L Felsbrüter und sehr von Thermik abhängig, daher Landschaften mit hoher Reliefenergie bevorzugt; vor allem entlang von süd- bis südwestexponierten Felswänden oberhalb der Baumgrenze anzutreffen. Im Spätwinter oft über Lawinengräben kreisend auf der Suche nach Fallwild. Ausreichende Schalenwild- bzw. Haustierbestände (Schafe) für das Überleben notwendig.

V Im Nationalpark Strichvogel. **Fortpflanzung:** Nest in offenen Höhlen oder Nischen im Fels. Monogame Dauerehe. Gelegegröße meist nur 1 Ei. BD 48 – 54 Tage. NZ 110 – 115 Tage. **Alter:** In freier Wilbahn bis zu 40 Jahre, in Gefangenschaft auch deutlich älter.

E Aasfresser. Dringt beim Fressen mit Hilfe seines langen, kurz befiederten Halses bevorzugt in die natürlichen Körperöffnungen des Kadavers ein, um an die inneren Organe zu gelangen.

i **Im Nationalpark** sind fast ausschließlich Exemplare der „halbwilden" Gruppe vom Zoo Salzburg und im Sommer Durchzügler aus den Hohen Tauern zu beobachten, die im Nationalpark nach verendeten Tieren suchen. Gänsegeier haben ihren Namen aufgrund des langen, scheinbar „nackten", an eine Gans erinnernden Halses. In Österreich werden sie passender „Weißkopfgeier" genannt.

Beobachtungstipp: Gänsegeier sind im Spätwinter überall dort zu beobachten, wo Fallwild aus Lawinen freitaut.

Turmfalke *Eurasian Kestrel*
Falco tinnunculus
Familie Falken (Falconidae)

Beobachtungsmöglichkeit:

I	II	III	IV	V	VI	VII	VIII	IX	X	XI	XII

Ⓜ Kleiner Falke, L 30 – 34 cm. Rötlichbraune Oberseite, relativ lange Flügel und langer Schwanz. Spannweite des ♀ 75 – 80 cm, ♂ 60 – 75 cm. Schwingen der ♂♂ braunschwarz, Oberkopf und Schwanz grau, mit breiter, brauner Endbinde sowie schmalem, weißem Spitzensaum. Bauch oft nahezu weiß. ♀♀ oberseitig einheitlich rotbraun, Schwingen dagegen dunkler und stärker schwarz gefleckt bzw. quer gebändert als beim ♂♂. Schwanz braun gefärbt mit mehreren dunklen Querbändern, Unterseite dunkler und stärker gefleckt bzw. quer gebändert, vor allem auf den Schwingen. Oberkopf rötlich zimtbraun, Stirn heller.

Ⓛ Bevorzugt freie Zonen mit lockerer oder niedriger Vegetation für Jagdflüge. Bei geschlossenen Wäldern nur am Rand. Als Nistplätze dienen Felswände, selten Bäume, wobei Nester anderer Vögel (z. B. Rabenvögel) bevorzugt werden. Jagdgebiet oft mehrere km vom Nistplatz entfernt.

Ⓥ Tagaktiver Teilzieher und Strichvogel, führt monogame Dauerehe. Auffällig ist vor allem der sogenannte Rüttelflug, mit dem dieser Falke quasi „über dem Boden stehend" nach Beute Ausschau hält. Attackiert („hasst") oft auf Steinadler *(Aquila chrysaetos)*. **Fortpflanzung:** Eiablage ohne Nistmaterial im III/IV, Gelegegröße 4 – 6 Eier. BD 26 – 28 Tage, NZ 30 – 36 Tage.

Ⓔ Fleischfresser, bis zu 90 % Mäuse, aber auch Maulwürfe, Insekten, Reptilien und Kleinvögel.

ⓘ **Im Nationalpark** während der Brutzeit bis in den Herbst überall – besonders in der Felsregion – gut zu beobachten.

Beobachtungstipp: Turmfalken sind während der Brutzeit an den Felswänden im Wimbachtal leicht zu entdecken.

Typisches, „ankerförmiges" Flugbild

Wanderfalke *Peregrine Falcon*

Falco peregrinus

Familie Falken (Falconidae)

Beobachtungsmöglichkeit:

I	II	III	IV	V	VI	VII	VIII	IX	X	XI	XII

M L 40 – 48 cm, wesentlich größer als Turmfalke *(Falco tinnunculus)*, ♂ deutlich kleiner als ♀. Wirkt gedrungen, SP 96 – 110 cm mit langen, spitzen Flügeln und einem relativ kurzen, im Flug oft nach hinten verjüngten Schwanz. Geschlechter gleich gefärbt. Oberseits dunkel blaugrau, Schwingen, Vorderrücken, Oberkopf und Kopfseite schwarz. Auffallend schwarzer Bartstreif, der scharf von der weißen Kehle abgesetzt ist. Bauch weiß bis hellrötlich, Brust fein schwarz gefleckt, nach hinten zu mehr oder weniger schwarz gebändert. Im schnellen, taubenartigen Flug leicht an dem ankerartigen Profil (lange Flügel, kurzer Schwanz) zu erkennen.

L Lebensraumwahl sehr vielseitig, im Nationalpark überwiegend innerhalb der montanen Stufe brütend, geschlossene Wälder werden gemieden. Überwiegend Felsbrüter, deshalb meist an steilen Felswänden anzutreffen. Braucht ausreichendes Kleinvogelangebot, vor allem Tauben. Jagt häufig über Wasserflächen.

V Tagaktiver Strichvogel. Wendiger, pfeilschneller Flugjäger. Erreicht im Sturzflug bis zu 300 km/h. **Fortpflanzung:** Eiablage II – IV in ausgescharrte Mulde, kein Nistmaterial. Gelegegröße 2 – 4 Eier, BD 28 – 32 Tage, NZ ca. 40 Tage. Nach Ausflug ca. 2 – 3 Wochen dauernde „Bettelflugperiode" der Jungfalken.

E Fleischfresser. Jagt im freien Luftraum im Sturzflug nach Beutetieren wie Vögeln bis Fischreihergröße, wobei oft in „Kompanie" gejagt wird. Das Opfer wird oft schon durch den Aufprallschock getötet. Falls nicht, wird das Rückgrat mit dem sog. „Falkenzahn" im Oberschnabel gebrochen.

i **Im Nationalpark** aufgrund der Höhenlage relativ selten zu beobachten, Jungvögel wandern im Winter nach Süden.

Beobachtungstipp: Am Königssee im Sommer (auch vom Schiff aus) mitunter gut bei der Jagd nach durchfliegenden Vögeln zu beobachten.

Mauerläufer *Wallcreeper*
Tichodroma muraria
Familie Mauerläufer (Tichodromadidae)

(M) L 16,5 cm, etwas größer, aber viel schlanker als Kleiber *(Sitta europaea)*. Lange und große, gerundete Flügel, kurzer Schwanz und langer, nach unten gebogener Schnabel. Im Gesamteindruck grau wirkend, da farbenprächtiges, rosenrotes Flügelgefieder oft erst bei Bewegung bzw. beim charakteristischen Flügelzucken zu sehen ist. Im Prachtkleid beim ♂ Oberkopf etwas dunkler, Rücken heller aschgrau. Auffällig sind große, weiße Flekken an den Rändern der Schwingen und des Schwanzes. Wangen, Kehle und Brust schwarz, übrige Unterseite grau. Prachtkleid des ♀ ähnlich wie beim ♂. Typisch ist vor allem der „gaukelnde" Flug des Mauerläufers.

(L) Brut ausschließlich in Felsgebieten, vor allem in abwechslungsreichen, feuchten, mit Grasbändern oder Pflanzenpolstern durchsetzten Wänden, mit sonnigen und schattigen Partien.

(V) Tagaktiver Strichvogel, hervorragender Kletterer. **Stimme:** Rufrepertoire allgemein gering,

Beobachtungsmöglichkeit:

I	II	III	IV	V	VI	VII	VIII	IX	X	XI	XII

Gesang aus ansteigenden, reinen Pfeiftönen, gefolgt von weitragendem, langem tiefem Pfiff. ♂ und ♀ singen. Gesang ganzjährig zu hören. **Fortpflanzung:** Neststandort ist Loch oder Spalte in hohen Felswänden. Nest ziemlich umfangreich und aus feinen Wurzeln, Moos, Tierhaaren und Pflanzenwolle gefertigt. Eiablage (4 – 5 Eier) Ende V bis Anfang VI, BD 18 – 19 Tage, NZ 3 – 4 Wochen. Eine Jahresbrut.

(E) Insektenfresser mit breitem Arten- und Größenspektrum der Nahrungstiere, vor allem Insekten, Asseln und Spinnen.

(i) **Im Nationalpark** an geeigneten Felswänden ab 1.200 m ü. NN sporadisch, selten zu beobachten. Aufgrund von Aussehen und Verhalten unverwechselbar! Die Mauerläufer des Nationalparks überwintern regelmäßig am Burgberg in der Stadt Salzburg.

Beobachtungstipp: Im Wimbachtal sommers an den südwest-exponierten Felswänden im Bereich Wimbachschloss recht regelmäßig anzutreffen.

Felsenschwalbe *Eurasian Greg Martin*

Ptyonoprogne ruspestris
Familie Schwalben (Hirundinidae)

M L 14 cm, nur etwas größer als Mehlschwalbe *(Delichon urbica)*, mit breiteren Flügeln als jede andere Schwalbe im Nationalpark, wirkt gedrungen. Spannweite etwa wie Rauchschwalbe *(Hirundo rustica)*, Schwanz jedoch kaum gegabelt. Bei erwachsenen Vögeln Oberseite graubraun, Bauch grauweiß bis hellbräunlich, Kinn bzw. Kehle weißlich und fein dunkel gefleckt. ♂♂ in Gestalt und Färbung wie ♀♀.

L Koloniebrüter in reich strukturierten Felswänden. Brutplätze besonders in windgeschützten, trockenen und oft sonnenbeschienenen Felswänden, oft niedrig über einem meist breiten Tal oder in aus bewaldeten Hängen herausragenden Steilwänden, bevorzugt in Wassernähe. Außerhalb der Brutzeit – vor allem auch bei Schlechtwettereinbrüchen – gerne über Flüssen, Seen und Kleingewässern nach Insekten jagend, wobei in der Nähe von Brutgebieten Ansammlungen von bis zu 200 Exemplaren möglich sind.

Beobachtungsmöglichkeit:

I	II	III	IV	V	VI	VII	VIII	IX	X	XI	XII

V Tagaktiver Kurzstreckenzieher. **Stimme:** Leise Kontaktrufe, klingen hart, wie „prrt" oder „prrp". Gesang leise, rauh zwitschernd. **Fortpflanzung:** Eiablage (3 – 4 Eier) Mitte V, BD 14 – 15 Tage, NZ 24 – 28 Tage. 2 – 3 Wochen nach dem Ausfliegen sind die Jungvögel selbständig.

E Insektenfresser, fängt nahe vor der Felswand im raschen Flug vor allem Käfer, Tagfalter, Spinnen und Fliegen.

i **Im Nationalpark** sporadisch, in warmen Sommern regelmäßig. Überwiegend bis 1.300 m ü. NN anzutreffen. Auftreten von Jahr zu Jahr stark schwankend.

Beobachtungstipp: Im Bereich des Königssees (Schrainbachtal) und am Obersee (Staubfall) zur Brutzeit recht regelmäßig. Bei Schlechtwettereinbrüchen mitunter in Trupps am Bahnhof in Berchtesgaden über der Königsseer Ache jagend zu beobachten.

Hausrotschwanz *Black Redstart*
Phoenicurus ochruros
Familie Drosselvögel (Turdidae)

M L 14 cm, etwa sperlingsgroß, wirkt zierlich. Relativ langer Schwanz und zierlicher, relativ kurzer Schnabel. Besonders auffällig ist die oft aufrechte Körperhaltung und der nahezu ständig zuckende Schwanz. Oberschwanzdecken und Schwanz rostbraun, unterseits stets braungrau, dunkler als Gartenrotschwanz *(Phoenicurus phoenicurus)*. Bei ausgewachsenem ♂ Stirn schwarz, Oberkopf und Nacken dunkel schiefergrau, Vorderrücken ähnlich, Hinterrükken heller. Kinn, Kehle und Brust schwarz, Bauch grau, Unterschwanzdecken hell orange. ♀ oberseits braungrau, am Bauch heller.

L Ursprünglich Felsbewohner, heute auch im Tiefland. Brutplätze meist in Felswänden, Stein-, Holz- und Stahlbauten. Mit Vorliebe in offenen, baumlosen Felsgebieten, Geröllhalden, Felswänden, an Almhütten auf Wiesen, Weiden oder in größeren Waldlichtungen, in der Alpinstufe bis an die Schneefelder.

V Kurz- und Mittelstreckenzieher. Tag- und teilweise sogar nachtaktiv. **Stimme:** Reviergesang sehr typisch, nahezu ausschließlich von exponierten Standorten wie z. B. Dachfirsten aus zu hören. Kurze Strophen, in der Regel gepresst klingende Einleitung „jirrr-tititi ...", danach kurze Pause und kratzender, geräuschvoller Mittelteil mit angehängtem Schluß-„Triller" wie „krrzch-titütili" oder „krrch-tütiti". **Fortpflanzung:** Halbhöhlenbrüter. Nistplatztreu. Eiablage (3 – 6 Eier) ab Anfang IV, BD ca. 13 Tage, NZ 16 – 17 Tage. **Alter:** bis 10 Jahre.

E Allesfresser und Ansitzjäger, überwiegend Insekten und Spinnen, die meist vom Boden aufgepickt werden, aber auch Beeren.

i **Im Nationalpark** bis in die obersten Felsregionen häufig, sehr auffällig, gut zu beobachten und zu hören. Unverwechselbar!

Beobachtungsmöglichkeit:

I	II	III	IV	V	VI	VII	VIII	IX	X	XI	XII

Beobachtungstipp: Hausrotschwänze sind z. B. in den Blockhalden im Umfeld der Blaueishütte sehr gut zu beobachten.

Alpendohle *Alpine Chough*

Pyrrhocorax graculus
Familie Rabenvögel (Corvidae)

M L 38 cm, deutlich kleiner als Rabenkrähe *(Corvus corone)*. Gebogener, gelber Schnabel, kürzer als Kopf. Orange- bis hellrote Beine, glänzend schwarzes Gefieder. ♂♂ in Gestalt und Färbung wie ♀♀.

L Mit Vorliebe Brut in steilen Felswänden, Felskaminen. Zur Nahrungssuche bevorzugt in der Alpin- und Montanstufe auf Weiden, Geröllhalden, belebten Gipfelstationen und Berghütten. Regelmäßig in der Collin-Stufe, in talnahen Siedlungen und auf frisch gemähten Wiesen. Charakteristisch ist Aufsuchen bestimmter Nahrungsplätze aufgrund einer oft jahrzehntelangen Tradition – unter völliger Meidung anderer, scheinbar günstiger zu erreichender Plätzen.

V Tagaktiver Standvogel, wenig scheu. Akrobatischer Segelflieger, oft in Schwärmen kreisend. **Stimme:** Ruf klingt hoch und durchdringend „triii" oder „sriii" bzw. schärfer „zjii", ferner gedämpfter wie „dschirrr" oder „prri".

Beobachtungsmöglichkeit:

I	II	III	IV	V	VI	VII	VIII	IX	X	XI	XII

Fortpflanzung: Bilden für Brutpflege Partnerschaften, leben monogam. Nester einzeln in steilen, unzugänglichen Felsspalten. Ausserhalb des Nestes in Schwärmen, am Brutplatz sehr aggressiv gegen Artgenossen. Eiablage (3 – 5 Eier) ab V, BD 19 Tage, NZ 31 – 38 Tage.

E Allesfresser, sehr vielseitig. Überwiegend Insekten und deren Larven, auch Früchte und bisweilen Abfälle.

i **Im Nationalpark** ganzjährig bis in die Gipfelregion, an Berghütten leicht zu beobachten, bei der Nahrungssuche oft sehr zutraulich. Im Winter oder während Schlechtwettereinbrüchen mitunter auch im Sommer in großen Schwärmen in den Tallagen anzutreffen, z. B. im Ortsgebiet von Ramsau. Unverwechselbar!

Beobachtungstipp: Beim Brotzeitmachen auf Almen und Berghütten, z. B. auf der Blaueishütte, am Stahlhaus und am Kärlinger Haus, oder auf den Berggipfeln sehr regelmäßig und leicht zu beobachten, teilweise sehr zutraulich.

Kolkrabe *Raven*

Corvus corax

Familie Rabenvögel (Corvidae)

Ⓜ L 64 cm, größer als Mäusebussard *(Buteo buteo)*. Vollkommen schwarz, mächtiger Schnabel mit deutlich gekrümmtem First, relativ langer, keilförmig zulaufender Schwanz. ♂♂ in Gestalt und Färbung sehr ähnlich wie ♀♀.

Ⓛ Lebensraumwahl sehr vielseitig. Brut in Felswänden der montanen und subalpinen Stufe, selten über der Waldgrenze.

Ⓥ Tagaktiver Standvogel. **Stimme:** Ruf oft im Flug, einzeln oder mehrmals hintereinander tief und guttural charakteristisches „grog" oder „kark" oder kurz „kok". Während der Flugspiele mitunter schnell gereihtes und ebenso charakteristisches „krokro ... ". Das pfeifend-wetzende Fluggeräusch aus kürzerer Distanz gut zu hören. Während der Balz akrobatische Flugspiele mit Loopings, oft paarweise. **Fortpflanzung:** Nest in Nischen oder Halbhöhlen von steilen Felswänden. Eiablage (3 – 6 Eier) ab II, BD 20 – 21 Tage, NZ ca. 40 Tage. Eine Jahresbrut. **Alter:** 25 –30 Jahre.

Ⓔ Allesfresser, vor allem kleinere Wirbeltiere, Insekten, Eier, Samen, Nüsse, Früchte, auch Abfälle und Aas.

ⓘ **Im Nationalpark** regelmäßig bis 2.300 m ü. NN, gut zu beobachten. Aufgrund von Aussehen, Stimme und Flugbild unverwechselbar!

Beobachtungsmöglichkeit:

I	II	III	IV	V	VI	VII	VIII	IX	X	XI	XII

Beobachtungstipp: Im Winter im Klausbachtal häufig am Teufelskopf, sommers in allen Tälern regelmäßig anzutreffen.

Rabenkrähe *Carrion Crow*

Corvus corone corone

Familie Rabenvögel (Corvidae)

Beobachtungsmöglichkeit:

I	II	III	IV	V	VI	VII	VIII	IX	X	XI	XII

M L 47 cm, deutlich größer als Alpendohle *(Pyrrhocorax graculus)*, wesentlich kleiner als Kolkrabe *(Corvus corax)*. Gefieder komplett, Schnabelgrund dunkel befiedert, Oberschnabel an der Spitze deutlich nach unten gebogen. ♂♂ in Gestalt und Färbung wie ♀♀.

L Lebensraumwahl vielseitig, als Brutplatz bevorzugt offene und halboffene Landschaften mit Bäumen, Feldgehölzen und Waldrändern. Wichtig sind ergiebige Nahrungsgründe in nicht allzu großer Entfernung, insbesondere Grünland (z. B. Almwiesen und -weiden). Meidet in der Regel das Innere dichter Wälder.

V Tagaktiver Standvogel. **Stimme:** Ruf typischerweise aus mehrmals und laut hintereinander ausgestoßenen „krah-" oder „arrr"-Lauten. Zur Brutzeit wird jeder Greif heftig attakkiert (= „Hassen"). Langjährige Verbindungen der Paare sind nachgewiesen. Revierbildung schon im Januar. **Fortpflanzung:** Nester hoch auf Bäumen. Alte Nester können wieder benutzt werden. Eiablage (3 – 6 Eier) ab Ende III. BD 17 – 18 Tage, NZ 30 – 32 Tage. Meist nur 1 Jahresbrut. Geschlechtsreife nach zwei Jahren. **Alter:** Bis 19 Jahre.

E Allesfresser, mit Vorliebe Würmer, Insekten, Fische, Amphibien, Eier anderer Vögel und Aas sowie Früchte und Sämereien.

i **Im Nationalpark** ganzjährig bis in die Gipfelregion und an Berghütten leicht zu beobachten, bei der Nahrungssuche oft sehr zutraulich. Im Winter oder während Schlechtwettereinbrüchen auch im Sommer in großen Schwärmen in den Tallagen anzutreffen. Unverwechselbar. **Beobachtungstipp:** Im Winter gerne im Ortsbereich von Ramsau, sommers im Umfeld der Berghütten, z. B. an der Blaueishütte, sehr häufig zu sehen.

Ziegelrückenkanker
Eastern Daddys Longlegs
Leiobunum limbatum
Familie Weberknechte (Phalangiidae)

Beobachtungsmöglichkeit:

I	II	III	IV	V	VI	VII	VIII	IX	X	XI	XII

M L ♀♀ bis 5,3 – 7,4 mm, ♂♂ 3,9 – 4,6 mm (ohne Beine). Ausgesprochen langbeinig. Zweites Laufbein beim ♂ etwa 90 mm, ♀♀ etwas kurzbeiniger (Laufbein II ca. 85 mm). ♂♂ mit auffälliger, ziegelroter Färbung auf Rücken (= namensgebend!). ♀♀ variabel bunt mit metallischen Tönen, seitlich dunkel und hinten mit einem dunklen Querband.

L Überall, wo Felsen vorhanden sind, umgebendes Habitat offenbar weniger bedeutend, weshalb sowohl Wälder als auch Lebensräume oberhalb der Baumgrenze besiedelt werden.

V Tagaktiv. Gelegentliche Bildung von Massengesellschaften an Mauern und Felswänden. Solche Ruhegesellschaften verständigen sich mittels Kontakt der Fußglieder (= Tarsen), sie „füßeln" gewissermaßen. Gestörte Individuen schwingen den Körper schnell auf und ab, wodurch die Beunruhigung auf die gesamte Gruppe übertragen wird, welche sich innerhalb weniger Sekunden zerstreut. Auch einzelne Individuen lassen die Körperkonturen durch diese Wippbewegung verschwimmen.

E Fleischfresser, vor allem verschiedene Gliederfüßer (Arthropoden) und Aas.

i **Im Nationalpark** häufig in Felslandschaften bis ca. 1.200 m ü. NN zu beobachten, darüber bis oberhalb 2.000 m ü. NN regelmäßig.

Beobachtungstipp: Im Wimbachtal an den südwest-exponierten Felswänden im Bereich Wimbachschloss oder an größeren Felsbrokken im Tal gut zu beobachten.

4.14 Lebensraum „Wärmebegünstigte Sonderstandorte"

Eine Kombination aus verschiedenen, günstigen Standortfaktoren sowie einer entsprechenden Exposition und Höhenlage hat an manchen Stellen im Nationalpark die Entstehung eines überaus milden Lokalklimas begünstigt. In derartigen Bereichen haben sowohl Flora als auch Fauna eine außergewöhnliche Artenzusammensetzung entwickelt, wie sie sonst unter den „normalen" Standortbedingungen im Gebirge nicht typisch ist. Beispiele dafür gibt es im Nationalpark genug: Große Teile der Königsbach Almen, die lichten Weidewälder des Klausbachtals oder die Schotterfluren des Eisbaches stellen eine derartige Besonderheit dar. Auf der Halbinsel von St. Bartholomä beispielsweise haben sich am flachen Seeufer auf ca. 600 m ü. NN auffällig viele wärmeliebende Pflanzen eingestellt. Beispiele dafür sind die bestandsbildende Lavendel-Weide *(Salix eleagnos)*, der Faulbaum *(Frangula alnus)*, die Gewöhnliche Felsenbirne *(Amelanchier ovalis)*, die Mehlbeere *(Sorbus aria* ssp. *aria)*, die Steinbeere *(Rubus saxatilis)* und der Gewöhnliche Wacholder *(Juniperus communis* ssp. *communis)*. Im Unterwuchs stößt man auf die Braunrote Sten-

Salet Alm

delwurz *(Epipactis atrorubens)*, das Langblättrige Waldvögelein *(Cephalanthera longifolia)*, das Maiglöckchen *(Convallaria majalis)* und an einigen Stellen auch auf den seltenen Frauenschuh *(Cypripedium calceolus)*.

Auf solch wärmebegünstigten Standorten finden auch Tierarten optimale Lebensbedingungen, die normalerweise in diesen Höhenlagen nicht mehr existieren könnten. Zu ihnen zählt die braun-grau gezeichnete Schlingnatter *(Coronella austriaca)*, eine ungiftige Schlange, die auf den Schotterflächen und in den angrenzenden, lichten Wäldern Jagd auf Zauneidechse *(Lacerta agilis)* und Mauereidechse *(Podarcis moralis)* sowie größere Insekten macht. Viele räuberische Käfer finden ebenfalls einen reich gedeckten Tisch, so z. B. viele Kurzflügelkäfer (Familie *Staphylinidae*) oder der nahe Verwandte des Berg-Sandlaufkäfers *(Cicindela silvicola)*, der gelblich-grüne Feld-Sandlaufkäfer *(Cicindela campestris)*. Dieser dringt auf ähnlich günstigen Standorten im Nationalpark sogar bis in den Bereich der Schrainbach Alm auf 900 m ü. NN vor. Der schwarz-rot gestreifte Zottige Bienenkäfer *(Trichodes alvearius)* ist häufig auf Blütendolden zu beobachten, während der stark behaarte, Große Wollschweber *(Bombylius major)* seinen extrem langen Rüssel zur Nektaraufnahme im Schwirrflug stehend in die zahlreichen Blütenkelche einführt.

Ähnlich wärmebegünstigte Verhältnisse finden sich stellenweise im Wimbachgries, wo besonders die Rote Keulenschrecke *(Gomphocerus rufus)* in einer unverkennbaren, rosafarbenen Farbvariante heimisch und entsprechend leicht zu beobachten ist. Auch auf mehreren Almen im Nationalpark stoßen wir auf Arten, die von den vorherrschend kleinklimatischen Bedingungen profitieren und diese Lebensräume zahlreich besiedeln. Bemerkenswert ist dabei die Königsbach Alm, auf der neben dem Wanderweg eine große Anzahl von wärmeliebenden Arten zu beobachten und außerdem verhältnismäßig leicht zu entdecken ist. So kommt der schwarz glänzende Warzenbeißer *(Decticus verrucivorus)* hier bis in Höhen von 1.200 m ü. NN vor und auch die Rotflügelige Schnarrschrecke *(Psophus stridulus)* ist in diesem Lebensraum häufig anzutreffen. Dabei ist in den Spätsommermonaten August und September der schnarrende, mit weit gespreizten, scharlachrot gefärbten Flügeln vorgetragene Flug der Männchen ein eindrucksvolles und unvergessliches Schauspiel für jeden Besucher. Entlang der Waldränder und innerhalb verbuschter Bereiche stößt man mitunter auf den gut getarnten Russischen Bär *(Euplagia quadripunctaria)*, einen tagaktiven Nachtfalter mit farbenprächtigen Hinterflügeln.

Auf den kurzrasigen, lichten Waldweiden im Klausbachtal fühlen sich ebenfalls viele wärmeliebende Arten zu Hause. Neben der Rotflügeligen Schnarrschrecke fliegen im Bereich der Bindalm der zartgelbe Hufeisenklee-Gelbling *(Colias australis)*, während der Aurorafalter *(Anthocharis cardamines)* bereits im April an den sonnigen, warmen Wald- und Wegrändern auftaucht und somit zu den ersten Frühlingsboten zählt. Seit wenigen Jahren trifft man auch wieder häufiger das innerhalb eines Jahres in zwei völlig unterschiedlich gefärbten Generationen auftretende Landkärtchen *(Araschnia levana)* an. Dieser Schmetterling ist auf das Vorkommen der

Großen Brennnessel *(Urtica dioica)* angewiesen, denn als einziger Tagfalter legt er die Eier in kleinen Türmchen an deren Blattunterseite, bis zu 10 Stück übereinander. Bei soviel Leben ist auch stets der Tod nicht fern, weshalb der überaus bemerkenswerte, grell gefärbte Totengräber *(Necrophorus vespilloides)* bevorzugt hier seiner wichtigen Aufgabe als „Leichenbestatter" nachkommt.

Wo findet man wärmebegünstigte Sonderstandorte im Nationalpark?

Wärmebegünstigte Flächen findet man im Nationalpark z. B. entlang des Wanderweges Nr. 497 zur Königsbach Alm (1.200 m ü. NN), auf der Königsbach Alm (1.250 m ü. NN) oder entlang des Wanderweges Nr. 481 ins Klausbachtal.

 Kiefern, Zwergsträucher und Totholz – idealer Lebensraum für wärmeliebende Tierarten

Mauereidechse *Wall Lizard*

Podarcis muralis

Familie Echte Eidechsen (Lacertidae)

M L bis 20 cm (mit Schwanz); spitzer Kopf, schlanker, mäßig abgeflachter Körper und langer Schwanz. Halsband an der Halsunterseite mit glattem Rand. Färbung sehr variabel, oberseits verschiedene Brauntöne. ♂♂ manchmal mit grünlicher Zeichnung, mitunter am Übergang zwischen Flanken und Bauch auch einzelne blaue Schuppen. ♂♂ unterseits auch leuchtend gelb bis orange gefärbt, oft stark dunkel bis schwarz gepunktet. Vorherrschend dunkle Töne an den Flanken, zum Rücken hin meist mit dunkler Längslinie anschliessend. Rücken meist heller, manchmal in der Mitte mit durchbrochener Längslinie. Bauchfärbung bei ♀♀ von weißlich bis kupferbraun, nahezu einfarbig.

L Bevorzugt im Gebirge trocken-warme Biotope an felsigen, steinigen Hängen und Mauern sowie Gebäuden (Berghütten), mitunter auch wärmebegünstigte lichte Wälder.

V Tagaktiv, manchmal sogar bis in die Nacht hinein; sehr agil und flink, läuft und klettert gut, sonnt sich gerne. Etwa 4 Wochen nach der Winterruhe (X – III) Beginn der Paarungszeit. **Fortpflanzung:** Eiablage in Löchern und Mauerritzen (2 – 10 Eier). Je nach Verbreitung zwei bis drei Gelege möglich. Manchmal sonnen sich einzelne Tiere an warmen Tagen auch im Winter und Vorfrühling.

E Überwiegend Fleischfresser, vor allem Insekten und andere Gliedertiere, gerne auch süße Früchte.

i **Im Nationalpark** regelmäßig, vor allem auf sonnigen Almen und im Umfeld von Almhütten anzutreffen.

Beobachtungsmöglichkeit:

I	II	III	IV	V	VI	VII	VIII	IX	X	XI	XII

Beobachtungstipp: An sonnigen, warmen Tagen mit Geduld und Ruhe auf den bachbegleitenden Schuttfluren des Eisbaches oder auf der Königsbach Alm regelmäßig zu beobachten. Nicht fangen, da sonst die Gefahr besteht, dass der Schwanz abgeworfen wird!

Schlingnatter *Smooth Snake*

Coronella austriaca

Familie Nattern (Colubridae)

Beobachtungsmöglichkeit:

I	II	III	IV	V	VI	VII	VIII	IX	X	XI	XII

M L der ♂♂ 75, der ♀♀ bis 68 cm, Grundfarbe grau, Körperschuppen glatt (daher auch der deutsche Name „Glattnatter"). An der Kopfseite dunkle Binde von der Schnauzenspitze über das Auge zum Maulwinkel bis zum Hals. Oberseits gelbbraun, grau oder rostrot. Über den Rücken verläuft eine Längsreihe dunkler, gegeneinander versetzter Rechteckflecken. Aufgrund dieser Zeichnung immer wieder Verwechslungen dieser kleinen, harmlosen und ungiftigen Schlange mit der Kreuzotter *(Vipera berus)*. Im Gegensatz zu dieser besitzt die Schlingnatter große Kopfschuppen, ein Auge mit runder Pupille und auf dem Nacken einen auffälligen, U-förmigen, nach hinten geöffneten Fleck. ♂♂ in Gestalt und Färbung wie ♀♀.

L Im Gebirge vor allem in offenem, sonnigem und trockenem Gelände. Wichtig sind Verstecke wie steinige Elemente, z. B. brüchige Felsen, Geröllhalden und insbesondere Mauern, besonders die unverfugten Mauern alter Wege oder Lesesteinhaufen, mitunter auch in Waldlichtungen. Die Vegetationsstruktur ist durch eine mäßig bis üppig entwickelte Krautschicht, mäßige Strauchschicht sowie einen geringen bis mäßigen Baumbestand gekennzeichnet.

V Tagaktiv, relativ langsam. Die Schlingnatter lebt sehr versteckt und ist selten offen zu sehen. Sie „sonnt" sich meist indirekt unter flachen Steinen durch deren Erwärmung oder man sieht nur eine Körperschlinge in einer Mauerspalte, während der restliche Körper noch tiefer in der Mauer liegt. Winterstarre dauert normalerweise von Mitte X – Mitte IV, kann sich aber auch je nach Witterung um 1 – 2 Wochen verschieben. In größeren Höhen

dauert der „Winterschlaf" länger als im Tiefland, so dass man im Alpengebiet die Schlingnatter manchmal erst gegen Ende V im Freien sieht. Verlässt Schlupfwinkel bereits bei 20°C, sofern es windstill ist. Optimale Temperatur bei ca. 23°C und bei einer relativen Luftfeuchtigkeit von 60%. Bei starker Sonnenbestrahlung und trockener Luft bleiben sie entweder unter Steinen liegen oder sonnen sich nur im Halbschatten, versteckt im Gebüsch. Klettert gut, daher mitunter auch auf niedrigem Gebüsch im Geäst. Im Gegensatz zu anderen Schlangen kommt es vor, dass das gut getarnte Tier bei Störung einfach liegen bleibt, anstatt davon zu kriechen, und so oft übersehen wird. **Fortpflanzung:** Paarung ab Mitte V, selten im Herbst. Mitunter Balzkämpfe der ♂♂. Das ♀ bringt Ende VIII, Anfang IX 3 – 15 lebende Junge zur Welt. Dabei platzt die Eihaut des bis zur Reife im Mutterleib ausgetragenen Jungtieres während des Geburtvorgangs auf (= Ovoviviparie). Der Embryo ernährt sich vom eigenen Eidotter und wird vom Mutterorganismus nur mit Sauerstoff versorgt. Jungtiere weisen besonders deutlich ausgeprägte Fleckenreihen und eine schwarze Kopfoberseite auf. **Feinde:** Verschiedene Vogelarten, Igel und Ratten, teilweise auch Katzen.

E Fleischfresser, vor allem Eidechsen, kleinere Schlangen und Blindschleichen. Beutetiere werden überwiegend durch Umschlingen erdrosselt (= namensgebend).

i **Im Nationalpark** selten zu beobachten, vor allem im Höhenbereich um 700 m, steigt jedoch auch bis über 1.500 m ü. NN. Ungiftig und nahezu unverwechselbar! Obwohl weit verbreitet und gar nicht so selten, gehört die Schlingnatter wohl zu den unbekanntesten einheimischen Wirbeltieren. Die Schlingnatter wird offenbar im östlichen Alpenraum größer als im westlichen Teil.

Beobachtungstipp: Auf der Halbinsel von St. Bartholomä an sonnigen, warmen Sommertagen mit Glück und Geduld zu entdecken.

Frühjahrsgeneration/Unterseite

Landkärtchen *Map Butterfly*

Araschnia levana

Familie Edelfalter (Nymphalidae)

Beobachtungsmöglichkeit:

I	II	III	IV	V	VI	VII	VIII	IX	X	XI	XII

(M) Kleiner Falter, SP 28 – 40 mm. Flügelunterseite mit Gittermuster, ähnlich einer Landkarte (namensgebend!). Bei der ersten Generation jeden Jahres (= Frühjahrsgeneration) Oberseite gelbbraun mit schwarzen Flecken, Vorderflügel mit gelben Flecken am Vorderrand, zur Spitze hin kleine, weiße Flecken. Unterseite dunkel rotbraun mit helleren Flecken, Adern und Querlinien. ♂♂ etwas kleiner als ♀♀, ansonsten sehr ähnlich. Sommergeneration mit braunschwarzer Oberseite und weißem oder schwach gelblichem Außenband, das im Vorderflügel breit unterbrochen ist.

(L) Bevorzugt an brennnesselbestandenen Waldrändern, in lichten Wäldern sowie in Schneisen, Weg- und Bachrändern, gerne auch in schattigen Bereichen, wo bevorzugt die Eier abgelegt werden.

(V) Tagaktiv. Extreme Unterschiede in der Zeichnung von Frühjahrs- und Sommergeneration aufgrund der unterschiedlichen Temperaturen und Tageslänge, welche auf die Entwicklung der Puppe wirken. **Fortpflanzung:** Eiablage in charakteristischen – einzigartig unter den Tagfaltern – „Türmchen" (10 – 12 Eier pro Türmchen) auf der Unterseite von Blättern der Brennnessel *(Urtica dioica)*. Schlupf nach 10 Tagen. Raupen (Endgröße bis 22 mm) schwarz, bedornt, seitlich mit hellbraunen Flecken, bis zur Verpuppung gesellig, vor allem an Brennnesseln an Waldrändern und schattigen Ufern. Schlupf der etwas größeren, dafür weniger farbenfrohen Sommergeneration (= Saisondimorphismus) nach ca. 2 – 3 Wochen. Überwinterung der Larven aus der 2. Generation als metallisch glänzende Stürzpuppe an Pflanzenstängeln.

Frühjahrsgeneration/Oberseite

E Raupen fressen ausschließlich an der Großen Brennnessel.

i **Im Nationalpark** in den Tallagen bis 1.000 m ü. NN regelmäßig zu beobachten, vor allem an schattigen, mit Brennnesseln bestandenen Waldrändern und Bachufern. Das Landkärtchen verdankt seinen ungewöhnlichen Namen den einer Landkarte ähnelnden Strichzeichnungen auf den Unterseiten der Flügel.

Beobachtungstipp: Im Sommer z. B. entlang des Wanderwegs im Klausbachtal, vor allem auf den blumenreichen Wiesen innerhalb der sonnigen Waldweideflächen gut zu beobachten.

Sommergeneration/Oberseite

Hufeisenklee-Gelbling
Berger's Clouded Yellow
Colias australis
Familie Weißlinge (Pieridae)

Beobachtungsmöglichkeit:

I	II	III	IV	V	VI	VII	VIII	IX	X	XI	XII

M Mittelgroßer Tagfalter, SP 35 – 45 mm. Flügel oberseits beim ♂ leuchtend gelb, beim ♀ mehr weißlich gelb, an der Spitze der Vorderflügel mit breiter schwarzer Binde, in die helle Flecke eingestreut sind; Unterseite der Hinterflügel mit einer hellen, rot umrandeten Zeichnung in Form einer „8".

L Bevorzugt sonnige und warme, offene Lebensräume, z. B. lückigen Trockenrasen und Almwiesen mit verschiedenen Kleearten und Luzerne, mit Vorliebe auf Kalkböden.

V Tagaktiv und sehr pionierfreudig, d. h. besiedelt gerne neu entstandene, offene Lebensräume. **Fortpflanzung:** Eiablage einzeln stehend auf die Futterpflanzen der Raupen. Raupe 32 mm lang, grün mit 4 gelben Längsstreifen und regelmäßigen Reihen schwarzer Punkte. Drei bis vier Generationen pro Jahr. Überwinterung als Jungraupe an der Futterpflanze.

E Raupen nahezu ausschließlich an Hufeisenklee *(Hippocrepis comosa)*, vereinzelt auch an der Bunten Kornwicke *(Coronilla varia)*.

i **Im Nationalpark** vom Frühjahr bis Herbst auf sonnigen, warmen Almwiesen bis 2.000 m ü. NN regelmäßig bis häufig. Verwechslungsgefahr mit dem Zitronenfalter *(Gonepteryx rhamni)* sowie mehreren anderen Gelbling-Arten, so z. B. der Goldenen Acht *(Colias hyale)* und dem Hochmoorgelbling *(Colias palaeno)*!

Beobachtungstipp: Falter sind bei günstigen Witterungsbedingungen von Mai bis September z. B. im Bereich Bind Alm und Königsbach Alm leicht zu beobachten.

Aurorafalter *Orange Tip*

Anthochares cardamines

Familie Weißlinge (Pieridae)

Beobachtungsmöglichkeit:

I	II	III	IV	V	VI	VII	VIII	IX	X	XI	XII

(M) Kleiner Falter, SP 45 – 50 mm. Flügel weißlich, Vorderflügel in der Mitte mit kleinem schwarzem Fleck. Nur ♂♂ an den Außenseiten der Vorderflügel mit großem orangefarbenen Bereich (= bestes Erkennungsmerkmal). ♀♀ ohne Orange, entsprechend schwer zu finden und zu erkennen. Flügelunterseite bei beiden Geschlechtern grünlich marmoriert. Flügelspitze jeweils hellgrau.

(L) Bevorzugt sogenannte „Saumbiotope", besonders in trockenen wie auch feuchten Wiesenbereichen sowie in Brachen und Kahlschlägen, an Böschungen und Waldrändern (Laub- und Nadelwälder).

(V) Tagaktiv. Einer der ersten Falter des Jahres, sitzt gerne auf Wiesenschaumkraut *(Cardamine pratensis)*. **Fortpflanzung:** Eine Generation pro Jahr. Rötliche, spindelförmige Eier, Schlupf der Raupen nach ca. 1 Woche. Raupen grünlich, mit schwarzen Warzen bedeckt und nur so von den Raupen des Zitronenfalters *(Gonepteryx rhamni)* zu unterscheiden. Endlänge 30 – 35 mm. Verpuppung an Stängeln und Zweigen, selten an denen der Futterpflanze. Bis zur Verpuppung im VII bis zu vier Häutungen. Puppe überwintert bodennah, Schlupf der Falter in den ersten warmen Tagen des III und IV.

(E) Raupen fressen von V bis VII an Kreuzblütlern auf feuchten Wiesen und Lichtungen, vor allem Wiesenschaumkraut, schwer zu finden.

(i) **Im Nationalpark** an sonnigen Lichtungen und Wanderwegen häufig und sehr auffällig, da einer der ersten Falter des Jahres. Schmetterling des Jahres 2004!

Beobachtungstipp: An sonnigen Waldrändern von vielen Wanderwegen aus vor allem im Frühjahr gut zu beobachten.

Russischer Bär *Jersey Tiger*

Euplagia quadripunctaria

Familie Bärenspinner (Arctiidae)

Ⓜ Mittelgroßer Falter, SP 45 – 55 mm. Vorderflügel schwarz mit blaugrünem Schimmer und weißgelben, schrägen Querstreifen, die vor der Flügelspitze ein „V" bilden; Hinterflügel leuchtend rot mit 3 – 4 schwarzen Flecken. ♂♂ in Gestalt und Färbung ähnlich wie ♀♀.

Ⓛ Bevorzugt Waldränder auf leicht verbuschten Trockenrasenflächen und ähnlichen Stellen wie „warmen" Gebirgstälern.

Ⓥ Tagaktiver Nachtfalter. Biotopwechsler (Hitzeflüchter), d. h. je nach Witterung findet man sie in unterschiedlichen Habitaten, weshalb strukturreiche Habitate mit kleinräumigem Wechsel von Gebüschen, Staudenfluren, Säumen und Magerstandorten bevorzugt werden. Oft mehrere Falter an einer Blüte.

Fortpflanzung: Eiablage in lockeren Eispiegeln an die Blattunterseite der Futterpflanze. Raupe bis 50 mm lang, schwarzgrau mit gelblicher Rückenlinie, weißen Seitenflecken und rotbraunen, beborsteten Warzen. Überwinterung als Jungraupe. Eine Generation pro Jahr.

Beobachtungsmöglichkeit:

I	II	III	IV	V	VI	VII	VIII	IX	X	XI	XII

Ⓔ Falter saugen an verschiedenen Blütenpflanzen und trinken gern an feuchten Plätzen. Flugzeit scheint mit der Blühphase des Gemeinen Dosts *(Origanum vulgare)* synchronisiert zu sein. Raupe frisst vor der Überwinterung an Kräutern, z. B. auch an Natternkopf *(Echium vulgare)*, Gewöhnlichem Hornklee *(Lotus corniculatus)*, Kleinem Wiesenknopf (Sanguisorba minor) und Großer Brennessel *(Urtica dioica)*; nach der Überwinterung an diversen Gehölzen, u. a. Hasel *(Corylus avellana)*, Brombeere (Rubus spp.) und Sal-Weide *(Salix caprea)*.

ⓘ **Im Nationalpark** im Hochsommer an den buschreichen Rändern sonniger Almwiesen bis 1.200 m ü. NN noch regelmäßig anzutreffen. Wird oft als „Spanische Flagge" bezeichnet. Im Nationalpark unverwechselbar!

Beobachtungstipp: Die Falter sind an warmen Hochsommertagen z. B. im Waldrandbereich der Königsbach Alm relativ leicht zu beobachten.

Feld-Sandlaufkäfer
Green Tiger Beetle
Cicindela campestris
Familie Sandlaufkäfer (Cicindelidae)

Beobachtungsmöglichkeit:

I	II	III	IV	V	VI	VII	VIII	IX	X	XI	XII

M L 10,5 – 14,5 mm, langbeiniger, mittelgroßer Laufkäfer mit fadenförmigen Fühlern, großen Augen und auffällig großen Kieferzangen. Schlanker Körper, Färbung variabel, meist grünmetallisch glänzend, seltener blau oder bräunlich glänzend. Flügeldecken mit heller, punktförmiger Zeichnung. ♂♂ in Gestalt und Färbung wie ♀♀.

L Bevorzugt an sonnigen und trockenen Waldrändern, auf trockenen Wiesen und Trokkenhängen sowie sandigen, kiesigen Wegen oder auf Geröllflächen von der Ebene bis in subalpine Bereiche.

V Tagaktiver Räuber. Fliegt gut mit lautem, brummenden Ton. **Fortpflanzung:** Larven und Käfer (= Imagines) räuberisch, vor allem bei starker Sonneneinstrahlung aktiv. Larven überwintern in selbstgegrabenen Erdröhren, wo sie auf Beutetiere lauern. Käfer schon früh im Jahr zu beobachten. Die Larven jagen aus der Öffnung ihrer Erdröhren im Umfeld Insekten. Bei Störungen sofortiges Auffliegen. **Feinde:** Frösche und Kröten, Spitzmäuse, Igel, Fledermäuse, Nagetiere, Singvögel, Spechte, auch Parasiten.

E Fleischfresser, überwiegend Ameisen, Spinnen und andere Käfer.

i **Im Nationalpark** an warmen Tagen in geeigneten Lebensräumen schon im Frühjahr bis 1.200 m ü. NN gut zu beobachten. Verwechslungsgefahr mit dem etwas größeren Berg-Sandlaufkäfer *(Cicindela silvicola)*.

Beobachtungstipp: Die Käfer sind an sonnigen, warmen Sommertagen z. B. auf den sandigen Wanderwegen im Schrainbachtal, Wimbachtal, auf St. Bartholomä oder im Klausbachtal leicht zu beobachten.

Männchen ♂

Weibchen ♀

Rotflügelige Schnarrschrecke

Chirring cricket

Psophus stridulus

Familie Feldheuschrecken (Acrididae)

M L ♂♂ 23 – 25 mm, zumeist schwarz gefärbt mit voll ausgebildeten Flügeln, die deutlich über Hinterleibsende hinausragen. ♀♀ L 26 – 40 mm, plumper, gelbbraun bis grau, mit verkürzten Flügeln. ♂♂ mit leuchtend roten Hinterflügeln und deutlichem Mittelkiel auf dem Halsschild, mit unverkennbarem, lautem „Schnarrflug" (wird mit Hinterflügeln erzeugt) über einige Meter.

L Im Gebirge ausschließlich auf trockenen, mageren, kurzrasigen Standorten wie z. B. Magerrasen. Möglichst intensive Sonneneinstrahlung und ausreichende Bodenfeuchte für Entwicklung der Eier notwendig.

V Tagaktiv. Flugfähig, trotzdem eher immobil und extrem standorttreu, weshalb Neubesiedlungen über Barrieren hinweg unwahrscheinlich sind. **Fortpflanzung:** Gelege (bis 40 Eier) in den Boden. Mehrjährige Entwicklung mit Überwinterung in Eiruhe. **Alter:** ♂♂ max. 72 Tage, ♀♀ 89 Tage. **Feinde:** Vor allem Parasiten sowie die Vierfleck-Kreuzspinne *(Araneus quadratus)*.

E Pflanzenfresser, bevorzugt krautige Blütenpflanzen wie Doldengewächse und Korbblütler.

i **Im Nationalpark** bis 1.400 m ü. NN auf wärmebegünstigten Standorten lokal häufig. Bei vorsichtiger Annäherung fliegen diese Heuschrecken auf und lassen den unverwechselbaren „Schnarrflug" hören. Der Verlust kurzrasiger Vegetationsstrukturen durch Verbuschung bzw. Nutzungsaufgabe der Almen führt zum Erlöschen der jeweiligen Population. Dies unterstreicht die Bedeutung der Beweidung für diese Art.

Beobachtungsmöglichkeit:

I	II	III	IV	V	VI	VII	VIII	IX	X	XI	XII

Beobachtungstipp: An warmen, sonnigen Tagen im Spätsommer z. B. vom Wanderweg zur Königsbach Alm aus leicht zu beobachten und zu hören (Schwirrflug).

„Normalform" der Roten Keulenschrecke

Rote Keulenschrecke
Red winged Grasshopper
Gomphocerus rufus
Familie Feldheuschrecken (Acrididae)

M L ♂♂ 14 – 16 mm, ♀♀ 17 – 24 mm. Rötlichbraun bis graubraun, mitunter Gelbfärbungen. Auffällige, keulenartige Fühlerenden mit weißer Spitze. Gesang tagsüber, besteht aus schwirrenden Strophen von 3 – 4 sec.. ♂♂ in Gestalt und Färbung wie ♀♀.

L Vor allem in wärmebegünstigten Magerrasen sowie Trockenrasen und Waldsäumen mit verbuschender, dichter Vegetation.

V Tagaktiv. **Fortpflanzung:** Eiablage (8 – 9 Eier) in bis zu 5 Gelegen (= Ootheken) in die Erde, seltener in Pflanzenfilz. Entwicklungsdauer: ein Jahr.

E Pflanzenfresser, vor allem Süßgräser (z. B. Glatthafer), seltener Binsen und Kräuter.

i **Im Nationalpark** lokal häufig auf Trocken- und Magerrasen sowie Felsschuttfluren, bis 1.900 m ü. NN. Vor allem als leuchtend rosarote Farbvariante anzutreffen! Gut zu beobachten!

Beobachtungstipp: Im Hoch- und Spätsommer an warmen, sonnigen Tagen z.B. im Wimbachgries überall auf dem Felsschutt anzutreffen.

Beobachtungsmöglichkeit:

I	II	III	IV	V	VI	VII	VIII	IX	X	XI	XII

Rosarote Farbvariante

Warzenbeißer *Wart-biter Cricket*

Decticus verrucivorus

Familie Laubheuschrecken (Tettigonidae)

M Eine der größten und schwersten Heuschrecken in D. Gedrungene Gestalt, ♂♂ ca. 25 mm, ♀♀ bis 35 mm lang. Färbung variiert stark von gelb über grün und braun bis nahezu schwarz. Auffällige gelb-schwarze, würfelförmige Muster auf Vorderflügeln. Gesang mit lauten, schrillen „Zick"-Tönen, zunächst als Einzellaut, danach immer schneller werdende Tonfolgen. ♂♂ in Gestalt und Färbung wie ♀♀.

L Bevorzugt im Nationalpark bodensaure und kalkreiche, meist beweidete Magerrasen und Moore mit ausreichender Bodenfeuchte für Entwicklung der Eier. Mit zunehmender Höhe zumeist südwest-exponierte Lebensräume.

V Tagaktiv und flugfähig. Gelege (bis 4 Eier) in den Boden. Zweijährige Entwicklung mit Überwinterung in Eiruhe. Larven mit hohem Wärmeanspruch (23° – 27°C).

Beobachtungsmöglichkeit:

I	II	III	IV	V	VI	VII	VIII	IX	X	XI	XII

E Allesfresser, vor allem pflanzliche Nahrung, mitunter auch kleinere Feldheuschrecken (Familie *Acrididae*).

i **Im Nationalpark** bis 1.300 m ü. NN lokal häufig, vor allem auf sehr sonnigen Standorten mit reichhaltiger Krautschicht.

Beobachtungstipp: Beispielsweise vom Wanderweg über die Königsbach Almen an warmen, sonnigen Spätsommertagen leicht in der Krautschicht zu entdecken.

Zottiger Bienenkäfer
Trichodes alvearius
Familie Buntkäfer (Cleridae)

M L 9 – 16 mm, großer Buntkäfer. Kopf, Halsschild und Beine schwarz. Endglieder der Antennen bilden eine zur Spitze hin konisch erweiterte Keule. Flügeldecken rot mit drei blauen bis schwarzen Querbinden, vordere Querbinde etwas U-förmig, hintere Querbinde nicht an die Spitze der Flügeldecken anstoßend. ♂♂ in Gestalt und Färbung wie ♀♀.

L Vorwiegend wärmeliebend an Waldrändern und auf Trockenwiesen, bevorzugt auf Blüten.

V Tagaktiv und räuberisch. **Fortpflanzung:** Entwicklung der Larven in Nestern von Hautflüglern (Ordnung Hymenoptera), z. B. solitären Wildbienen und Grabwespen, nicht in Bienenstöcken.

Beobachtungsmöglichkeit:

I	II	III	IV	V	VI	VII	VIII	IX	X	XI	XII

E Käfer (= Imagines) sind Allesfresser, vor allem Insekten und Blütenpollen.

i **Im Nationalpark** auf blütenreichen Wiesen von den Tallagen bis 1.200 m ü. NN nicht selten und gut zu beobachten.

Beobachtungstipp: An sonnigen Frühsommertagen z. B. vom Wanderweg über die Königsbach Almen aus oder auf der Halbinsel St. Bartholomä in blütenreichen Wiesen leicht zu entdecken.

Totengräber *Burying Beetle*

Necrophorus vespilloides
Familie Aaskäfer (Silphidae)

Beobachtungsmöglichkeit:

I	II	III	IV	V	VI	VII	VIII	IX	X	XI	XII

M L 10 – 12 mm, metallisch glänzend, glatt, schwarz mit orangegefleckten Flügeldecken. Flügelenden schauen unter den Flügeldecken hervor, Halsschild schwarz mit glattem Rand, große bewegliche Mundwerkzeuge. Fühler mit verdickten Enden. ♂♂ in Gestalt und Färbung wie ♀♀.

L Vorwiegend auf Waldlichtungen und in offenem Gelände. Meidet höhere Lagen.

V Tagaktiv. Bei Berührung stoßen sie einen nach Ammoniak riechenden Abwehrstoff aus. Vom Verwesungsgeruch toter Kleinsäuger werden sie angelockt. Am Aas angekommen, „sterzeln" die Totengräber. Dazu führen sie mit hochgereckten Hinterleib windende Bewegungen aus. Dadurch werden chemische Duftstoffe freigesetzt, die weitere Totengräber – vor allem ♀♀ – anlocken. Die Paarung vollzieht sich direkt im Anschluss an den „Leichenschmaus". Waren bislang Artgenossen noch geduldet, entbrennt nun ein Kampf um den Tierkadaver. Dieser Kampf dauert so lange, bis nur ein Paar Totengräber überlebt, bzw. noch an der Leiche ist. Der Kadaver wird nun innerhalb weniger Stunden mühevoll vergraben. Dabei wird auch sein Fell beseitigt, so dass nur eine kleine Kugel übrigbleibt und in den Boden gepresst wird. Diese Kugel bzw. die sie umgebende Erde wird nun Wohnraum für das Weibchen in den folgenden 2 Wochen.
Fortpflanzung: In einem Seitengang im Boden werden ca. 10 – 20 Eier abgelegt. Schlupf der Larven nach 5 Tagen, die vom ♀ alle 10 – 20 min mit Verdauungssäften aus dem Kadaver gefüttert werden. Oftmals hilft

Totengräber mit schmarotzenden Milben

das ♂ bei der Brutpflege. Dies ist in der Insektenwelt extrem selten; Brutpflege, Fütterung und Fürsorge sind dort weitgehend unbekannt. Nach der 3. Häutung bohren sich die Larven in den Kadaver und saugen ihn selbständig aus. Nach einer Woche Brutpflege verpuppen sich die Larven in der Nähe des Kadavers und schlüpfen dort meist noch im selben Jahr, oft schon nach einigen Wochen. In einem Jahr bilden sich meist zwei Generationen aus, die beide überwintern.

E Ausschließlich Aasfresser.

i **Im Nationalpark** auf offenem Gelände in den Tallagen bis 1.200 m ü. NN nicht selten und relativ gut zu beobachten. Der Totengräber ist eines der bekanntesten und zugleich wichtigsten Insekten Europas. Diese „Leichenbestatter" der Kleintierwelt versehen wichtige Aufgaben in der Natur.

Beobachtungstipp: In der Nähe von kleineren Kadavern innerhalb der gering bewachsenen Flächen im Klausbachtal nicht selten zu beobachten.

Großer Wollschweber *Snipe Fly*

Bombylius major

Familie Wollschweber (Bombyliidae)

M L 9 – 12 mm. Färbung bräunlich, dicht pelzig behaart. Saugrüssel fast so lang wie Körper, in Ruhe gerade nach vorne ausgestreckt. Flügel am Vorderrand mit breiter, dunkelbrauner, hinten gezackter Binde. ♂♂ in Gestalt und Färbung wie ♀♀.

L Im Gebirge überwiegend an sonnigen Wald- und Wegrändern mit niedriger Vegetation sowie in Lichtungen von Laub- und Mischwäldern.

V Tagaktiv. **Fortpflanzung:** ♀ stößt Hinterleib in staubigen Erdboden und „pudert" dabei die legebereiten Eier mit feiner Erdschicht ein. Danach werden Eier vor Nesteingängen von Wildbienen (meist Sandbienen, Unterfamilie Andreninae) abgeworfen. Rotgelb gefärbte Junglarven wandern ins Nest, häuten sich dort zu trägen Maden und leben zunächst von Futtervorräten der Bienen, später von deren Larven. Überwinterung als Puppe.

Beobachtungsmöglichkeit:

I	II	III	IV	V	VI	VII	VIII	IX	X	XI	XII

E Saugt ähnlich wie Kolibri (Familie *Trochilidae*) im Schwirrflug vor der Blüte „stehend" mit dem langen Rüssel Nektar, Larven leben parasitisch (siehe oben).

i **Im Nationalpark** besonders in den Tallagen an sonnigen, blütenreichen Stellen regelmäßig, oft schon an den ersten warmen Tagen des Frühlings zu beobachten.

Beobachtungstipp: Vor allem an warmen, sonnigen Frühlingstagen z. B. auf der Halbinsel St. Bartholomä wie auch auf der Königsbach Alm häufig zu beobachten.

5. Glossar (nach SCHAEFER 1992)

abiotische Faktoren: Wirkungen der unbelebten Natur (z. B. Klima, Boden, Landschaftsrelief) auf die Organismen.

Abundanz: Anzahl von Organismen in Bezug auf eine Flächen- oder Raumeinheit. Man unterscheidet: (1) Individuen-Abundanz (Populationsdichte); (2) Arten-Abundanz (Artendichte); A. wird meistens nur im Sinne von Individuendichte gebraucht. Wegen Schätzfehlern bei den verwendeten Erfassungsmethoden wird meist nur eine relative oder - apparente A. ermittelt.

adult: erwachsen.

alpin: In Mitteleuropa die Stufe der Zwergstrauch- und Grasheiden, bis 2.500 bis 3.000 m ü. NN, mit geschlossener Vegetationsdecke, in unteren Lagen Zwergsträucher, in oberen Grasland.

Artenspektrum, Artenzusammensetzung: Gesamtheit der Arten einer Organismengruppe, die in einem bestimmten Lebensraum vorkommt und zu der entsprechenden Lebensgemeinschaft gehört.

Äschenregion: Gewässerabschnitt mit einer typischen Fließgewässerbiozönose.

Aufwind: nach oben gerichtete Strömung warmer Luft, besonders über stark besonnten kahlen Hängen, Großstädten, Industrieansammlungen.

autochthon: bodenständig, an Ort und Stelle entstanden (Gegensatz: allochthon).

Avifauna: Vogelfauna eines Gebietes.

Avizönose: Lebensgemeinschaft von Vögeln in einem gemeinsamen Lebensraum.

Baumgrenze: durch Kälte, zu geringe Temperatursumme im Sommer, Trockenheit, Durchzug arktischer Luftmassen oder andere Faktoren bedingte Verdünnung von Wäldern und schließliches Aufhören von Baumwuchs. Es lassen sich eine alpine B. im Hochgebirge sowie eine polare B. in der Arktis unterscheiden.

Begleitarten: „azöne" Arten; Pflanzen- oder Tierarten ohne ausgesprochene Bindung an eine bestimmte Pflanzengesellschaft oder Lebensgemeinschaft.

Beutespektrum: Gesamtheit der von einem Räuber als Beute genutzten Tiergruppen.

biotische Faktoren: die Wirkungen der belebten Natur auf die Organismen, z. B. Nahrung, Bevölkerungsdichte, Feinde, Konkurrenten etc..

Biotop, Lebensraum: Lebensstätte einer Biozönose von bestimmter Mindestgröße und einheitlicher, gegenüber seiner Umgebung abgrenzbarer Beschaffenheit (z. B. Hochmoor, Buchenwald). Für Tiergemeinschaften werden die Pflanzen häufig mit gerechnet, obwohl sie strenggenommen ein Teil der Biozönose sind. Vgl.→ Habitat.

Biotopansprüche, Habitatansprüche: die Ansprüche, die eine Art an die Umgebungsbedingungen stellt, um in einem bestimmten Lebensraum existieren zu können.

Biotopverbund: räumlicher Kontakt zwischen Lebensräumen, welcher eine funktionale Vernetzung zwischen Organismen in Form von Beziehungssystemen ermöglicht.

Biozönose, Lebensgemeinschaft: gemeinsames Vorkommen von Pflanzen und Tieren, die zufällig oder zielstrebig zusammentreffen, sich infolge ähnlicher Umweltansprüche und einseitiger oder gegenseitiger Abhängigkeit in dem betreffenden Lebensraum halten können und in erster Linie durch ernährungsbiologische Abhängigkeit eine Verknüpfung bilden. Die Art der Abhängigkeit führt zu einem dynamischen Zustand des Gesamtsystems, der lange bestehen bleiben kann, bis sich die Umweltverhältnisse grundsätzlich ändern.

Blütenbesucher: Tiere, die zu ihrer Ernährung Blüten besuchen und dabei als Bestäuber eine Rolle spielen können.

carnivor: sich von Fleisch ernährend; (1) Bezeichnung für Organismen, die lebende oder tote tierische Substanz fressen, (2) richtiger als Synonym zu zoophag (Zoophagie) und dann nur Organismen betreffend, die sich von lebender tierischer Substanz ernähren (Carnivore).

Charakterarten: pflanzensoziologischer und tierökologischer Begriff für Arten, die in einem größeren Gebiet ganz oder vorzugsweise in einer bestimmten Pflanzenassoziation oder einem bestimmten Biotoptyp vorkommen.

collin: Bezeichnung für die Hügelstufe, auch für Arten der Hügelstufe → Höhenstufung.

Deckungsgrad: in der Pflanzensoziologie gebrauchter Ausdruck für den Mengenanteil der einzelnen Arten an einer Gesellschaft.

Detritus: Zerreibsel, Zerfallsprodukt pflanzlichen oder tierischen Ursprungs auf dem Land und im Wasser.

Diversität: Artenmannigfaltigkeit in einer Lebensgemeinschaft, wobei nicht nur die Artenzahl, sondern auch die Siedlungsdichte (Abundanz) der einzelnen Arten Berücksichtigung findet.

entomophag, insektivor: insektenfressend; e. sind vor allem parasitische und räuberische Insekten, ferner Spinnentiere und manche Wirbeltiere (u. a. Vögel).

euryök: Bezeichnung für Organismen, die Schwankungen lebenswichtiger Umweltfaktoren innerhalb weiter Grenzen ertragen. Sie können daher an den verschiedenartigsten Lebensstätten vorkommen.

euryphag: Bezeichnung für Tiere, die sehr verschiedenartige Nahrung aufnehmen, bezüglich der Nahrungsqualität also wenig wählerisch sind.

Eutrophierung: Nährstoffanreicherung in einem Lebensraum, dadurch zumeist höhere Produktion pflanzlicher Biomasse.

Fauna: Gesamtheit der Tierarten eines Gebietes oder eines Lebensraumes.

Feuchtbiotop: terrestrischer Lebensraum, der mindestens zeitweise durch hohe Bodenfeuchte, Nässe oder seichte Wasserbedeckung gekennzeichnet ist.

Feuchtgebiet: Gebiet, in dem Moore, Brüche, Feuchtwiesen und Gewässer vorherrschen.

Flachmoor: durch Verlandung nährstoffreicher Gewässer oder aus versumpftem Mineralboden entstandener Lebensraum, vorzugsweise in tiefer gelegenen Geländeteilen → Niedermoor.

Fließgewässer: Gewässer mit mehr oder weniger starker Strömung.

Flora: Gesamtheit der Pflanzenarten eines Gebietes im Gegensatz zur Vegetation, der Gesamtheit seiner Pflanzengesellschaften.

Fraßbilder, Fraßspuren: Verletzungen der Pflanzen durch Tiere zur Gewinnung von Nahrung und Baumaterial oder zur Brutfürsorge.

Fraßgänge: im Inneren von Pflanzen durch Tiere ausgefressene Hohlräume.

Generalisten: Tier- oder Pflanzenarten, die geringe Ansprüche an Bedingungen ihrer Umwelt stellen und einen breiten Ausschnitt aus dem Ressourcenspektrum (z. B. Nahrung) nutzen.

Generation: Lebensphase eines Individuums von der Geburt bis zum Tod.

Habitat: auf Linnè zurückgehender Begriff für den charakteristischen Wohn- oder Standort einer Art. Dieser ursprünglich autökologische Begriff wird heute (besonders in der angelsächsischen Literatur) in synökologischem Sinne als Synonym zu → Biotop gebraucht.

herbivor: pflanzenfressend; Bezeichnung für Tiere, die lebende Pflanzensubstanz als Nahrung aufnehmen.

heterophag: Bezeichnung für Tiere, die sich von pflanzlicher und tierischer Substanz ernähren.

Hochgebirge: Gebirge mit Regionen oberhalb der Baumgrenze. Das H. ist lebensfeindlich wegen der niedrigen Durchschnittstemperaturen, starken tageszeitlichen und in außertropischen Gebieten jahreszeitlichen Temperaturunterschieden, hohem Anteil der Sonnenstrahlung an ultraviolettem Licht, Abnahme des Luftdruckes und des Sauerstoffgehaltes der Luft.

Hochmoor: bei höheren Niederschlägen entstandener Lebensraum als nährstoffarmes Moor, in dem die Vegetationsdecke unabhängig vom Grundwasserspiegel nur vom Niederschlagswasser und aus der Luft eingetragenen Nährstoffen versorgt wird. Es siedeln sich vornehmlich Torfmoose (*Sphagnum*-Arten) an, die das Wasser schwammartig aufsaugen. Aufgrund des durch Wasserreichtum bedingten Sauerstoffmangels kommt es wegen gehemmter Bakterientätigkeit zur Torfbildung (Vertorfung).

Höhenzonierung der Alpen

Nördliche Randalpen	Zentralalpen	südliche Randalpen
nival		
2.500 m üb. NN	2.900 m üb. NN	2.700 m üb. NN
alpin		
1.800 m üb. NN	2.200 m üb. NN	2.000 m üb. NN
subalpin		
1.200 m üb. NN	1.300 m üb. NN	1.500 m üb. NN
montan		
550 m üb. NN	800 m üb. NN	700 m üb. NN
collin		

Höhenstufung: Gliederung der Vegetation (und parallel auch der Fauna) im Gebirge zur Höhe hin, korreliert mit Abnahme der Temperatur, Verkürzung der Vegetationszeit, Zunahme der Niederschläge, der Windstärke, Verlängerung der Schneebedeckung, Zunahme der direkten Strahlung (auch UV-Strahlung).

Humus: Gesamtheit der abgestorbenen, organischen Substanz im Boden.

insektivor, entomophag: insektenfressend.

Interspezifische Konkurrenz: die Inanspruchnahme von in beschränkter Anzahl vorhandener Gegebenheiten der Umwelt durch zwei oder mehrere Arten.

Intraspezifische Konkurrenz: Wettbewerb zwischen Individuen derselben Art.

Jahresvogel: Vogel, der über das ganze Jahr in einem Gebiet vorkommt.

Kadaver: Tierleiche.

Krautschicht: Schicht der nicht verholzten, an den Boden gebundenen Vegetation, nach ELTON von 0,15 – 1,8 m.

Kronenschicht: Vegetationsschicht der Baumkronen in einem Wald-Lebensraum, nach ELTON 4,5 m und darüber.

Kulturlandschaft: durch den Menschen stark umgeformte Landschaft.

Laubstreu: relativ unzersetzte Schicht an abgestorbenen Blättern in der organischen Auflage des Bodens.

Lebenserwartung: die durchschnittliche Zeitdauer, die ein Individuum nach Erreichen eines bestimmten Alters für sein Leben noch zu erwarten hat.

Lebensraum → Habitat.

Leitformen, Leitarten: Arten höchster Stetigkeit (Präsenz) des Auftretens in den verschiedenen Beständen desselben Biotoptyps.

Insektizide: Wirkstoffe (→ Pestizide), die Insekten abtöten und bei der Schädlingsbekämpfung eingesetzt werden. I. wirken als Arten-, Fraß- oder Kontaktgifte.

Mikroklima: Kleinklima; das Klima auf kleinstem Raum, z. B. in der bodennahen Luftschicht an der Süd- und Nordseite eines Baumstammes oder unter lockerer Baumrinde.

Mimese: Tarn- oder Verbergtracht; täuschende Ähnlichkeit von Organismen mit unbeachtet bleibenden Dingen ihrer Umgebung (Bsp.: Stabheuschrecken).

Mimikry: durch Selektion entstandene täuschende Ähnlichkeit wehrloser, genießbarer Tiere in Gestalt, Färbung und Verhalten mit wehrhaften oder widerwärtig schmeckenden Arten, die eine Warntracht besitzen (Bsp.: viele Schwebfliegen, Fam. *Sirphidae*).

Mischwald: ein Forst, der aus mehreren Baumarten zusammengesetzt ist.

Monokultur: Pflanzenbestand, in dem nur eine Pflanzenart angebaut wird, z. B. künstlicher Fichtenwald.

monophag: Bezeichnung für Nahrungsspezialisten.

montan: Bezeichnung für die Bergwaldstufe, auch für Arten der Bergwaldstufe. → Höhenstufung.

Mortalitätsrate, Sterberate: Zahl der abgestorbenen Individuen einer → Population in der Zeiteinheit (z. B. Jahr), bezogen auf eine definierte Individuenzahl (z. B. 100 oder 1.000) als Ausgangspopulation. Die individuelle M. drückt die Todesfälle pro Individuum und Zeiteinheit aus. Im spezielleren Sinne als altersspezifische M. Anteil der gestorbenen Individuen einer bestimmten Altersstufe einer Population an der Zahl der Überlebenden, die zu Beginn der Altersstufe existierten.

Nachhaltigkeit: die Fähigkeit eines ökologischen Systems, über längere Zeit eine gleiche Leistung zu erbringen, z. B. Erträge von landwirtschaftlichen Kulturen und in Forsten.

Nahrungsspezialisten: Begriff für die Nutzung spezifischer, besonderer Nahrungsquellen durch Tiere.

Nationalpark: großräumige Naturlandschaft oder naturnahe Kulturlandschaft, für die strenge Schutzbestimmungen gelten, um die Pflanzen- und Tierwelt sowie den Landschaftscharakter zu erhalten.

Naturlandschaft: nicht vom Menschen beeinflusste Landschaft.

naturnah: ohne direkten Einfluss des Menschen entstanden und in geringem Maße von ihm beeinflusst.

Naturschutzgebiet: Gebiet, in dem Flora und Fauna wegen ihres wissenschaftlichen Wertes, ihrer Seltenheit und/oder Schönheit zusammen mit ihrer unbelebten Umwelt in der Regel nicht verändert werden dürfen.

Nestflüchter: Tierarten, bei denen die Jungtiere nach der Geburt früh laufen können.

Nesthocker: Tierarten, bei denen die oft noch unentwickelten Jungtiere nach der Geburt erst eine längere Brutpflege-Phase durchmachen, ehe sie sich selbständig fortbewegen können.

Niedermoor: → Flachmoor.

nival: Bezeichnung für die Schneestufe im Gebirge. → Höhenstufung.

offenen Landschaft: Landschaft, die nicht aus zusammenhängenden, großflächigen Waldungen besteht.

Ökologie: Wissenschaft von den Beziehungen der Organismen untereinander und mit ihrer Umwelt.

Ökosystem: Beziehungsgefüge biotischer und abiotischer Natur von Organismen und ihrem Lebensraum, die durch Stoff- und Energiekreisläufe mannigfaltig miteinander verknüpft sind.

omnivor: allesfressend, → pantophag.

Oviparie: Ablage von Eiern vor Beginn der Embryonalentwicklung.

Ovoviviparie: Ablage von Eiern mit schlüpfbereiten Larven.

ozeanisch, maritim: Bezeichnung für ein Klima, das hinsichtlich des Tages- und Jahresganges von Feuchtigkeit und Temperatur recht ausgeglichen ist. Die Skala reicht von euo. bis o. bis subo. Gegensatz: → kontinental.

pannonisch: aus Pannonien stammend, Gebiet, das vom Wiener Wald, der Donau und der Save begrenzt ist, in Ungarn und dem südlich angrenzenden Gebiet vorkommend oder von dort stammend.

pantophag, omnivor: allesfressend; Bezeichnung für Tiere, die sich von sehr verschiedenartiger Kost aus dem Pflanzen- und Tierreich ernähren.

Parasitismus, Schmarotzertum: Beziehungen zwischen 2 verschiedenen Partnern, von denen sich einer aufgrund physiologischer, oft auch struktureller Besonderheiten zeitweise oder ständig an oder in einem anderen, in der Regel größeren Lebewesen (→ Wirt) aufhalten muss, um die für seinen Stoffwechsel oder zur Erzeugung der Nachkommen notwendigen Bedingungen – meist Substanz des Wirtskörpers als Nahrung – zu finden.

Pestizide: Sammelbezeichnung für chemische Stoffe, die Organismen abtöten sollen.

Phänologie: Erscheinungslehre; Wissenschaft, die den Einfluß von Klima und Witterung auf die Wiederkehr des jährlichen Erscheinens pflanzlichen und tierischen Lebens behandelt, denen aber auch endogene Rhythmen und Steuermechanismen zugrunde liegen können. Hierher gehört bei Tieren z. B. Ankunft und Wegzug der Zugvögel.

Pheromone: Stoffe, die als chemische Auslöser zwischen Individuen der gleichen Art wirken und dadurch intraspezifische Koordination bedingen, z. B. Sexuallockstoffe, Alarmstoffe der Ameisen usw..

Pionierarten: Erstbesiedler; Pflanzen- und Tierarten, die neu entstandene Räume besiedeln und die dort vorherrschenden Extrembedingungen tolerieren können.

Plenterung (Plenterwald): Form der forstlichen Nutzung eines Waldes; ungleichmäßiger Aushieb einzelner Bäume und Baumgruppen in größeren zeitlichen Abständen. In einem Plenterwald kommen ständig alle Altersstufen vom einjährigen bis zum fällbaren Baum auf derselben Fläche gemischt vor.

Pollenfresser: Insekten, die sich von Blütenstaub ernähren.

polyphag: Bezeichnung für Tiere, die in ihrer Nahrungswahl wenig wählerisch sind und sich von der verschiedenartigsten pflanzlichen und tierischen Substanz ernähren.

Population: Gesamtheit der Individuen einer Art oder Artengruppe in einem zusammenhängenden Lebensraum.

Präferenz: Bevorzugung von bestimmten Umweltbedingungen durch Organismen.

Renaturierung: Versuch zur Wiederherstellung eines naturnahen Zustandes von Lebensräumen, oft auch als Gegensatz zum Begriff der Rekultivierung (der Wiedernutzbarmachung vor allem von ehemaligen Abbauflächen) gebraucht.

Rohhumus: Form des Humus. Rohhumus bildet als unvollkommen zersetztes Rotteprodukt auf sauren, podsolierten Tundra-, Heide- und Waldböden eine Auflagedecke aus zusammenhängenden Schichten. R. entsteht, wenn besondere ökologische Bedingungen gegeben sind, wie Kälte, Niederschlagsreichtum, der zur Kalkauswaschung führt, sowie schwer zersetzbares Streumaterial, das die Bakterienentwicklung hemmt, reiches Pilzwachstum aber noch erlaubt. Bei Luftabschluß durch Wasserstau kommt es zur Vertorfung, wie sie für Moore charakteristisch ist.

Schlüsselarten (key species): Arten, die in einer Lebensgemeinschaft eine wichtige Funktion haben. Durch ihr Wegfallen würde sich das System stark verändern.

Schrecktracht, Drohtracht: eine Schutztracht, die den Feind in Misstrauen oder Schrecken versetzt.

Schneegrenze: Grenze zwischen schneebedecktem und schneefreiem Gebiet.

Schwarm: lockere Vergesellschaftung von Tieren, in der keine besondere soziale Bindung besteht.

Selbstregulation: in der Populationsökologie die Einhaltung der Populationsdichte nahe einem bestimmten Mittelwert oder einem den Umweltbedingungen entsprechenden optimalen Wert durch die in der Population wirkenden, dichteabhängigen Faktoren der intraspezifischen Konkurrenz (Bsp. Steinadler *Aquila chrysaetos*).

Sexuallockstoffe: chemische Substanzen, die dem Sich-Finden der Geschlechter dienen und meist über den Geruchssinn wirken (→ Pheromone).

solitär: einzeln lebend im Gegensatz zu geselligem oder gar sozialem Verhalten.

Somatolyse: Die „Auflösung" eines Tierkörpers durch kontrastreiche Zeichnung in einzelne, scheinbar unzusammenhängende Teile, z. B. das gestreifte Fell eines Tigers im schilf- und bambusreichen Sumpfgelände Indiens und das erdfarbene Federkleid der Waldschnepfe *(Scolopax rusticola)*.

soziale Insekten: Insekten, bei denen die Einzeltiere jeder Geschwistergeneration in einem gemeinsamen Nest zusammenbleiben, in dem auch die folgenden Bruten gepflegt werden (z. B. Ameisen).

Spezialisten: Arten, die nur einen schmalen Bereich von Umweltgegebenheiten nutzen (Gegensatz: → Generalisten).

Standvogel: Vogel, der relativ stark an einen Ort gebunden ist.

Strategie: ein aus der Spieltheorie entlehnter Begriff für genetisch determinierte Verhaltensmuster eines Organismus, die als Möglichkeit der Antwort auf unterschiedliche Umweltsituationen gegeben sind.

Strauchschicht: Vegetationsschicht der Sträucher in einem Lebensraum, nach einem System von ELTON von 1,5 bis 4,5 m.

Streu: Bestandesabfall der Vegetation, der auf der Bodenoberfläche liegt und dort die Streuschicht bildet.

Strichvogel: Vogelart, die nach der Brutzeit unregelmäßig in einem weiten Gebiet umherstreicht.

subalpin: In Mitteleuropa die Kampfwald- und Krummholzstufe bis zur Waldgrenze, bis 1.900 bzw. 2.200 m ü. NN (2.400 m ü. NN) mit Lärchen- und Zirbenvorposten.

submontan: → Höhenstufung. In Mitteleuropa die Höhenstufe zwischen 500 und 1.000 m ü. NN, meist mit Buchenwald besetzt.

subnival: Bezeichnung für die Höhenstufe unterhalb der Schneegrenze in Gebirgen, mit aufgelockerter Vegetation; auch Bezeichnung für die hier lebende Flora und Fauna. → Höhenstufung.

Sumpfwiese: Grasland auf nassen Böden, das nicht gedüngt und oft zur Streugewinnung gemäht wird.

Symbiose: enges Zusammenleben zweier verschiedener Organismen, das im allgemeinen für beide Partner bereits lebensnotwendig geworden ist. Die Partner heißen Symbionten; sie können Pflanzen (z. B. Algen und Pilze als Flechten), Tiere (z. B. Flagellaten im Termitendarm) oder Tier und Pflanze (Bakterien und Hefepilze bei Insekten) sein. Sie sind ständig (Endosymbiose) oder vorübergehend (Ektosymbiose) in Berührung mit dem anderen Partner. Zur Ektosymbiose gehört die Pilzzucht vieler Insekten, wie z. B. bei Holzwespen (Fam. *Siricidae*).

Tarntracht: Form oder Farbmerkmale von Organismen, die diese in ihrer gewohnten Umgebung unauffällig oder schwer sichtbar machen. Hierbei handelt es sich entweder um Umgebungstracht oder um Nachahmungstracht.

Territorium: das gegen Artgenossen des gleichen Geschlechts verteidigte Mindestwohngebiet eines Tieres. Territorien sind Grenzen für Individuen und können sich in ihrer Größe, z. B. in Abhängigkeit vom Nahrungsangebot, ändern.

Thermik: durch starke Erwärmung bedingte Vertikalbewegungen von Luftteilchen oder Wasserteilchen.

thermophil: wärmeliebend.

Totholz: abgestorbenes Holz, das wegen der Widerstandsfähigkeit der Gerüststoffe (Lignin, Cellulose) nur einer langsamen Zersetzung unterliegt.

Trockenrasen: trockenes, gehölzfreies oder gehölzarmes Grasland im gemäßigten Klimagebiet außerhalb des Bereichs der Steppe.

Überwinterung: Überdauerung der extremen Winterbedingungen. Viele Tiere ziehen während der Winterzeit in klimatisch günstigere Gegenden (Migration), andere Organismen überstehen den Winter im aktiven Leben an Ort und Stelle, wieder andere jedoch nur im inaktiven Zustand im Winterschlaf (z. B. Murmeltiere), im sog. „Torpor" als vorrübergehende Absenkung der Körpertemperatur (z. B. manche Fledermausarten), in Winterruhe bei einigen Säugetieren (z. B. Dachs), in der Diapause (durch hormonelle Steuerung des Stoffwechsels) oder auf Quieszenz bei wechselwarmen Tieren, die bei Kälte in eine Starre verfallen, die bei Erwärmung sofort wieder aufgehoben wird.

Umweltfaktoren: Einwirkung der Umgebung auf ein Lebewesen.

Urwald: vom Menschen nicht oder nicht messbar beeinflusster Wald aller waldtragenden Vegetationszonen.

Vegetation: Gesamtheit der Pflanzengesellschaften eines Gebietes im Gegensatz zur Flora, der Gesamtheit seiner Pflanzenarten.

Vegetationsperiode: im Jahreszeitenklima der Zeitraum in dem die Pflanzen wachsen, blühen, fruchten und reifen.

Verbiss: Abweiden von Zweigen und Knospen der Sträucher und Bäume durch Säuger (z. B. Rehwild).

Verinselung: Isolation von Tier- bzw. Pflanzengruppen und/oder relativ naturnahen Ökosystemen/Landschaftsbestandteilen auf inselartigen Restflächen, die durch stark lebensfeindliche Intensivnutzung der Zwischenflächen (Äcker, Straßen, Bebauung usw.) mehr oder weniger stark voneinander getrennt sind.

Verwitterung: von Außenfaktoren (Sonnenstrahlung, Frost, Wasser, Tätigkeit von Organismen, Atmosphärilien) bewirkte Zerstörung der Gesteine und Mineralien.

Viviparie: Geburt von Nachkommen, die nicht als Ei, sondern erst in einem späteren Entwicklungsstadium zur Welt kommen.

Waldgrenze: im Gebirge die Grenze zwischen einigermaßen geschlossenen Baumbeständen und der offenen, höher liegenden Zone, in der kein Waldwuchs mehr möglich ist.

Warntracht: eine Form der Schutztracht, die für den Feind ein Signal darstellt, dass der Trachtenträger ungenießbar oder wehrhaft ist.

Weide: Grasland, das als landwirtschaftliche Nutzfläche von Haustieren abgeweidet wird.

Wiese: Grasland, das als landwirtschaftliche Nutzfläche gemäht wird und der Gewinnung von Heu dient.

Winterstarre: eine bei vielen Wechselblütern vorkommende Kältestarre, der Quieszenz oder Diapause zugrunde liegen kann.

Wirt: Lebewesen (Pflanze oder Tier), das einem anderen eine mehr oder weniger lange Zeit als Spender von Nahrung, Schutz oder Transportmöglichkeit von Nutzen ist.

Zugvogel: Vogelart, die vor den ungünstigen Bedingungen des Winters durch Wanderung in weiter entfernte Lebensräume ausweicht.

Zwergstrauchheide: baumlose Pflanzenformation auf Silikatfelsen, kalkarmen Sandboden oder auf extrem saurem, mineralstoffarmen Anmoorboden, in der niedrige Ericaceen dominieren.

6. Literatur

BARTHEL, J. (1990): Balzverhalten und Artisolation bei schotterbewohnenden Arten aus der Gattung Pardosa (Araneae, Lycosidae). – Diplomarbeit, UNI Würzburg

BASTIAN, O. (1986): Schwebfliegen. – Die Neue Brehm-Bücherei, A. Ziemsen Verlag, Wittenberg 1986

BEAMAN, M. & S. MADGE (1998): Handbuch der Vogelbestimmung – Europa und Westpaläarktis. – Stuttgart (Hohenheim): Ulmer, 1998

BELLMANN, Heiko (1984) : „Spinnen: beobachten, bestimmen", Melsungen 1984 (neu verlegt 1992)

BELLMANN, H. (1999): Der neue Kosmos-Insektenführer. – Franckh-Kosmos Verlags-GmbH & Co, Stuttgart 1999

BELLMANN, H. (2003): Der neue Kosmos Schmetterlingsführer. – Franckh-Kosmos Verlags-GmbH & Co, Stuttgart 2003

BRENDEL, U. (1998): Die Vögel der Alpen. – Stuttgart (Hohenheim): Ulmer, 1998

BOGON, K. (1990): Landschnecken: Biologie – Ökologie – Biotopschutz. – Augsburg: Natur-Verlag, 1990

CHINERY, M. (1987): Pareys Buch der Insekten: e. Feldführer d. europäischen Insekten. – Verlag Paul Parey, Hamburg & Berlin, 1987

DAHL, F. & M. DAHL (1927): Spinnentiere oder Arachnoidea: II. Lycosidae s. lat. (Wolfspinnen im weiteren Sinne). – In: DAHL, F.: Die Tierwelt Deutschlands und der angrenzenden Meeresteile, 5. Teil. – Gustav Fischer, Jena

DREYER, W. (1986): Die Libellen. – 1. Aufl. – Hildesheim: Gerstenberg, 1986

ELTON, C.S. (1927): Animal Ecology. Sidgwick & Jackson, London 1927

HARDE, K. – W. (1988): Der Kosmos-Käferführer. – 3. überarb. und erw. Auflage von Edwin Möhn. – Stuttgart: Franckh, 1988

HIGGINS, L. G. & N. D. RILEY (1978): Die Tagfalter Europas und Nordwestafrikas – Ein Taschenbuch für Biologen und Naturfreunde. – 2. neubearb. und erg. Auflage, Verlag Paul Parey, Hamburg & Berlin, 1978

HINTERMEIER, H. (2002): Bienen, Hummeln, Wespen im Garten und in der Landschaft. – Bayerischer Landesverband für Gartenbau und Landespflege e.V., 4. Auflage, Obst- und Gartenbauverlag, München 2002

FREUDE, H., K. W. HARDE & G. A. LOHSE (1966): Die Käfer Mitteleuropas – Band 9. – Goecke & Evers, Krefeld, 1966

GRUBER, U. (1994): Amphibien und Reptilien. – Stuttgart: Franckh, 1994

HEIMER, S. & NENTWIG, W. (1991): Spinnen Mitteleuropas. – Paul Parey, Berlin und Hamburg

HEINZEL, H., R. FITTER & J. PARSLOW (1995). Pareys Vogelbuch: alle Vögel Europas, Nordafrikas und des Mittleren Ostens. – 7., vollst. überarb. Aufl. – Berlin: Parey im Blackwell Wiss.-Verl., 1996

JONES, D. (1984): Der Kosmos-Spinnenführer: über 350 mitteleurop. Spinnenarten in Farbe. – Stuttgart: Franckh, 1984

LAUNERT, E. (1998): Biologisches Wörterbuch: deutsch-englisch; englisch-deutsch. – Stuttgart (Hohenheim): Ulmer, 1998

LIPPERT, W., Th. PEER, J. SEIDENSCHWARZ & H. WUNDER (2003): Die Pflanzenwelt des Nationalparks Berchtesgaden. – Nationalparkverwaltung Berchtesgaden, Verlag Berchtesgadener Anzeiger, 2003

MESCHEDE, A. & B.-U. RUDOLPH (2004): Fledermäuse in Bayern. – Stuttgart: Ulmer, 2004

MIESLINGER, N. (1994): Das Haselhuhn Bonasa bonasia in den östlichen Chiemgauer Alpen. Monticola Band 7/Nr. 75: 110 – 114

PEER, Th., W. LIPPERT, H. WUNDER & J. SEIDENSCHWARZ (2003): Die Pflanzenwelt des Nationalparks Berchtesgaden. – Berchtesgadener Anzeiger, Berchtesgaden 2003

SAUER, F. (1985): Raupe und Schmetterling. – 3. Auflage, Fauna Verlag, Karlsfeld

SCHEAEFER, M. (1992): Ökologie. – 3. überarb. und erw. Aufl. – Jena: G. Fischer, 1992

SCHOBER, W. & E. GRIMMBERGER (1998): Die Fledermäuse Europas – Kennen, bestimmen, schützen. – 2. aktualisierte und erw. Aufl. – Stuttgart: Kosmos, 1998

SCHUSTER, A. (1996): Singvögel im Biosphärenreservat Berchtesgaden. – Nationalparkverwaltung Berchtesgaden, Forschungsbericht Nr. 34, 1996

SETTELE, J., R. FELDMANN & R. REINHARDT (1999). Die Tagfalter Deutschlands – Ein Handbuch für Feldökologen, Umweltplaner und Naturschützer. – Ulmer, Stuttgart

STORCH, I. (1995): Auerhuhn-Schutz: Aber wie? Wilbiol. Ges. München. 2. Auflage. 24 S.

VAN DEN BRINK, F. H. (1968): Die Säugetiere Europas – westlich des 30. Längengrades. – 3. Auflage, Verlag Paul Parey, Hamburg & Berlin, 1968

WAGENKNECHT, E. (1980): Der Rothirsch. – Neue Brehm Bücherei, A. Ziemsen Verlag, Wittenberg Lutherstadt, 1980

7. Verzeichnisse

Deutsche Namen

Abendpfauenauge 185, **195**
Ackerhummel 262, **268**
Admiral 217, **231**
Alpenbirkenzeisig 190, 202, **206**
Alpenbockkäfer 92, **118**
Alpenbraunelle 189, 202, **203**
Alpendohle 278, **288**, 290
Alpenmurmeltier . . . 7, 12, 14, 217, **220 ff**
Alpen-Perlmuttfalter 144, **155**
Alpensalamander 93, **106**, 107
Alpenschneehase . . . . 144, **146 ff**
Alpenschneehuhn . . 132, 166, 241, **252 ff**
Alpensteinbock . . . . 241, 244, **246 ff**
Alpen-Wiesenvögelchen 241, **256**
Alpine Gebirgsschrecke 185, **197**, 218
Ameisenbuntkäfer 118, **141**
Ameisen-Sackkäfer 177, 185, **194**
Amsel . . 94, 100, 104, **105**, 138, 168, 173
Apollofalter 111, 218, **228**
Auerhuhn . . . . 117, **128 ff**, 166
Aurorafalter 293, **301**
Bachstelze 17, **26**, 102
Baldrian-Perlmuttfalter 41, **55**
Bartgeier . . . . 241, **250 ff**
Baummarder 163, **164**, 264
Baumpieper 162, **169**, 227
Baumweißling 111, 201, **209**
Bergeidechse 41, **43**, 144
Berglandhummel 201, **211**, 268
Berglaubsänger 133, 144, **148**
Bergmolch 18, **32**
Bergpieper 218, **227**
Berg-Sandlaufkäfer . 12, 262, **273**, 293, 303
Bergwald-Laufkäfer 93, **113**
Birkhuhn . . . . 162, **166 ff**
Blaumeise 61, **81**, 150, 190
Blindschleiche 62, **87**
Blutrote Heidelibelle 18, **35**, 49
Blutzikade 54, 185, **191**
Braune Mosaikjungfer 162, **181**
Brauner Bär 185, **198**
Braunkehlchen 218, **226**
Buchdrucker 118, **140**, 141
Buchfink 61, 79, **85**
Buntspecht 71, 94, **100**, 131
Dachs 95, **96**
Deutsche Wespe 93, **109**
Distelfalter 217, **229**
Dreizehenspecht . . . . 118, **130 ff**
Eichelhäher 61, 72, **86**, 170
Eichenspinner 62, **89**
Eichhörnchen 117, **119**
Eintagsfliege 17, **38**
Eisenhuthummel 93, **108**
Elritze 18, **30**
Erdkröte 63, **88**
Erlenzeisig 185, **190**, 206
Feld-Sandlaufkäfer 12, 273, 293, **303**
Felsenschwalbe 13, 278, **286**
Feuersalamander 93, **106**, 107

Fichtenkreuzschnabel 117, **136**
Fitis 61, **79**, 205
Frühlingswegwespe 148, 262, **270**
Gammaeule. . . . . 144, 154, 241, **?**
Gams . . . . 241, **244 ff**, 246
Gänsegeier. 279, **282**
Gartengrasmücke 94, **103**
Gartenkreuzspinne 94, **115**
Gartenrotschwanz 218, **225**, 287
Gebirgsstelze 94, **102**
Gefleckte Schnirkelschnecke 185, **199**
Gefleckter Langhalsbock 144, **151**
Gelbbauchunke. . . . . 41, **46 ff**
Gelbe Mordfliege 144, **157**
Gelbhalsmaus. 62, **68**, 69
Gemeine Bernsteinschnecke 41, **60**
Gemeine Heidelibelle 41, **49**
Gemeine Skorpionsfliege. 144, **153**
Gerandete Jagdspinne 41, **58**
Gewöhnliche Gebirgsschrecke. . . 263, **271**
Gimpel 117, **139**
Glänzende Smaragdlibelle 18, **34**
Goldleiste 63, **89**
Gold-Rosenkäfer. 185, **193**
Grasfrosch 18, **31**
Graszünsler 162, **183**
Graureiher. 18, **22**
Grauspecht. 61, **70**, 165
Große Kerbameise 242, **259**
Großer Perlmuttfalter 93, **112**
Großer Schillerfalter 93, **110**
Großer Wollschweber. 293, **310**
Großes Ochsenauge 217, **232**
Grüner Zipfelfalter 218, **233**
Grünspecht 70, 161, **165**
Habicht 62, 74, 123, **124**
Haselhuhn . . . . 95, **98 ff**, 252
Haselmaus. 185, **186**
Haubenmeise. 144, **149**
Hausrotschwanz 204, 225, 278, **287**
Hecht 18, **29**
Heckenbraunelle. 185, **189**, 203
Hermelin 217, **219**, 243
Holzwespenschlupfwespe 162, **182**
Hufeisenklee-Gelbling. 293, **300**
Iltis 217, **222**
Kaisermantel 62, **90**
Kernbeisser 61, **84**
Klappergrasmücke 201, **204**
Kleiber. 162, **172**, 285
Kleine Bartfledermaus. 217, **224**
Kleine Goldschrecke 41, **53**
Kleiner Blaupfeil. 41, **51**
Kleiner Fuchs. 241, **254**
Kohlmeise 61, 81, **82**, 187
Kolkrabe 279, **289**, 290
Kommafalter 241, **258**
Koppe 18, **27**
Kreuzotter . . . . . 62, 144, 161, **174 ff**, 294
Kuckuck 61, **80**
Landkärtchen . . . . 293, **298 ff**
Lidmücke 17, **37**
Mauereidechse 43, 144, 293, **295**
Mauerläufer 13, 278, **285**
Mäusebussard. 61, **74**, 126, 289
Mauswiesel 219, 241, **243**
Metallfarbener Grabkäfer **236**
Mistbiene. 185, **196**
Misteldrossel 105, 138, **173**
Mönchsgrasmücke 103, 185, **188**
Moschusbock. 185, **192**
Natterwurz Perlmuttfalter 41, **56**, 241
Nordfledermaus 117, **122**
Österreichische Quellschnecke 18, **39**
Plattbauch 18, **36**
Rabenkrähe 279, 288, **290**

Rauhfußkauz . . . . 61, **76 ff**
Reh . . . . 62, **66 ff**
Reiherente 18, **23**
Riesengebirgsspanner 118, **142**
Riesenholzwespe 45, **159**, 182
Rinderbremse 218, **235**
Ringdrossel 162, **168**
Ringelnatter . . . . 42, **44 ff**
Ringeltaube 117, **137**
Ritterwanze 218, **234**
Roesels Beißschrecke 218, **237**
Rossameise 73, 144, **156**
Rostfarbiger Dickkopffalter 162, **180**
Rotbeinige Beerenwanze 185, **196**
Rote Keulenschrecke 293, **305**
Rote Mauerbiene 218, 262, **269**
Rote Waldameise 156, 194, 201, **212 ff**, 260
Rotflügelige Schnarrschrecke . 12, 293, **304**
Rotfuchs . . . . 62, **64 ff**
Rothalsbock 144, **152**
Rothirsch . . . . 117, **120 ff**
Rotkehlchen **75**, 78, 83, 265
Rotköpfiger Dammläufer 263, **272**
Russischer Bär 293, **302**
Schachbrettfalter 201, **208**
Schlingnatter . . . . 12, 293, **296 ff**
Schneckenhaus-Goldwespe 144, **158**
Schneefink 241, **249**
Schneemaus 241, **248**
Schwalbenschwanz 262, **266**
Schwarze Heidelibelle 41, **50**
Schwarzer Apollo 93, **111**
Schwarzspecht . . . . 62, **72 ff**
Sechsfleckwidderchen 162, **178**
Seesaibling 11, 18, **28**
Siebenpunkt-Marienkäfer . . . 162, **177**, 194
Silbergrüner Bläuling 162, **179**
Singdrossel 117, **138**, 173
Soldatenkäfer 201, **214**
Späte Großstirnschwebfliege 201, **210**
Sperber 80, 117, **123**, 124
Sperlingskauz 117, **125**
Springspinne 144, **160**
Springspinne 160, 201, **215**
Springspinne 262, **276**
Steinadler 13, 250, 278, **280 ff**, 282, 283, 317
Steinfliege 17, **33**
Steinhummel 262, **267**
Steinmarder 163, 164, 222, 262, **264**
Steinschmätzer 263, **265**
Sumpfschrecke 41, **48**, 57
Tagpfauenauge 201, 241, **255**
Tannenhäher 86, 163, **170**
Tannenmeise 82, 144, **150**
Totengräber . . . . 294, **308 ff**
Trauermantel 62, **91**
Trauerschnäpper 61, **78**
Turmfalke 278, **283**, 284
Uhu 95, **97**
Veilchen-Scheckenfalter 201, **207**
Vierfleck-Kreuzspinne 41, **59**
Wacholderdrossel 94, **105**
Waldbaumläufer 117, **134**
Waldkauz 76, 117, **126**, 127
Waldlaubsänger 117, **133**, 144
Waldmaus 62, 68, **69**
Waldmistkäfer 242, **260**
Waldohreule 117, **127**
Waldschnepfe 118, **132**
Wanderfalke 278, **284**
Warzenbeißer 293, **306**
Wasseramsel . . . . 17, **24 ff**
Wasserfledermaus 18, **21**
Wasserläufer 41, **52**
Wasserspitzmaus 17, **20**
Weberknecht spec. **274**

Weidenmeise 185, **187**
Weinbergschnecke 94, **114**
Weißbindiger Mohrenfalter 241, **257**
Weißrückenspecht 62, **71**
Wespenspinne 41, **57**
Wiesenschaumzikade 41, **54**, 181
Wintergoldhähnchen 117, **135**
Wolfsspinne 218, **238**
Wolfsspinne 263, **275**
Zauneidechse 43, 161, **176**, 293
Zaunkönig 94, **101**
Ziegelrückenkanker **291**
Zilpzalp 79, 201, **205**
Zimtbär 41, **51**
Zitronenfalter 217, **230**, 300, 301
Zottiger Bienenkäfer 293, **307**
Zwergfledermaus 217, **223**
Zwergschnäpper 61, 75, **83**
Zwergzikade 41, **53**

Wissenschaftliche Namen

Accipiter gentilis 62, 74, 123, **124**
Accipiter nisus 80, 117, **123**, 124
Aegolius funereus . . . . 61, **76 ff**
Aeshna grandis 162, **181**
Aglais urticae 241, **254**
Anania funebris 162, **183**
Anguis fragilis 62, **87**
Anophilus viaticus 148, 262, **270**
Anthocharis cardamines 293, **301**
Anthus spinoletta 218, **227**
Anthus trivialis 162, **169**, 227
Apatura iris 93, **110**
Aporia crategi 111, 201, **209**
Aquila chrysaetos . . . . 13, 250, 278, **280 ff**, 282, 283, 317
Araneus diadematus 94, **115**
Araneus quadratus 41, **59**
Araschnia levana . . . . 293, **298 ff**
Arctia caja 185, **198**
Ardea cinerea 18, **22**
Argynnis paphia 62, **90**
Argyope bruennichi 41, **57**
Arianta arbustorum 185, **199**
Aromia moschata 185, **192**
Asio otus 117, **127**
Autographa gamma . . . . . 144, 154, 241, **?**
Aythia fuligula 18, **23**
Boloria thore 144, **155**
Boloria titania 41, **56**, 241
Bombina variegata . . . . 41, **46 ff**
Bombus gerstaeckeri 93, **108**
Bombus lapidarius 262, **267**
Bombus monticola hypsophilus 201, **211**, 268
Bombus pascuorum 262, **268**
Bombylius major 293, **310**
Bonasia bonasia . . . . 95, **98 ff**, 252
Bubo bubo 95, **97**
Bufo bufo 63, **88**
Buteo buteo 61, **74**, 126, 289
Bythinella austriaca 18, **39**
Callophrys rubi 218, **233**
Camponotus ligniperda 73, 144, **156**
Cantharis rustica 201, **214**
Capreolus capreolus . . . . 62, **66 ff**
Capra ibex . . . . 241, 244, **246 ff**
Carabus silvestris 93, **113**
Carabus violaceus 63, **89**
Carduelis flammea cabaret . . 190, 202, **206**
Carduelis spinus 185, **190**, 206
Carymbia rubra 144, **152**
Cercopis vulnerata 54, 185, **191**
Certhia familiaris 117, **134**
Cervus elaphus . . . . 117, **120 ff**
Cetonia aurata 185, **193**
Chrysis trimaculata 144, **158**
Cinclus cinclus . . . . 17, **24 ff**
Cicindela campestris . . . 12, 273, 293, **303**
Cicindela silvicola . 12, 262, **273**, 293, 303
Clytra laeviuscula 177, 185, **194**
Coccinella 7-punctata 162, **177**, 194
Coccothraustes coccothraustes 61, **84**
Coenonympha gardetta 241, **256**
Colias australis 293, **300**
Columba palumbus 117, **137**
Coronella austriaca . . . . . . 12, 293, **296 ff**
Corvus corax 279, **289**, 290
Corvus corone 279, 288, **290**
Cottus gobio 18, **27**
Cuculus canorus 61, **80**
Cynthia cardui 217, **229**
Decticus verrucivorus 293, **306**
Dendrocopus leucotos 62, **71**
Dendrocopus major 71, 94, **100**, 131
Dinocras cephalotes 17, **33**

Dolomedes fimbriatus 41, **58**
Dolycoris baccarum 185, **196**
Dryocopus martius . . . . 62, **72 ff**
Ecdyonurus spec. 17, **38**
Eptesicus nilssonii. 117, **122**
Erebia ligea 241, **257**
Eristalis tenax. 185, **196**
Erithacus rubicula **75**, 78, 83, 265
Esox lucius. 18, **29**
Euphydryas cynthia 201, **207**
Euplagia quadripunctaria. 293, **302**
Euthystira brachyptera 41, **53**
Falco peregrinus 278, **284**
Falco tinnunculus 278, **283**, 284
Ficedula hypoleuca 61, **78**
Ficedula parva 61, 75, **83**
Formica exsecta 242, **259**
Formica rufa . . 156, 194, 201, **212 ff**, 260
Fringilla coelebs 61, 79, **85**
Garrulus glandarius 61, 72, **86**, 170
Geotrupes stercorarius 242, **260**
Gerris lacustris 41, **52**
Glaucidium passerinum. 117, **125**
Gomphocerus rufus 293, **305**
Gonepteryx rhamni . . . 217, **230**, 300, 301
Gypaetus barbatus . . . . 241, **250 ff**
Gyps fulvus 279, **282**
Heliophanus cupreus 160, 201, **215**
Heliophanus tribulosus 144, **160**
Helix pomatia. 94, **114**
Hesperia comma. 241, **258**
Inachis io 201, 241, **255**
Ips typographus 118, **140**, 141
Lacerta agilis. 43, 161, **176**, 293
Lacerta vivipara 41, **43**, 144
Lagopus mutus . . . . 132, 166, 241, **252 ff**
Laphria flava. 144, **157**
Lasiocampa quercus 62, **89**
Leiobunum limbatum **291**
Lepus timidus . . . . 144, **146 ff**
Libellula depressa 18, **36**
Liponeura spec. 17, **37**
Loxia curvirostra. 117, **136**
Lygaeus equestris 218, **234**
Marmota marmota . 7, 12, 14, 217, **220 ff**
Maniola jurtina. 217, **232**
Martes foina 163, 164, 222, 262, **264**
Martes martes. 163, **164**, 264
Mecostethus grossus 41, **48**, 57
Melanargia galathea 201, **208**
Meles meles. 95, **96**
Melitaea diamina 41, **55**
Mesoacidalia aglaja 93, **112**
Metrioptera roeselii. 218, **237**
Microtus nivalis 241, **248**
Miramella alpina. 185, **197**, 218
Monochamus galloprovincialis. . . 144, **151**
Montifringilla nivalis 241, **249**
Motacilla alba 17, **26**, 102
Motacilla cinerea 94, **102**
Muscardinus avellanarius 185, **186**
Mustela erminea. 217, **219**, 243
Mustela nivalis 219, 241, **243**
Myotis daubentoni 18, **21**
Myotis mystacinus 217, **224**
Natrix natrix. . . . . 42, **44 ff**
Nebria picicornis 263, **272**
Necrophorus vespilloides . . . . . 294, **308 ff**
Neomys fodiens 17, **20**
Nucifraga caryocatactes 86, 163, **170**
Nymphalis antiopa 62, **91**
Oclodes silvanus. 162, **180**
Oenanthe oenanthe 263, **265**
Orthetrum coerulescens 41, **51**
Osmia rufa 218, 262, **269**
Panorpa communis. 144, **153**

Parnassius apollo 111, 218, **228**
Papilio machaon 262, **266**
Pardosa monticala. 218, **238**
Pardosa wagleri 263, **275**
Parnassius mnemosyne 93, **111**
Parus ater 82, 144, **150**
Parus caeruleus 61, **81**, 150, 190
Parus cristatus 144, **149**
Parus major 61, 81, **82**, 187
Parus montanus 185, **187**
Phalangium opilio **274**
Philaenus spumarius 41, **54**, 181
Phoenicurus ochruros . 204, 225, 278, **287**
Phoenicurus phoenicurus . . 218, **225**, 287
Phoxinus phoxinus 18, **30**
Phragmatobia fuliginosa 41, **51**
Phylloscopus bonelli 133, 144, **148**
Phylloscopus collybita 79, 201, **205**
Phylloscopus sibilatrix 117, **133**, 144
Phylloscopus trochilus 61, **79**, 205
Picoides tridactylus . . . . 118, **130 ff**
Picus canus 61, **70**, 165
Picus viridis 70, 161, **165**
Pipistrellus pipistrellus 217, **223**
Podarcis muralis 43, 144, 293, **295**
Podisma pedestris 263, **271**
Polyommatus coridon 162, **179**
Prunella collaris 189, 202, **203**
Prunella modularis 185, **189**, 203
Psodos quadrifaria. 118, **142**
Psophus stridulus 12, 293, **304**
Pterostichus metallicus **236**
Ptyonoprogne rupestris 13, 278, **286**
Putorius putorius 217, **222**
Pyrrhocorax graculus. 278, **288**, 290
Pyrrhula pyrrhula 117, **139**
Rana temporaria 18, **31**
Regulus regulus 117, **135**
Rhyssa persuasoria 162, **182**
Rosalia alpina 92, **118**
Rupicapra rupicapra . . . . . 241, **244 ff**, 246
Salamandra atra 93, **106**, 107
Salamandra salamandra 93, **106**, 107
Salvelinus alpinus 11, 18, **28**
Saxicola rubetra 218, **226**
Scaeva pyrastri 201, **210**
Sciurus vulgaris 117, **119**
Scolopax rusticola. 118, **132**
Sitta europea 162, **172**, 285
Sitticus rupicola 262, **276**
Smerinthus ocellata 185, **195**
Somatochlora metallica 18, **34**
Strix aluco 76, 117, **126**, 127
Succinea putris 41, **60**
Sylvaemus flavicollis 62, **68**, 69
Sylvaemus sylvaticus 62, 68, **69**
Sylvia atricapilla 103, 185, **188**
Sylvia borin 94, **103**
Sylvia curruca. 201, **204**
Sympetrum danae. 41, **50**
Sympetrum sanguineum 18, **35**, 49
Sympetrum vulgatum 41, **49**
Tabanus bovinus. 218, **235**
Tetrao tetrix . . . . 162, **166 ff**
Tetrao urogallus. . . . . 117, **128 ff**, 166
Thanasimus formicarius 118, **141**
Tichodroma muraria 13, 278, **285**
Trichodes alvearius 293, **307**
Triturus alpestris. 18, **32**
Trochlodytes trochlodytes 94, **101**
Turdus merula . . . .
. . . . 94, 100, 104, **105**, 138, 168, 173
Turdus philomela 117, **138**, 173
Turdus pilaris 94, **105**
Turdus torquatus 162, **168**
Turdus viscivorus 105, 138, **173**

Turrutus socialis 41, **53**
Urocerus gigas 145, **159**, 182
Vanessa atalanta 217, **231**
Vespula germanica 93, **109**
Vipera berus. . . . 62, 144, 161, **174 ff**, 294
Vulpes vulpes . . . . 62, **64 ff**
Zygaena filipendulae 162, **178**